"十四五"职业教育国家规划教材

新一代人工智能产业技术
创新战略规划教材
教育部产学合作协同育人项目成果

人工智能技术基础

周庆国 雍宾宾／主编
周睿 武强 王金强／副主编

人民邮电出版社
北京

图书在版编目（CIP）数据

人工智能技术基础 / 周庆国，雍宾宾主编. -- 北京：人民邮电出版社，2021.11
新一代人工智能产业技术创新战略规划教材
ISBN 978-7-115-57728-3

Ⅰ. ①人… Ⅱ. ①周… ②雍… Ⅲ. ①人工智能—教材 Ⅳ. ①TP18

中国版本图书馆CIP数据核字(2021)第214139号

内 容 提 要

本书介绍了人工智能领域常用的方法，包括搜索、统计学习、深度学习和自动机器学习等内容。各章节涉及的问题均根据历史典故或现实生活引出，并使用通俗易懂的方式提出问题及其解决方法。因此，读者在阅读本书时不会感到枯燥无味，也不需要具备人工智能相关的知识背景。书中包含很多代码示例，每个示例均有详细的解释，有助于读者进一步理解相应的算法。在学完本书后，读者将初步具备使用人工智能算法解决生活中实际问题的能力。

本书可作为高校人工智能及相关专业的教材，也可供计算机相关领域从业人员参考使用。

◆ 主　　编　周庆国　雍宾宾
　副 主 编　周　睿　武　强　王金强
　责任编辑　祝智敏
　责任印制　王　郁　马振武
◆ 人民邮电出版社出版发行　北京市丰台区成寿寺路 11 号
　邮编　100164　电子邮件　315@ptpress.com.cn
　网址　https://www.ptpress.com.cn
　固安县铭成印刷有限公司印刷
◆ 开本：787×1092　1/16
　印张：14.75　2021 年 11 月第 1 版
　字数：340 千字　2024 年 12 月河北第 5 次印刷

定价：59.80 元

读者服务热线：(010)81055256　印装质量热线：(010)81055316
反盗版热线：(010)81055315
广告经营许可证：京东市监广登字 20170147 号

RECOMMENDATION

序

自2006年杰弗里·辛顿提出深度学习以来，以深度学习为代表的新技术引爆了新一轮人工智能革命，大量的智能应用出现在我们的日常生活中，例如智能手机、自动驾驶汽车、城市大脑和AlphaGo围棋等。人工智能模型甚至开始尝试写诗、作画、谱曲这些原本属于人类的脑力创作。例如，我的团队基于深度学习技术研发的一款中文古典诗歌写作系统“九歌”可以通过学习数十万首诗歌语料，掌握诗词的某些写作技巧，从而自动写出人们可以接受的诗词。

兰州大学周庆国老师团队是甘肃省第一个无人驾驶团队，曾开发出甘肃省第一个无人车系统。该团队还从事农业机器人、智慧医疗、智慧司法和藏语自然语言处理等方面的研究，具有较深的技术积累。最近，周老师团队编著了一本介绍人工智能技术基础的书籍，并请我作序，我欣然允之。

实际上，目前关于人工智能技术的书籍可谓汗牛充栋，主要可分为两类。一类侧重讲理论，不讲实现步骤和方法，高深难测，一般读者不免“旋其面目，望洋向若而叹”；另一类侧重讲代码实现，缺乏对问题背景的详细阐述，由于“意贯透澈”做得不够到位，而使人读罢有隔靴搔痒之感，反倒降低了读者学习人工智能技术的热情。本书较好地结合了人工智能技术的理论和实践。理论部分由日常生活引出，深入浅出且无需过多额外知识即可理解。实践部分贴近生活，易于验证且可加深对理论的理解，甚至不懂计算机和编程技术的读者也可以从本书开始人工智能学习之旅。相信读者读过本书会产生一种“众里寻他千百度，蓦然回首，那人却在灯火阑珊处”的感觉。

鉴于本书的上述特点，我非常愿意将本书推荐给没有任何基础的人工智能初学者。当然，本书也适合有一定基础的人阅读。相信读者能够从中获益，对现代人工智能技术有比较详细的了解和比较清楚的认识。

孙茂松

2021年8月16日

PREFACE
前　言

随着信息技术的不断进步，人工智能已在金融、医疗、安防等多个领域实现技术落地，应用场景也越来越丰富。二十大报告中指出，教育、科技、人才是全面建设社会主义现代化国家的基础性、战略性支撑。必须坚持科技是第一生产力、人才是第一资源、创新是第一动力，深入实施科教兴国战略、人才强国战略、创新驱动发展战略，开辟发展新领域新赛道，不断塑造发展新动能新优势。作为前沿科技的典型代表，人工智能已在金融、医疗、安防等多个领域实现技术落地，应用场景也越来越丰富。此外，人工智能的商业化在加速企业数字化、改善产业链结构、提高信息利用效率等方面起到了积极作用。因此，培养人工智能专业人才可以加快建设“教育强国、科技强国、人才强国”，实现“为党育人、为国育才，全面提高人才自主培养质量”。虽然目前市面上有很多人工智能书籍，但是这些书籍要么为科普书籍，没有实用的技术知识，要么太理论化，导致非专业读者难以理解，很少有书籍能够同时兼顾科普与理论。编者希望能够以通俗易懂的方式介绍人工智能相关的技术知识，因此编写了本书。

本书第 1 章介绍人工智能的发展历史，包括人工智能的产生背景、人工智能和预测的关系、计算机和神经网络的关系等内容。第 2 章介绍如何搭建基本的开发环境、相关开发框架的安装及简介和 Python 基础，包括 Anaconda、Python 和 NumPy 等内容。第 3 章介绍常见的搜索算法，包括深度优先搜索算法和广度优先搜索算法等内容。第 4 章主要介绍遗传算法和进化算法，并对多目标优化问题进行了阐述。第 5 章介绍统计学习，包括机器预测中的分类和回归的概念、有监督学习和无监督学习及常见机器学习模型的原理和应用等内容。第 6 章介绍神经网络，包括神经网络的发展和计算机的发展之间的关系、反向传播算法和利用 Keras 构建并训练基本的神经网络模型等内容。第 7 章介绍深度学习，包括卷积神经网络、循环神经网络和长短期记忆网络等内容。第 8 章介绍深度学习的实际案例，包括分类、检测和分割等内容。第 9 章介绍图神经网络，包括基本概念、图卷积网络和图注意力网络等内容。第 10 章介绍强化学习，包括序列决策、深度强化学习和常见的分布式强化学习框架等内容。第 11 章介绍生成学习，包括风格迁移、生成式对抗网络和对抗攻击等内容。第 12 章介绍自动学习，包括基本概念、关键技术和常用框架等内容。

为了使读者更好地学习人工智能的相关知识，本书以通俗易懂为表述目标，结合历史典故或现实生活，由浅入深地讲解了各章节的内容。本书的具体特色如下。

（1）通俗易懂

本书旨在以轻松易读的方式让读者掌握人工智能的基本技术。描述问题及解答方案时不使用复杂的公式，也不使用晦涩难懂的专业术语，因此，读者无须具备相关领域的专业知识即可开始阅读本书。

（2）案例丰富

除了相关理论知识外，本书还选取了多个典型的应用案例，每个案例均给出代码实现以及详细的解释，有助于读者进一步理解相应的算法原理。

无人工智能相关知识背景的读者，可从第 1 章开始阅读；具备 Python 等编程基础的读者，可直接从第 3 章开始阅读；只对深度学习感兴趣的读者，可以直接从第 6 章开始阅读。

本书由周庆国、雍宾宾任主编，周睿、武强、王金强任副主编。另外，感谢黄航、朱白雪、吕慧、马媛等同学参与整理相关内容。本书的编写参考了大量的国内外著作及文献，在此表示诚挚的感谢。由于编者学术水平有限，书中难免存在欠妥之处，在此，由衷地希望广大读者朋友能够拨冗提出宝贵的建议。相关建议可直接反馈至电子邮箱：yongbb@lzu.edu.cn。

编者

2021 年春于兰州

CONTENTS

目 录

第 4 章 计算机里的物竞天择——进化算法 ······ 47

第 1 章
趣谈人工智能

推动战略性新兴产业融合集群发展，构建新一代信息技术、人工智能、生物技术、新能源、新材料、高端装备、绿色环保等一批新的增长引擎。

——摘自党的二十大报告

本章将学习计算机的发展历史和人工智能的发展历史。图灵机模型是一个简单的计算模型，也是现代计算机的理论模型。现今的人工智能技术都是在这种计算模式下的仿真，因此人工智能技术的发展也受限于图灵机能实现多强的人工智能模型。

本章学习目标：

- ❑ 了解人工智能的产生背景
- ❑ 理解人工智能（artificial intelligence，AI）和预测的关系
- ❑ 理解图灵机、计算机和神经网络之间的关系和演变

1.1 一个古老的职业

司马迁说“文王拘而演周易”。三千多年前，在河南安阳，一个八十几岁的老人正在等待着人生最后的结局。他回想起自己的一生，有过封侯时的意气风发，也有过凄惨的阶下囚时光。直到此刻他才悟到，人这一生最大的痛苦不是难以接受的结局，而是无法预测自己的命运。

传说他在被囚禁的七年时光里，回顾自己的一生，依据伏羲八卦推演出了六十四卦，后整理为《易经》，他就是周文王。《易经》以一套符号系统来描述吉凶状态的变易，对中国传统文化影响颇深。以现代科学的观点来看，基于《易经》进行的吉凶预测类似于一个有限状态机系统，一共有 64 个状态，且各个状态可以在一定条件下相互转化，如图 1-1 所示。给定一个状态机以及初始状态，通过给定的输入状态（卦象）可以计算（预测）出输出状态（预测结果）。

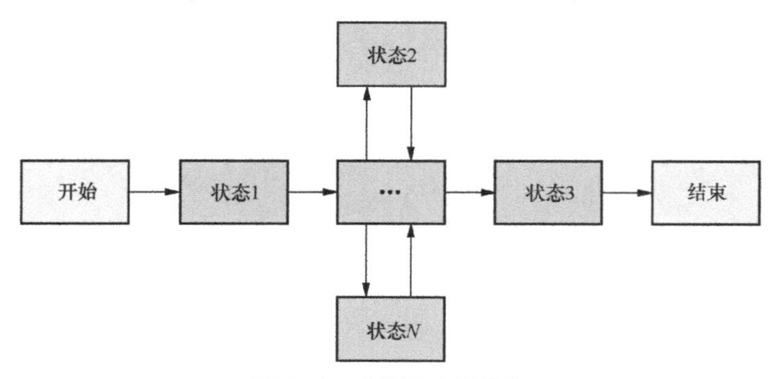

图 1-1　有限状态机系统

实际上，人工智能系统的核心问题大都可以归结为预测问题。提到预测，总会带点神秘色彩。小到庄稼收成，大到家国战争，都离不开预测。占卜预测是一个古老的职业，在古代靠天吃饭的时代，从事这个行业的都是牛人，例如诸葛亮、刘伯温这种都是牛人中的牛人。后人往往被八卦预测所迷惑，但其中隐含的最重要的秘密并不是预测而是“变化”。宇宙万物、山川河流无时无刻不在变化。另一个能体现变化的就是围棋，传说围棋起源于古代星象图，黑子与白子代表阴和阳，阴阳组成宇宙万物，而围棋就是解释太极和宇宙的“模型”。围棋最重要的特征就是变化无穷，暗合一个“易”字。从表 1-1 可以看出，围棋的空间状态复杂度（状态数）为 10^{171}，游戏树复杂度（变化数）为 10^{360}。围棋中的可能性走法，远超宇宙中全部原子之和（已知），近乎无穷大！

表 1-1　不同棋类的空间复杂度和游戏树复杂度

棋类	空间状态复杂度（状态）	游戏树复杂度（变化）
中国围棋	10^{171}	10^{360}
日本将棋	10^{71}	10^{226}
中国象棋	10^{48}	10^{150}
国际象棋	10^{47}	10^{123}

文王在囚禁期间悟出了这个秘密就是“易”字。白云苍狗，沧海桑田，世界上最重要最朴素的奥秘就是变化。有了变化，阴阳可以转化，福祸也可以转化。当然转机的出现还需要个人努力，文王最终脱身，励精图治，奠定了八百年周朝基础。三千年后，马克思在他的哲学中总结出了一个规律：“世间万事万物都在永恒运动变化当中”，这在今天已经成为共识。党的二十大报告中进一步指出，万事万物是相互联系、相互依存的。只有用普遍联系的、全面系统的、发展变化的观点观察事物，才能把握事物发展规律。

1.2　最后的观（占）星大师

此后二千多年，作为“琴棋书画”四艺之一，围棋不再被用于观星和占卜。而作为儒家五经之首，《易经》也得到了不同的解读。传说三国时期，诸葛亮通晓《易经》并将其融入兵法创作出了“八阵图”，放在今天他也是一个跨学科交叉人才。关于诸葛亮最传奇的故事是他的占星术（观星）。小说《三国演义》描述了他可以通过观测星象预测吉凶。古人认为星象对应着人间兴衰，因此可以通过占星术进行预测。以现在的观点来看，占星术自然不够科学。但古代没有电，人们晚上抬起头看到的就是星空组成的各种图案，既充满了神秘感又遥不可及，人们自然对其充满了兴趣。但是观星这项活动也是分级别的，普通老百姓观星最多也就是看一下风景，预测下天气，讨论下庄稼收成。文人观星就可以抒发一下情怀，写篇诗歌。后来还有些人开始关注星体的运动规律，他们就是最早的天文学家，比如东汉时期“数星星的孩子”张衡。

现代天文学主要在西方奠基，其中观星的集大成者是第谷，他也是伽利略发明望远镜前的最后一位“肉眼”观星大师。第谷出身贵族，家境富裕，喜爱占星术。20 岁那年，因为一个数学界的问题和人争论，最后决定采用体育界的方法解决问题——决斗。第谷的占星水平显然不够，他没有算到自己的血光之灾，在决斗中被人砍掉了鼻子，后来通过炼金术造了一个假鼻子。尽管占星术稀里糊涂，但他的观星术却是当时最强的，光靠肉眼观测就将行星的运动视差精确到一弧分。

第谷看了一辈子星星，留下了星体运行数据，这个数据包含 700 多个星体在 38 年中的运行数据。他相信有关天体的奥秘就藏在数据里，他自己也提出了一种宇宙模型，认为众星围绕太阳旋转，而太阳围绕地球旋转。

1.3　中世纪的宇宙模型

最早找到行星运动规律的是第谷的助手开普勒，他也是一个占星师。开普勒先天不足，后天又得过天花，一只手残疾，眼神也不好，但他数学功底却很深厚。开普勒在继承第谷星体观测数据的基础上，首先依据大量计算发现行星的向径在相等的时间内扫过相等的面积（第二定律），但若采用传统圆形轨道则具有较大预测误差。接下来是个假设验证的过程，基于日心说思想，他先假设一个模型轨道，然后通过数据去验证模型的误差。最终发现，当采用椭圆轨道建模时预测误差最小（第一定律），再加上周期定律（第三定律）就凑够了开普勒三定律，开普勒也成功为星空代言。

如图 1-2 所示，开普勒三定律如下。

（1）所有行星都绕太阳做椭圆运动，太阳在所有椭圆的公共焦点上。

（2）行星的向径在相等的时间内扫过相等的面积。

（3）所有行星轨道半长轴的三次方跟公转周期的二次方的比值都相等。

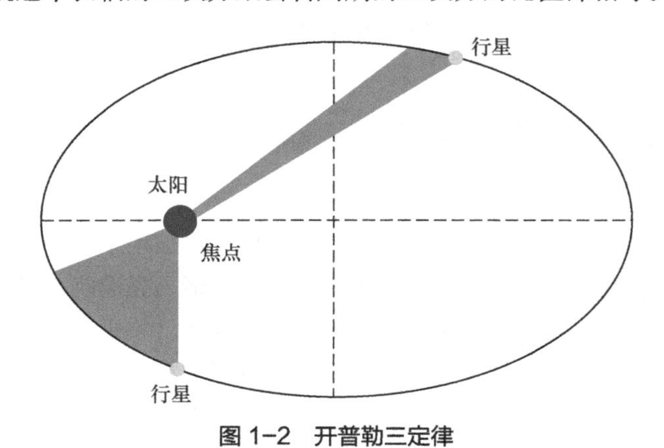

图 1-2　开普勒三定律

开普勒虽然得出了行星运动规律，但只是对第谷运行数据的初步抽象建模，却不能解释定律背后更本质的原因。当然，他更不能解决自己的贫困问题，虽然一生贫困交加，但是开普勒超强的数学能力使他成功完成星体运动规律的原始建模。在英伟达（Nvidia）公司的高性能计算卡中，“开普勒”被作为第三代计算架构的名称。

1665 年，中世纪的鼠疫还在肆虐，这一年，剑桥三一学院一个名叫牛顿的牛人为了躲避疫情，回到了老家伍尔索普庄园。传说牛顿在老家的苹果树下被苹果砸到了脑袋，这事一般人也就抱怨一下，但牛顿不是一般人，他相信背后一定有某种神奇的力量，后来他在苹果树下悟出了万有引力定律，这也是对开普勒定律产生原因的进一步归纳和抽象。从那时起发展起来的经典预测方法都是基于运动变化的状态数据，推测其变化规律（数学模型），如图 1-3 所示。数学公式具有简洁性和严谨性，也是从这时起，世界在科学家眼中开始变得清晰起来，一种探索世界规律的新方法被建立并应用起来。

图 1-3　经典预测方法

这种探索方法，先观测星体数据，再抽象成描述现象的开普勒定律，最后抽象成万有引力定律，这个逐层抽象的过程，是从“结果”反推“原因”的过程，是人类思维的过程，也是当今深度学习（deep learning）模型学习规律的过程。能够从“结果”反推“原因”，就能创造“因”

从而得到“果”。举个例子，我们小时候都读过乌鸦喝水的故事，乌鸦需要知道“石子的加入”是“水位上升”的原因，才会通过加入石子达到水位上升从而喝到水的结果，但是这个故事里有个问题：如果水量小于石子的缝隙空间，乌鸦就喝不到水。乌鸦只有找到这个原因，才可以改变方法（例如投沙子）来提高喝到水的概率。

1.4 八卦中的秘密

与牛顿同一时代的德国数学家、哲学家莱布尼茨通过因果推理悟出了微积分的基本定理：“积分（原函数）是微分（导数）的逆运算”。一般来说，积分不容易计算，但可以通过导数公式逆向推导出来。虽然莱布尼茨和牛顿因为微积分的发明权争论不休，但莱布尼茨的科学贡献并不比牛顿逊色，牛顿的力学体系为第一次工业革命奠定了基础，而莱布尼茨的部分研究却引导了第三次工业革命。

莱布尼茨被称为“百科全书式的天才”，传说他得到一幅来自中国的八卦图，从中悟出了二进制的思想。他在哲学上认为只有神和虚无两条绝对真理，也就是 0 和 1，万物皆由此而生。0 和 1 可以表示世间万物，万物之间的转化就可以通过数字间的计算完成。在他晚年的著作里莱布尼茨认为中国发明了二进制，他自己重新发现了二进制运算。实际上，易经八卦虽然蕴含二进制思想，但是莱布尼茨首次明确探讨了二进位数制及运算法则，他可能在接触八卦前就悟出了二进制运算法则，这使得莱布尼茨有可能是历史上第一个接近人工智能的人。莱布尼茨也认为二进制是一种普遍语言，复杂的算法可以由一系列简单算法组成，可以将所有逻辑思维推理简化为机械运算。他已经开始着手设计这种机器，但他并没有把二进制和计算机联系起来。

如果让我们重新设计一个简单计算器，该怎么做呢？

先来考虑图 1-4 所示的装置，A、B、C 是三个容器，每个容器上都有容量标注，假如我们想要计算 2 加 3，可以在 A 容器中加入体积为 2 的水，在 B 容器中加入体积为 3 的水，然后打开 A 容器和 B 容器的开关 K1 和 K2，以及 C 容器的开关 K3，水通过大容器 T 流入容器 C 中，则 C 容器的标度 5 就是加法的结果。

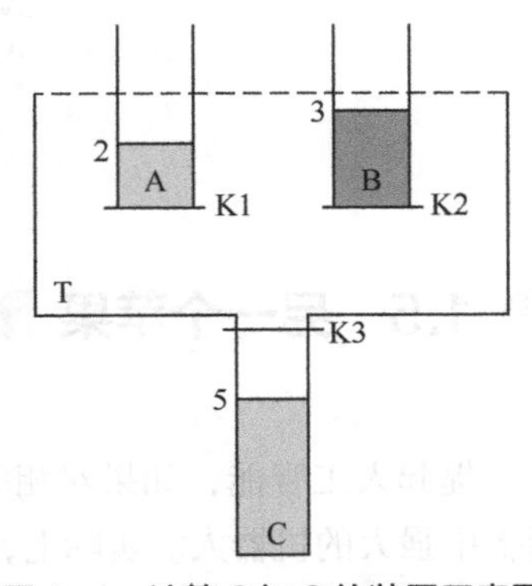

图 1-4 计算 2 加 3 的装置示意图

这个傻瓜式的计算器有几个问题。

（1）实践中我们可以直接用 A 容器取两次水倒入 C 容器，这里设计复杂一点的原因是为了类比有限状态机和计算机中的加法器。

（2）通过加法的逆运算可以得到减法，多次加法可以得到乘法，乘法逆运算是减法，因此只需要加法运算理论上就可以设计出四则运算。

（3）从计算速度上来说，计算一次简单加法就需要至少两次倒水操作，这种机械的计算速度相对人类没有优势。

（4）从精度上来说，在倒入水的时候可能有观测误差，且观测刻度值可能会受到压强、水

蒸发等影响导致计算不够精确（类似于模拟计算），但是这种与二进制无关的计算方法的确是设计计算器比较原始的想法。

1680 年，莱布尼茨设计出了具有四则运算功能的手摇计算器送给中国的康熙皇帝。作为一名哲学家，莱布尼茨留下了一句名言：“世界上没有两片相同的树叶”。当然，世界上再也不会有另一个莱布尼茨。

1847 年，英国数学家乔治·布尔在莱布尼茨之后尝试用一套符号来进行逻辑演算并发明了布尔代数。在布尔代数中，符号可以按照固定的规则来处理，得出合乎逻辑的结果。布尔代数所实现的就是莱布尼茨所谓的“普遍语言”（编程语言）的理念，不同的是，布尔逻辑发展出的数字电路可以进行精确的计算（虽然不能精确表达浮点数）。布尔代数将计算和逻辑结合起来。图 1-5 所示的“与”逻辑实际上与乘法运算计算结果相同。1938 年，信息论创始人香农在他的硕士论文中指出了开关逻辑和布尔代数的等价性，如图 1-5 所示。这个理论进一步沟通了布尔代数和逻辑计算之间的桥梁，使得任何计算都有可能通过开关电路实现。虽然这在理论上解决了计算问题，但在处理通用问题上还缺乏一套计算理论。

布尔

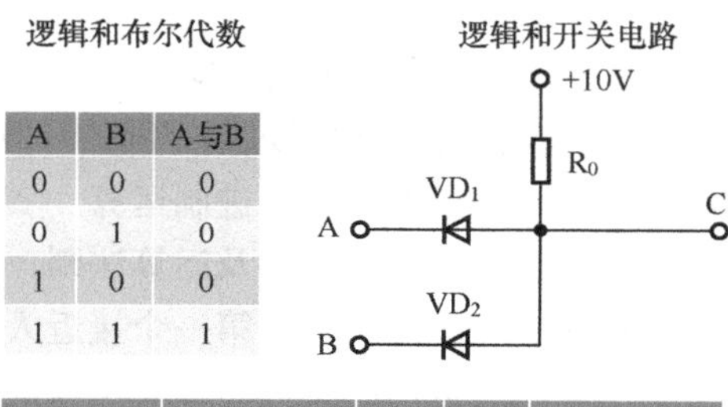

逻辑和布尔代数

A	B	A与B
0	0	0
0	1	0
1	0	0
1	1	1

香农

A		B		VD1	VD2	C	
0V	0	0V	0	导通	导通	0.7V	0
0V	0	3V	1	导通	截断	0.7V	0
3V	1	0V	0	截断	导通	0.7V	0
3V	1	3V	1	导通	导通	3.7V	1

图 1-5　开关电路中的逻辑与布尔代数

1.5　另一个苹果

提起人工智能，如果对相关技术不太了解，可能会设想出各种智能机器，比如电影《终结者》中强大的机器人。实际上，目前的人工智能技术所能达到的智力水平相比人类还相差很远。

人工智能最早要解决的问题是简单计算，这一点和人类相似，人在幼年时期最早接触的就是算术。**因此，计算是人工智能的基础，而人工智能的发展史就是计算能力的发展史。**早期的计算器研究者莱布尼茨和巴贝奇，虽然设计出了机械计算器，但显然靠机械驱动的计算器计算速度较慢且精度有问题（参考上节），这也导致能够解决的计算问题很有限。当时的人们认为：一般问题都可以找到解法。但是 1900 年，著名的大数学家希尔伯特在世纪之交的数学家大会上提出的一个问题是：是否存在一种有限的、机械的步骤能够判断丢番图方程（方程的系数和解

均为整数的方程）是否存在解？

换句话就是：能否通过有限确定的步骤运算（即算法），判断一个问题是否可解。举个简单的例子“判断一个班级的学生里有没有叫张三的”，对于这个问题，只需要将学生名字列表挨个检查一遍就可以得出结论。有程序基础的人可以看出这就是一个循环问题。关于这个问题，数学家最终给出的答案是：大多数数学问题，并没有算法可解。但是，直到一个牛人的出现才解决了对这些算法的简洁描述问题，他就是“计算机科学之父”“人工智能之父”——艾伦·麦席森·图灵，他对算法的描述工具就是图灵机。

图灵小时候就是个奇怪的孩子，相传在他 3 岁时，就把木头人的胳膊和腿栽到花园里，希望可以重新长出木头人。据说图灵直到 9 岁仍旧左右不分，打酱油都可能算错数，甚至还有过留级的风险。幸好图灵的家庭比较开明，没有过早对他给予否定。图灵的祖父毕业于剑桥大学三一学院，父亲毕业于牛津大学。其母系家族出过几位皇家学会会员，母亲曾就读于巴黎大学，也许是家庭环境或者家族遗传，图灵在科学方面表现出了很高的天赋。

1936 年，图灵担任英国剑桥大学国王学院研究员，年仅 24 岁就发表了一篇论文《论数字计算在决断难题中的应用》，在这篇论文里他提出了著名的图灵机，并意识到**计算可以用确定性的机械步骤来表示。**

图灵想出这么一个奇怪的模型主要源于对人类进行手工计算和推理的模拟，我们小时候学习的算术，以及后来学习的逻辑推理，都可以在纸上完成演算过程，整个演算过程就相当于一个符号序列，而对这个在纸上书写符号执行计算的过程被图灵抽象为图灵机模型。如图 1-6 所示，图灵机是一个简单的通用逻辑处理模型，由一个处理器、一个读写头和一个无限长的存储带组成。处理器实际上是一个有限状态控制器，能使读写头左移或右移，并对存储带进行修改或读取。因此，通过有限指令序列就能实现各种演算。

图 1-6 图灵机模型示例

这个理论模型有什么实际意义呢？图灵机最有变革意义的地方在于，它第一次在纯数学的符号逻辑和实体世界之间建立了联系，后来我们所熟知的计算机，以及目前大多数“人工智能”算法，都基于这个设想。图灵证明：**只有图灵机能解决的计算问题，实际计算机才能解决；如果图灵机不能解决，那计算机也无能为力。**图灵机的能力概括了数字计算机的计算能力，它能识别的语言属于递归可枚举的集合，它能计算的问题称为部分递归函数的整数函数，因此，想要实现人工智能，就可以把问题转化为图灵机能否产生智能。图灵机的模型可以总结为：“输入集合、输出集合、内部状态、固定程序指令”，这是计算机的理论模型，这刚好对应现代计算机的输入（键盘）、输出（显示器）、内存数据和 CPU 指令。

这篇论文是图灵的成名之作，图灵也因此获得第一个头衔“计算机科学之父”。

但是，在图灵机的背后，隐藏着一个有趣的推测。从各种方面来看，一个比较有趣的结论是“人脑也可能是一个图灵机”，输入是眼睛、耳朵等获取的信息，输出是人的反应和行动。假设人脑等价于图灵机，就可能通过图灵机实现人类的智能，这也是智能机器的基础。

针对人脑和图灵机的关系，我们可以做如下思考：如果不考虑容量（无限长的纸带）和计算速度的限制，人脑可以实现图灵机的功能，因为无论逻辑演算还是数字计算我们都可以在大脑中进行演算（实际上人脑可以理解计算机程序就表明具有图灵机的功能）。但是反过来，图灵机能否实现人脑的智能呢？要回答这个问题，首先要确定什么是智能。

1950 年图灵发表论文《计算机器与智能》，提出了一个问题：“机器能思考吗？”接着提出了一个模拟游戏，也就是著名的图灵测试：“如果一个机器设备与人类对话时，人类完全不能分辨出其与人类的差别，那么就可以认为这类设备具备思考的能力，也就是拥有了人类智能”。时至今日，图灵测试还是考察人工智能模型的关键测试之一。但是以现在的观点来看，图灵可能有些过时，因为机器欺骗人类和可以思考是两个概念。

实际上，关于什么是智能到目前为止也没有明确的答案。但是最重要的一个问题是**图灵机能否模拟人脑智能**。我们前面已经知道人脑可以模拟图灵机，因此如果图灵机可以模拟人脑就说明人脑等价于图灵机。也就是说人类引以为傲的智能也不过等价于一个简单的图灵机器，自然我们就可以通过机器去模拟人类智能。不过可惜的是，关于这个问题目前也没有明确答案，图灵自己认为图灵机就是实现智能的基础。但是冯·诺依曼认为人脑智能和以图灵机为基础的计算机智能有一些区别，例如人脑（天然并行）比计算机优越，但是计算机比人脑快。这两位都是人工智能之父，所以关于这个问题也就没有明确答案。从现今人工智能在深度神经网络方向取得的成功应用来看，并行应该是智能的发展方向，目前也有类脑计算这类研究（非图灵机结构），从人脑特点来模拟计算机，进而实现人工智能。所以就作者个人观点而言，图灵机结构可能可以实现人工智能，但是其串行特点导致在实现智能时模型的结构设计会比较复杂，而针对人脑特点的计算机可能在实现智能时更有优势。无论如何，图灵关于人工智能早期的设想，使他当之无愧赢得了第二个头衔“人工智能之父”。

图灵机模型被提出后不久，第二次世界大战爆发。1939 年图灵参与德军密码破译工作，并参与了世界上最早的电子计算机的研制工作（密码破译专用机）。基于他的前期研究，他最终破译了德国的 Enigma 密码机，这使得第二次世界大战提前结束，挽救了无数人的生命。1946 年情人节，在冯·诺依曼的领导下，第一台通用计算机“ENIAC”在美国宾夕法尼亚大学诞生。这台计算机具有图灵完备性，可以完成图灵机的算法计算，每秒可以完成 5000 次加法运算。同时，它是一台通用计算机，可以完成程序编制，通用计算机的出现为现代人工智能打下了基础。

一年之后的 1947 年诞生了晶体管（现代计算机的基本元件），标志着第二代计算机的诞生，计算机的性能也开始飞速发展。同时诞生的还有当今的深度学习教父杰弗里·辛顿，其高祖父

正是发明布尔代数的布尔。

图灵的研究很广，有一段时间他对斑马的花纹产生了兴趣，研究之后得出了一个结论：每条斑马的条纹都不一样（好像很有道理），当年莱布尼茨观察树叶时也得出过相似的结论。图灵思考了背后的原因：每一个细胞具有相同的遗传物质，被翻译成蛋白质展现性状（例如斑马条纹，树叶条纹），但是在这个过程中，细胞分裂时，总会有微小的误差，这导致了树叶的不同或斑马条纹的不同。几十年以后，洛伦茨发现了混沌理论，提出了我们熟知的“一个蝴蝶在巴西轻拍翅膀，可以导致一个月后得克萨斯州的一场龙卷风”（原话可能是“一个海鸥扇动翅膀足以改变天气”）。混沌系统产生的原因是对有些系统（例如天气预报系统），输入的微小变化在长期演化中会被无限放大，从而导致结果迥异，因而天气也只能做短期预测（数天）。实际上，生命正是这样的混沌系统，即便具有相同的遗传编码，在表现性状的时候也会有差异，这也造就了生命的五彩斑斓。所以伟人就是伟人，莱布尼茨当年在宫廷对宫女说“世界上没有两片相同的叶子”，谁能想到背后还有这么深的奥秘（估计他也不知道）。从这里我们也可以推测，人生也可能是一个混沌系统，拥有各种可能性，这也许是对宿命论一个很好的反驳。图灵也因为这个研究间接成了混沌理论的先驱，但他自己却没能逃脱宿命。1954 年 6 月 7 日，年仅 41 岁的图灵被发现死于家中的床上，床头还放着一个被咬了一口的苹果，这位计算机和人工智能的先驱就这样走完了一生，他曾照亮了计算机和人工智能的黑暗时代。

22 年后，乔布斯在创立个人电脑公司时，为纪念图灵，选择了一个被咬了一口的苹果作为公司的 Logo。在 Nvidia 公司推出的高性能计算卡中，“图灵”被作为第六代计算架构的名称。

1.6　神经网络发展

虽然目前主流的人工智能模型是以深度学习为代表的神经网络模型。但是人工智能的研究主要分为两个学派，一派主张基于逻辑推理和符号系统进行研究，这个观点与计算机的计算特点相吻合，代表为专家系统，但是专家系统在提取知识和规则时具有很大的困难；另一派主张仿照人脑神经网络进行研究，其代表就是当今主流的神经网络模型。

智能的一个典型就是自我意识，我们可以通过镜子里的人判断出自己。一些研究表明，当猴子看到一个动作和猴子自己做这个动作时，它们的神经元就会兴奋，从而可以判断镜中的是否是自己，这个过程就是产生自我意识的过程。人脑大约由 100 亿个神经元组成，而其中的每个神经元又与约 100 ~ 10000 个其他神经元相连接构成一个庞大而复杂的神经元网络。

对神经元的建模始于 1943 年，心理学家沃伦 · 麦卡洛克和数学家沃尔特 · 皮兹合作提出了 M-P 模型，它实际上就是对单个生物神经元的一种抽象和简化建模。若 M-P 模型的输入加权和大于某个阈值则输出为 1，否则输出 0，这刚好可以表示神经元的兴奋（1）和抑制（0）两种状态。同时，M-P 模型还可以模拟基本的“与或非”逻辑运算。但是 M-P 模型缺乏一个至关重要的学习机制，即如何调整 M-P 模型使其具有特定功能。

1949 年，受巴甫洛夫著名的条件反射实验的启发，加拿大心理学家唐纳德 · 赫布提出了赫布法则：在同一时间被激发的神经元间的联系会被强化。比如，铃声响时一个神经元被激发，此时如果食物出现就会激发附近的另一个神经元，导致这两个神经元间的联系强化，从而强化这两个事物之间的联系。赫布法则在 M-P 模型里表现为连接神经元的权值的变化，因此可以通过条件权值来调整 M-P（神经网络）模型的功能。早期这些基于生物神经元（大脑）的探索为人工智能的发展打下了基础。

1956 年，麻省理工学院（Massachusetts Instituto of Technology，MIT）人工智能实验室创始人马文明斯基和约翰·麦卡锡，以及信息论的创始人克劳德·香农等学者在达特茅斯开了一个学术会议，会议提出了一个结论：任何一种人类智能都能够通过机器进行模拟。麦卡锡还为这种机器智能取了一个名字叫作人工智能。当时通用电子计算机刚发明十年，很多学者认为：二十年内，机器能完成人能做到的一切。但直到六十多年以后的现在，也依然没有实现。在当时，人工智能的研究刚刚起步，适当的宣传可以吸引资本在人工智能研究上的投入。

达特茅斯会议后的第二年（1958 年），一个热衷于解剖小动物的生物学家罗森布拉特受赫布工作的启发，在 IBM 计算机上实现了可以模拟人类感知能力的感知机模型。以现在观点来看，感知机模型相当于特征空间的一条线（超平面），可以把空间分成两部分，处于其中的点代表两个类别。因此，感知机有个明显的缺陷：只能处理线性空间，无法实现异或这种非线性关系。

1969 年，明斯基获得图灵奖，同年，他和西摩·帕尔特发表了《感知机》一书，书中证明感知机（神经网络）只能实现最基本的功能，甚至无法解决异或问题。如果在输入层和输出层之间加上更多的网络层，理论上可以解决大量不同的问题，但是没人知道如何训练它们，因此这些神经网络在应用中毫无作用。相传明斯基和罗森布拉特在申请项目时存在竞争（都是人工智能方向），新晋图灵奖得主有很强的影响力，很多学者看过这本书就放弃了神经网络研究，导致很多人工智能项目都得不到资助。1971 年，失意的罗森布拉特在海上因为事故丧生，人工智能的研究也进入第一个寒冬期。

1.7 新时代的炼金术

实际上，在《感知机》出版的那一年（1969 年），关于多层感知机（即神经网络）的训练思路已经出现：斯坦福大学的电子工程系教授阿瑟·布莱森在自动化控制领域中以“多级动态系统优化方法”的名字提出了与现在误差反向传播（back-propagating，BP）算法相同思路的方法。其基本思想是：学习过程由信号的前向传播与误差的反向传播两个过程组成，前向传播即为神经网络激活预测的过程，反向传播即为降低误差、训练网络（学习）的过程。1974 年，哈佛大学一位博士生保罗·韦尔博斯再次发现了这个训练算法，他在论文中明确指出了该算法可用于多层神经网络的训练，但是这个隐藏在一篇普通博士毕业论文中的重要成果没有得到应有的重视，后来连韦尔博斯自己都没有再继续这方面的任何研究了。究其原因，是因为在人工智能的寒冬里，学者们已经失去对人工智能的信任了，也不再坚持可以解决问题的信念。

此后，不断有学者提起该算法，但直到 1986 年，辛顿与心理学家大卫·鲁梅尔哈特在《自然》杂志上发表了论文《通过误差反向传播算法的学习表示》，这才真正引起了学术界的关注。

辛顿在文中论证了“误差反向传播”确实可用于多层神经网络训练，从而扭转了明斯基《感知机》一书带来的负面影响，神经网络“炼金术”终于有了应用价值，神经网络的研究也进入了复兴期。神经网络的复兴要归功于辛顿等科学家的不懈坚持和努力，但是 20 世纪 80 年代计算机性能的极大发展（出现了个人计算机）也是客观条件。

1.8 深度学习和大数据

神经网络自 20 世纪 80 年代复兴后并没有迎来爆发期，其主要原因是受到当时计算能力的限制，另一个原因是支持向量机（support vector machine，SVM）模型的发展。有观点认为：在小样本（小于一万）分类上，SVM 可能是综合表现最好的模型。在 21 世纪的前几年，移动互联网还未普及，能够产生的数据量很有限，这种情况下 SVM 要比神经网络拥有更好的应用环境。

20 世纪末，研究者证明在隐藏层节点足够多的情况下，三层神经网络可以拟合任意函数。因此，神经网络可以表达任何计算，从这里也可以看出**神经网络和图灵机在计算能力上等价**。但是，在结构上图灵机偏向于串行计算，而神经网络具有天然并行计算的特点。随着 Nvidia 计算卡的推出，计算进入“并行”高速时代，这也为深层神经网络的发展提供了契机。随着智能手机的出现和移动互联网的发展，数据呈现指数增长，进入了“大数据”时代，简单模型已经无法满足预测需求。这时神经网络的两个特点开始显现出来，一个特点是“吃数据”、另一个特点是“吃算力”。深度学习的两个条件已经成熟，2006 年，杰弗里 · 辛顿提出深度学习的模型训练方法，并在《科学》杂志发表论文，提出了两个观点：①深层神经网络模型有很强的特征学习能力，学到的特征数据可以用于分类和可视化；②可以采用逐层训练方法解决深度神经网络的训练问题。这篇论文引燃了深度学习革命，杰弗里 · 辛顿也被称为“深度学习之父”。

到 2012 年，Nvidia 推出的各种并行计算卡已经相对成熟，并且有了大规模的视觉数据集（1600 万张标记图片）。辛顿的理论终于能在实践中得到验证。他带领两个学生利用深度卷积神经网络（convolutional neural network, CNN）在 ImageNet 比赛中获得了冠军，这让人们见识了深度学习的潜力，从此人工智能进入了深度学习时代。CNN 受生物视觉系统启发，高层的特征是低层特征的组合，从低层到高层的特征表达越来越抽象和概念化。这个过程也是一个“由一生万物，由简单到复杂”的过程。大脑是一个深度架构，认知过程也是深度的。而深度学习，恰恰就是通过组合低层特征形成更加抽象的高层特征（或属性类别）。深度学习算法从原始图像去学习得到一个低层次表达，例如边缘检测器、小波滤波器等，然后在这些低层次表达的基础上，通过线性或者非线性组合，来获得一个高层次的表达。此外，声音的处理也遵循类似规律。

总结深度学习的特点，在现实中，很多函数难以给出明确的方程表达，但却很容易搜集到输入和输出对应的样本。比如，将说出来的词的音频作为输入，词本身作为输出的映射函数。这时候，研究者又开始领悟到一个秘密，从前的研究总是数据推导规律（数学模型），再进行

预测（例如万有引力规律的发现）。但是在很多情况下，我们并不能给出一个简洁的数学规律。那如何解决呢？雅格布·伯努利于1713年出版了《猜度术》一书，这本概率论的书中提到了大数定律，这实际上是现代统计学的基础。大数定律表明：**当样本数无穷多时，经验风险（训练样本预测误差）趋于期望风险（预测样本误差），这在学习理论里被称为经验风险最小化。**因此，答案就藏在数据里："数据即规律"，这就是"大数据"。当拥有足够多数据的时候，只需要建立一个模型去学习规律，然后用于预测。从目前的最新研究进展来看，只要数据足够大、深度模型的隐藏层足够深，无需预处理，深度学习就可以取得很好的预测结果。但是，处理这些数据和完成模型训练需要大量的算力，这就是新时代的人工智能，即"**数据+模型+算力**"。

1.9 最后的围棋大师

1976年，哈萨比斯出生在伦敦北部，他拥有四分之一中国血统。他从8岁开始计算机编程，13岁时国际象棋达到大师水平，后考入剑桥大学学习计算机。正是在大学期间，哈萨比斯迷上了围棋游戏，2010年创办了DeepMind公司（2014年被谷歌收购）。DeepMind公司在人工智能领域有颇多建树，其中最称道的就是挑战围棋——这一智力游戏乃至人工智能领域的"圣杯"。在几种常见棋中，围棋是复杂度最高的，空间状态复杂度（状态数）为10^{171}，游戏树复杂度（变化数）为10^{360}。

2016年1月24日，马文·明斯基因突发脑溢血在波士顿与世长辞，享年88岁。仅仅2个月后，以深度学习为代表的AlphaGo以4∶1的总比分战胜了韩国围棋世界冠军、职业九段棋手李世石。AlphaGo后来的升级版AlphaGo Zero更加强大，它将高级搜索树与深度学习算法结合在一起让机器做到"左右互搏"，以自我对弈的方式来提升围棋水平。2017年5月，在中国乌镇围棋峰会上，AlphaGo Zero与当时围棋排名世界第一的柯洁对战，以3∶0的总比分获胜。当时未满20岁的柯洁，代表人类在围棋界最后的尊严，却遭遇三连败，此战之后，人类再无可能战胜AlphaGo Zero。

2019年，柯洁被保送到清华大学读书。同年，美国计算机协会（Association for Computing Machinery，ACM）把图灵奖颁给人工智能科学家约书亚·本吉奥、杰弗里·辛顿和杨立昆，以表彰他们为当前人工智能的繁荣发展所奠定的基础。此时，距离罗森布拉特提出神经网络已过去61年，距离明斯基的《感知机》的出版刚好50年，距罗森布拉特去世48年。神经网络虽几经波折，但终于使得人工智能的研究复兴。然而在1954年，明斯基博士毕业时的论文为《神经模拟强化系统的理论及其在大脑模型问题上的应用》，这篇论文也是早期关于人工神经网络（artificial neural network，ANN）的研究之一。

至此，我们也可以对历史悠久的八卦和围棋做个总结：大约在文字出现以前，八卦和围棋就已经出现，并且古人尝试用围棋来解释八卦。在文字书写逐渐退化的今天，基于八卦演化出来的二进制的现代计算机系统通过人类赋予的智能终于战胜了围棋。但是，关于智能的本质，智能和图灵机的关系以及智能的边界依然没有确定答案，还有待探索。党的二十大报告中指出，

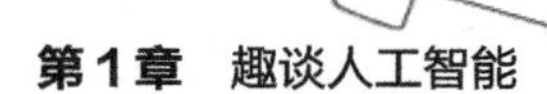

“加强基础研究，突出原创，鼓励自由探索”。因此，对人工智能理论和应用的探索正是我国青年人才的历史使命。

本章小结

人工智能的研究依赖于计算技术的进步，计算机的发展带动了人工智能的发展，本章结合计算机的发展历史梳理了以深度神经网络为代表的人工智能的发展历程。回顾了从计算机诞生时期的感知机模型到并行计算时代的深度神经网络模型的发展历程。

习题

（1）查找资料，尝试计算不同棋类的空间状态复杂度和游戏树复杂度。

（2）试着查找并阅读图灵关于计算和人工智能的论文。

第2章 学习在于实践——编程环境和基础

加强实践锻炼、专业训练。

——摘自党的二十大报告

本章主要介绍如何搭建基本的开发环境、相关开发框架的安装及简介和 Python 基础，后续章节的部分实验会基于本章节搭建的编程环境进行展开。本章第一小节介绍 Anaconda 环境安装及基本使用规则；第二小节对 Python 语言进行简要介绍；第三小节对 NumPy 的基础语法进行简要介绍；第四小节是 sklearn 的安装及简介；第五小节是 Keras 的安装及简介。

本章学习目标：

- ❑ 掌握 Anaconda 的安装及使用
- ❑ 了解 Python 是什么，掌握 Python 基础语法
- ❑ 掌握 NumPy 基础语法
- ❑ 掌握 sklearn 的安装
- ❑ 掌握 Keras 的安装

2.1 编程环境管家——Anaconda 管理工具

2.1.1 Anaconda 简介

Anaconda 是一个基于 Python 的环境管理工具，Python 相关的知识会在下一小节介绍。Anaconda 具有开源、安装过程简单、高性能使用 Python 和 R 语言、免费的社区支持等特点。在 Anaconda 的帮助下，你能够更容易地处理不同项目下对软件库甚至是 Python 版本的不同需求。Anaconda 包含 Conda、Python 和超过 150 个科学相关的软件库及其依赖。Conda 是一个包管理工具。Anaconda 是一个非常大的软件，因为它包含了非常多的数据科学相关的库。

2.1.2 如何安装

Anaconda 可以在 Linux、Windows 和 Mac 环境中安装和使用，本书以 Ubuntu 为主要平台进行介绍，Ubuntu 是著名的 Linux 发行版之一，它也是目前用户最多的 Linux 版本。安装步骤如下：

（1）前往 Anaconda 官网下载安装包，在页面的最底端，找到 Linux 对应的版本，如图 2-1 所示。

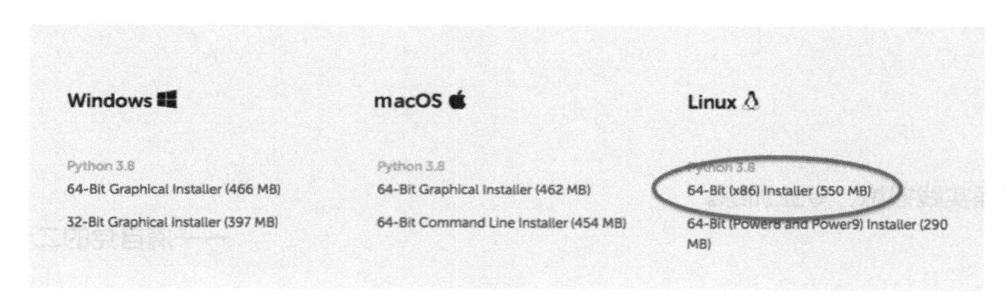

图 2-1　Anaconda 下载

（2）打开终端，输入如下命令（字符“$”不用输入，它表示当前用户）：

```
$ bash ~/Downloads/Anaconda3-5.0.1-Linux-x86_64.sh
```

其中 Anaconda3-5.0.1-Linux-x86_64.sh 为第一步下载的文件的文件名，~/Downloads 为下载的文件所在的目录。文件名和目录根据读者的实际情况进行更改。输入上述命令后，按回车键，会提示阅读许可协议，如图 2-2 所示。

该协议很长，如果不想看完，可以直接输入 q 然后按回车键即可退出，之后会进入如图 2-3 所示页面。

输入 yes，之后会让用户输入 Anaconda 的安装路径，如果直接按回车，将会是默认路径（直接安装在用户目录下），也可以输入新的安装路径；之后会进行安装，整个过程可能需要几分钟时间。安装完成后，会询问是否初始化 Anaconda，如图 2-4 所示。

```
huangh@huangh: ~/下载
文件(F) 编辑(E) 查看(V) 搜索(S) 终端(T) 帮助(H)
===================================
End User License Agreement - Anaconda Individual Edition
===================================

Copyright 2015-2020, Anaconda, Inc.

All rights reserved under the 3-clause BSD License:

This End User License Agreement (the "Agreement") is a legal agreement between y
ou and Anaconda, Inc. ("Anaconda") and governs your use of Anaconda Individual E
dition (which was formerly known as Anaconda Distribution).

Subject to the terms of this Agreement, Anaconda hereby grants you a non-exclusi
ve, non-transferable license to:

  * Install and use the Anaconda Individual Edition (which was formerly known as
 Anaconda Distribution),
  * Modify and create derivative works of sample source code delivered in Anacon
da Individual Edition from Anaconda's repository; and
  * Redistribute code files in source (if provided to you by Anaconda as source)
 and binary forms, with or without modification subject to the requirements set
forth below.

--更多--
```

图 2-2　Anaconda 安装界面 1

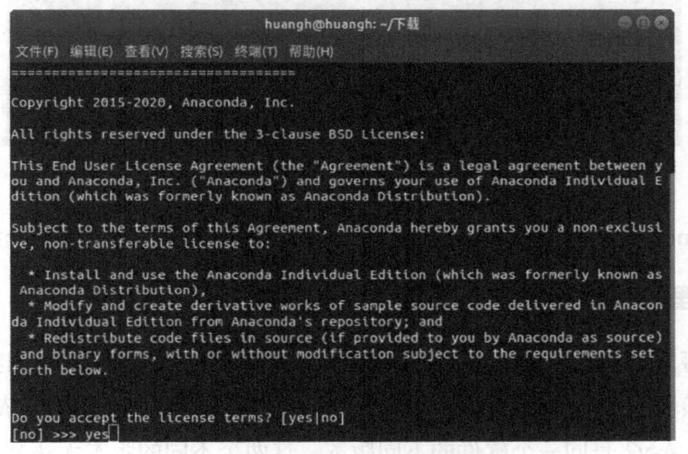

图 2-3　Anaconda 安装界面 2

```
huangh@huangh: ~/下载
文件(F) 编辑(E) 查看(V) 搜索(S) 终端(T) 帮助(H)
  yaml               pkgs/main/linux-64::yaml-0.2.5-h7b6447c_0
  yapf               pkgs/main/noarch::yapf-0.30.0-py_0
  zeromq             pkgs/main/linux-64::zeromq-4.3.2-he6710b0_2
  zict               pkgs/main/noarch::zict-2.0.0-py_0
  zipp               pkgs/main/noarch::zipp-3.1.0-py_0
  zlib               pkgs/main/linux-64::zlib-1.2.11-h7b6447c_3
  zope               pkgs/main/linux-64::zope-1.0-py38_1
  zope.event         pkgs/main/linux-64::zope.event-4.4-py38_0
  zope.interface     pkgs/main/linux-64::zope.interface-4.7.1-py38h7b6447c_0
  zstd               pkgs/main/linux-64::zstd-1.4.5-h0b5b093_0


Preparing transaction: done
Executing transaction: done
installation finished.
WARNING:
    You currently have a PYTHONPATH environment variable set. This may cause
    unexpected behavior when running the Python interpreter in Anaconda3.
    For best results, please verify that your PYTHONPATH only points to
    directories of packages that are compatible with the Python interpreter
    in Anaconda3: /home/huangh/anaconda3
Do you wish the installer to initialize Anaconda3
by running conda init? [yes|no]
[no] >>>
```

图 2-4　Anaconda 安装界面 3

输入 yes，然后将会在 ~/.bashrc 文件的末尾插入启动 Anaconda 的脚本。如果屏幕中出现“thank you for installing Anaconda3！”，表示安装成功。

（3）重新打开终端，在命令行的开头将会出现“（base）”，表示进入 base 环境，如图 2-5 所示。

图 2-5　Anaconda 安装界面 4

恭喜！Anaconda 已经可以正常使用了。具体使用细节将会在后续小节介绍。

2.1.3　环境管理

不同的软件可能会依赖相同软件的不同版本，从而导致依赖冲突。例如我们开发了一个软件 A，该软件依赖软件 relyA-v1，之后又开发了一个新的软件 B，新的软件依赖软件 relyA-v2。而 relyA-v1 和 relyA-v2 是同一个软件的不同版本，这两个不同的版本无法共同存在同一个环境中，那么我们是不是在运行 B 的时候就无法运行 A 呢？答案是否定的。此时我们可以使用 Anaconda 创建两个独立的环境 env_v1 和 env_v2，在 env_v1 中安装软件 relyA-v1，在 env_v2 中安装软件 relyA-v2。因为环境 env_v1 和 env_v2 相互隔离，即在 env_v1 中看不见 relyA-v2，在 env_v2 中看不见 relyA-v1，所以软件 A 和软件 B 可以同时运行，只需要在两个不同的终端分别启动环境 env_v1 和 env_v2 即可。

如果想在 Anaconda 中创建一个名字为 env_v1，Python 版本为 3.6 的新环境，可以在终端中使用如下命令：

```
$ conda create -name env_v1 python=3.6
```

env_v1 创建好之后，在终端输入如下命令即可启动新的环境：

```
$ conda activate env_v1
```

启动成功后，命令行的开头将会变成（env_v1），如图 2-6 所示。

```
huangh@huangh: ~
文件(F) 编辑(E) 查看(V) 搜索(S) 终端(T) 帮助(H)
  setuptools          anaconda/pkgs/main/linux-64::setuptools-49.6.0-py36_0
  sqlite              anaconda/pkgs/main/linux-64::sqlite-3.33.0-h62c20be_0
  tk                  anaconda/pkgs/main/linux-64::tk-8.6.10-hbc83047_0
  wheel               anaconda/pkgs/main/noarch::wheel-0.35.1-py_0
  xz                  anaconda/pkgs/main/linux-64::xz-5.2.5-h7b6447c_0
  zlib                anaconda/pkgs/main/linux-64::zlib-1.2.11-h7b6447c_3


Proceed ([y]/n)? y

Preparing transaction: done
Verifying transaction: done
Executing transaction: done
#
# To activate this environment, use
#
#     $ conda activate env_v1
#
# To deactivate an active environment, use
#
#     $ conda deactivate

(base) huangh@huangh:~$ conda activate env_v1
(env_v1) huangh@huangh:~$ 
```

图 2-6　启动 env_v1 环境

此时，在环境 env_v1 中安装的所有依赖只会在 env_v1 可见。如果想退出环境 env_v1，可以执行如下命令：

```
$ conda deactivate
```

上述命令执行后，终端里每一行将会以（base）开头。

2.2　简明胶水语言——Python

2.2.1　简介

Python 是一种解释型、面向对象、动态数据类型的高级程序设计语言。它具有易上手、社区丰富、扩展方便等特性。它常被称为胶水语言，能够把各个功能模块（包括其他语言如 C/C++）很轻松地联结在一起，是学习人工智能必备的基础编程语言。

Python 有两大版本，Python2 和 Python3。Python2 已经于 2020 年 1 月 1 日停止更新，因此本书以 Python3 为主要开发语言。

2.2.2　安装

Python 可应用于多平台，包括 Linux、Windows 和 macOS X。在 2.1 节安装的 Anaconda 中已经包含了 Python，因此可以直接使用。只需启动 2.1 节创建的环境 env_v1，然后在终端输入 Python，显示结果如图 2-7 所示。

终端输出信息中的 3.6.10 是 Python 的版本号，代表 env_v1 使用的是 Python 3.6.10，这是因为我们在创建 env_v1 时使用了参数 python=3.6 指定 Python 的版本是 3.6。

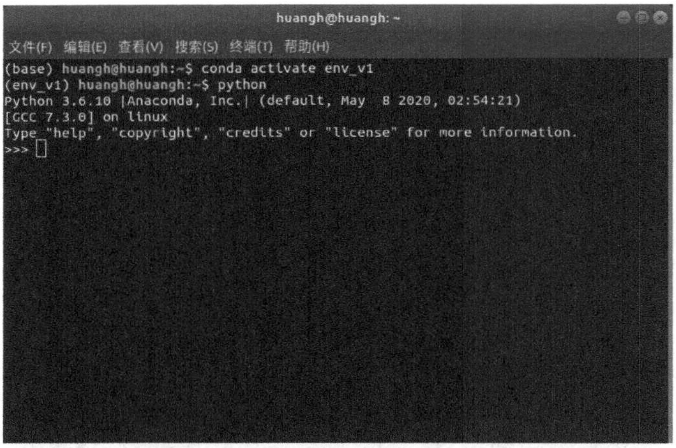

huangh@huangh: ~
文件(F) 编辑(E) 查看(V) 搜索(S) 终端(T) 帮助(H)
(base) huangh@huangh:~$ conda activate env_v1
(env_v1) huangh@huangh:~$ python
Python 3.6.10 |Anaconda, Inc.| (default, May 8 2020, 02:54:21)
[GCC 7.3.0] on linux
Type "help", "copyright", "credits" or "license" for more information.
>>>

图 2-7 运行 Python

2.2.3 基础语法

本节以 2.1.3 节中的 env_v1 为基础进行编程实验，使用 conda activate env_v1 启动环境 env_v1。

1. 第一个 Python3 程序

Python 编程分交互式编程模式和脚本式编程模式两种，接下来以第一个入门编程代码"Hello World!"为例分别介绍这两种模式。

（1）交互式编程模式

在终端中输入 python，然后在“>>>”之后输入下面的代码。

```
print("Hello World!")
```

按回车键，即可在终端输出"Hello World!"，如图 2-8 所示。

huangh@huangh: ~
文件(F) 编辑(E) 查看(V) 搜索(S) 终端(T) 标签(B) 帮助(H)
huangh@huangh: ~
huangh@huangh: ~
(env_v1) huangh@huangh:~$ python
Python 3.6.10 |Anaconda, Inc.| (default, May 8 2020, 02:54:21)
[GCC 7.3.0] on linux
Type "help", "copyright", "credits" or "license" for more information.
>>> print("Hello World!")
Hello World!
>>>

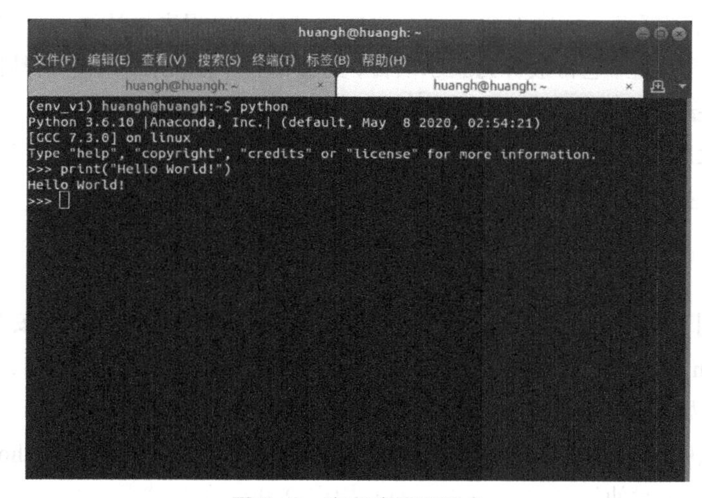

图 2-8 交互式编程模式

在终端中输入 exit()并按回车键即可退出交互式编程模式。

（2）脚本编程模式

在当前目录中新建一个名为 hello.py 的文件，在文件中输入如下代码段：

```
print("Hello World! This is the script")
```

保存文件内容之后，在终端中输入如下命令：

```
$ python hello.py
```

结果如图 2-9 所示。

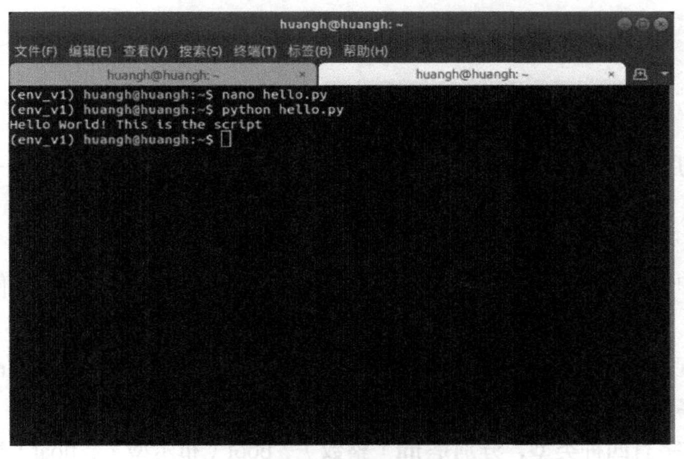

图 2-9　脚本式编程模式

2. Python 保留字

保留字即关键字，我们在命名标识符（变量、函数等）时不能使用这些关键字。Python 的标准库提供了一个 keyword 模块，可以输出当前版本的所有关键字，代码段如下所示：

```
import keyword
print(keyword.kwlist)
```

3. 注释

Python 中的注释包括单行注释和多行注释。单行注释以“#”开头，多行注释用“'''”或者“"""”环绕。代码段如下所示：

```
# 这是单行注释，下面一行可以在终端打印"Hello World!"。
print("Hello World!")
'''
这是多行注释
这是多行注释
'''
```

注：在 Python2 中，如果代码中包含中文，可能会出现编码问题，需要在文件的第一行插入下面的语句：

```
# -*- coding: utf-8 -*-
```

4. 缩进

Python 使用缩进来表示代码块，同一个代码块使用相同的缩进。实例如下：

```
if True:
    print ("这是第一个代码块")
    print ("这是第一个代码块")
else:
    print ("这是第二个代码块")
```

上述代码块是一个条件语句，条件语句的语法格式如下：

```
if 判断条件:
    执行语句……
else:
    执行语句……
```

5. 多行语句

如果某个语句很长，我们可以使用反斜杠“\”来实现多行语句，例如：

```
sum = a1 + \
      a2
```

注：Python 中所有的变量在使用之前均不需要提前声明类型，可以直接使用。

6. 数据类型

Python 中有五个标准的数据类型，分别是数字（numbers）、字符串（string）、列表（list）、元组（tuple）和字典（dictionary）。

（1）数字。数字有四种类型，分别是 int（整数）、bool（布尔型）、float（浮点数）和 complex（复数）。

（2）字符串。Python 中的字符串用单引号或者双引号标记，例如：

```
s1 = '这是一个字符串。'
s2 = "这也是一个字符串。"
```

如果想对上文的两个字符串 s1 和 s2 进行拼接，可以直接使用“+”。例如：

```
s = s1 + s2  #s 的值为'这是一个字符串。这也是一个字符串。'
```

如果想获取字符串中某一个位置的值，可使用如下方式：

```
s = 'abcdefg'
c0 = s[0] # c0 的值是 a
c3 = s[3] # c3 的值是 d
```

（3）列表。列表是最常用的 Python 数据类型。需要注意的是列表的数据项不需要具有相同的类型。创建一个列表，只要把逗号分隔的不同的数据项使用方括号括起来即可。

列表的常用语法如下所示：

```
list1 = ['name', 'age', 2020, 2021] #list1 为一个列表
list2 = list1[1:3] # 列表截取，list2 的值为['age', 2020]
list2[0]= 'new_age' # list2 被更新为[' new_age ', 2020]
list2.append(100) #在 list2 末尾添加新元素 100，list2 更新为[' new_age ', 2020, 100]
list3 = [i*2 for i in range(5)] #生成包含 5 个元素的列表，值为[0,2,4,6,8]
```

（4）元组。在 Python 中，元组与列表类似，它们的不同之处在于元组中的元素不能被修改，而列表中的元素可以被修改。元组使用小括号表示，而列表使用方括号表示。元组的常用语法如下所示：

```
my_tup1 = ('物理', '年级', 2020) #创建一个名为my_tup1 的元组
my_tup2 = ('姓名', 18, 1999) #创建一个名为my_tup2 的元组
print(" my_tup1[0]: ", my_tup1[0]) #访问元组中的元素并打印
my_tup3 = my_tup1 + my_tup2 #将my_tup1 和my_tup2 拼接成同一个元组
del my_tup1 #删除元组
```

（5）字典。字典是一种可变容器模型，且可存储任意类型的对象。它由一系列的键值对组成，每个键值对用冒号分隔，每个键值对之间用逗号分隔，整个字典使用花括号包围。字典的常用语法如下所示：

```
my_dict = {'姓名': 'hh', '年龄': 18} #创建一个名为my_dict 的字典
print("my_dict['姓名']: ", my_dict ['姓名']) # 访问字典中的值并打印
my_dict['年龄'] = 8 # 更新年龄
my_dict['职业'] = '学生'# 新增键值对
del my_dict['职业']  # 删除键是'职业'的键值对
```

7. 循环

Python 中包含 for 循环和 while 循环两种类型。for 循环的示例用法如下：

```
fruits = ['香蕉', '草莓', '苹果']
for fruit in fruits:
  print('当前水果 :', fruit)
```

其中，fruits 也可以是任何可迭代的对象，如列表、字符串等。

while 循环的示例用法如下：

```
count = 0
while (count < 9):
  print('The count is:', count)
  count = count + 1
```

8. 函数

函数是用来实现单一或相关联功能的可重复使用的代码段。它能提高程序的模块性和代码的重复利用率。在 Python 中，定义函数的规则如下。

（1）函数代码块以 def 关键词开头，后接函数标识符名称和小括号。

（2）任何传入参数和自变量必须放在小括号中间。

（3）函数的第一行语句可以选择性地使用文档字符串。

（4）函数内容以冒号起始，并且缩进。

（5）return [表达式] 结束函数，不带表达式的 return 相当于返回 None。

```
def plus_one (x):
  "对传入的 x 进行加 1 操作"
  y = x + 1
  return y
```

上面的代码段实现了一个简单的函数，它将输入值 x 进行加 1 操作，并返回加 1 后的值。plus_one 为函数名，括号中的 x 为参数，第二行的字符串为文档，用来介绍该函数的相关信息，第三行执行加 1 操作，第四行返回 y 值。

2.2.4 解决兔子繁殖问题

13 世纪意大利数学家斐波那契在他的《算盘书》的修订版中增加了一道著名的兔子繁殖问题。问题是这样的：假设一对初生兔子要一个月才到成熟期，而一对成熟兔子每月会生一对兔子，并且所有兔子都长生不死。那么，由一对初生兔子开始，12 个月后会有多少对兔子呢？

由第一个月到第十二个月兔子的对数分别是：1，1，2，3，5，8，13，21，34，55，89，144，……，这个数列称为斐波那契数列。

计算斐波那契数列的常用方法有 3 种，分别是递归、通项公式和循环。

使用递归计算斐波那契数列思想直接，Python 代码如下：

```
def Fibonacci_3(n):
    if n == 1 or n == 2:
        return 1
    Fn = Fibonacci_3(n-1) + Fibonacci_3(n-2)
    return int(Fn)
```

若采用通项公式计算斐波那契数列，通项公式如下：

$$F_n=\frac{1}{\sqrt{5}}\left[\left(\frac{1+\sqrt{5}}{2}\right)^n-\left(\frac{1-\sqrt{5}}{2}\right)^n\right]$$

该通项公式的计算涉及开根号，因此需要先导入 math 库。math 库是 Python 提供的内置数学类函数库，它支持整数和浮点数运算。math 库中用于计算平方根的函数是 sqrt()。导入代码如下：

```
import math
```

使用 Python 实现上述通项公式的代码如下：

```
def Fibonacci_1(n):
    sqrt5 = math.sqrt(5)
    x1 = math.pow((1+ sqrt5)/2., n)
    x2 = math.pow((1- sqrt5)/2., n)
    Fn = 1/ sqrt5*(x1-x2)
    return int(Fn)
```

一般而言，使用循环计算斐波那契数列比递归高效，Python 代码如下：

```
def Fibonacci_2(n):
    if n<=2:
        return 1
    F1 = 1
    F2 = 1
    for i in range(n-2):
```

```
        Fn = F1 + F2
        F1 = F2
        F2 = Fn
    return Fn
```

2.3　面向数组的计算——NumPy

2.3.1　简介

NumPy（numerical Python）是 Python 语言的一个扩展程序库，它提供了在多维数组上对 Python 的扩展以及专门为科学计算设计的开发包，因此也被称为“面向数组的计算”。

NumPy 包的核心是 ndarray 对象，它封装了 *n* 维同类数组。很多运算是由编译过的代码来执行的，因此 NumPy 的效率很高。

2.3.2　安装

NumPy 的安装可以使用如下命令:

```
conda install numpy
```

也可以使用 pip 进行安装：

```
pip install --user numpy
```

命令中的--user 选项用于指定安装位置为当前的用户，而不是写入到系统目录。

2.3.3　基础语法

在使用 NumPy 之前，需要先导入 NumPy，可以使用如下命令：

```
import numpy as np
```

可以使用 NumPy 自带的函数生成 NumPy 数组，例如：

```
a = np.arange(100)
```

上面的代码生成了一个长度为 100 的一维 NumPy 数组，数组中的值为 0 ~ 99。

也可以将 list 转换成 NumPy 数组，代码如下：

```
a = np.array([[0,1,2],[3,4,5]],dtype=np.float32)
```

上面的代码创建了一个名为 a 的二维 NumPy 数组，数组中元素的类型为 32 位的浮点数，除了 float32 外，还有 int8、int16、int32、int64、float8 和 float16 等类型。

在 NumPy 数组中，最常用的属性有两个：一个是数组的维度，另一个是数组的形状。例如上面创建的数组 a 的维度是 2，形状是（2，3），a 的维度和形状可以用如下代码获得：

```
print('数组 a 的维度是:', a.ndim)
print('数组 a 的形状是:', a.shape)
```

如果想将形状为（2，3）的二维数组 a 转换成形状为（3，2）的数组 b，可以使用 reshape 函数，如下：

```
b = a.reshape((3,2))
```

NumPy 数组可以进行加减乘除等数值计算，如果两个形状一样的数组进行计算，则位置相同的两个值进行相应的运算。如果进行数值计算的两个数组的形状不一样，则会触发广播机制。广播机制简单地说就是把形状不同的两个数组变成形状相同的两个数组，然后再将对应位的数进行计算。例如：

```
a = np.array([[0,1,2],[3,4,5]])
c = np.asarray([1,2,3])
d = a + c
```

在执行 a+c 时，可以认为 c 先被广播成[[1,2,3], [1,2,3]]，然后再与 a 进行加法运算，因此 d 的值为：[[1,3,5],[4,6,8]]。

广播的具体规则如下。

（1）让所有输入数组都向其中形状最长的数组看齐，形状中不足的部分都通过在前面加 1 补齐。

（2）输出数组的形状是输入数组形状的各个维度上的最大值。

（3）如果输入数组的某个维度和输出数组的对应维度的长度相同或者其长度为 1 时，这个数组能够用来计算，否则出错。

（4）当输入数组的某个维度的长度为 1 时，沿着此维度运算时都用此维度上的第一组值。

如果想获取数组中的部分值，可以使用切片操作。NumPy 数组中的切片操作与 Python 中 list 的切片操作一样，使用冒号分隔切片参数[start:stop]来进行切片操作。例如：

```
a = np.array([[0,1,2],[3,4,5]],dtype=np.float32)
b = a[:,:2]
```

上面的代码中，b 的值为[[0,1],[3,4]]。“：”表示保留该维度中的所有值，“：2”表示保留该维度中的前两个值。

切片时，还可以加上第三个参数 step，该参数表示每隔多少个数取一个。此时参数的格式变为[start:stop:step]。例如：

```
a = np.arange(10)
b = a[1:7:2]    # 从索引 1 开始到索引 7 停止，间隔为 2
```

上面的代码中，a 的值为[0, 1, 2, 3, 4, 5, 6, 7, 8, 9]，b 的值为[1, 3, 5]。

2.3.4 案例

本节包含两个案例：案例一介绍如何使用 NumPy 对图像进行裁剪，并进行可视化；案例二介绍网络爬虫的实现。

（1）案例一

图像的读取与显示可以借助 cv2 实现，其安装方法如下：

```
pip install opencv-python
```

安装完成后，在代码中使用下面命令导入 cv2：

```
import cv2
```

将图片读入内存，并打印其类型：

```
img = cv2.imread("1.jpg")
print(type(img))
```

上面的代码会打印：<class 'numpy.ndarray'>，也就是说使用 cv2 读入的图片在内存中的保存类型是 NumPy。接下来使用下面的代码显示图片：

```
cv2.imshow("img", img)
cv2.waitKey()
```

如果不使用第二行代码，则图片会一闪而过。第二行会从键盘上接受一个字符，因此当在键盘上输入一个字符后才会执行后面的代码。显示结果如图 2-10 所示。

图 2–10 显示图片

接下来从读取的图片中裁剪一部分，并显示：

```
roi = img[:200, 100:300, :]
cv2.imshow("roi", roi)
cv2.waitKey()
```

第一行代码实现了切片的功能，即裁剪图片的功能，img 的三个维度分别是高、宽和通道数。在高度上，保留的是索引为 0～200 的所有值；在宽度上，保留的是索引为 100～300 的值。裁剪出的图片如图 2-11 所示。

图 2-11　裁剪出的图片

（2）案例二

本案例中介绍网络爬虫，它的实现需要借助 requests 和 beautifulsoup4 两个包，使用 pip 安装的代码如下：

```
sudo pip install requests
pip install beautifulsoup4
```

然后使用 requests 包获取网页中的内容，代码如下：

```
import requests
html = requests.get('http://www.      .com')
```

为了能够正常地显示中文，需要对 html 中的文本进行格式转换，代码如下：

```
html.encoding='utf-8'
```

接下来显示 html 中的文本，代码如下：

```
print(html.text)
```

显示结果如图 2-12 所示。然后对网页进行解析，代码如下：

```
>>> print(html.text)
<!DOCTYPE html>
<!--STATUS OK--><html> <head><meta http-equiv=content-type content=text/html;charset=utf-8><meta http-equ
iv=X-UA-Compatible content=IE=Edge><meta content=always name=referrer><link rel=stylesheet type=text/css
href=http://s1.bdstatic.com/r/www/cache/bdorz/baidu.min.css><title>百度一下，你就知道</title></head> <bod
y link=#0000cc> <div id=wrapper> <div id=head> <div class=head_wrapper> <div class=s_form> <div class=s_f
orm_wrapper> <div id=lg> <img hidefocus=true src=//www.baidu.com/img/bd_logo1.png width=270 height=129> <
/div> <form id=form name=f action=//www.baidu.com/s class=fm> <input type=hidden name=bdorz_come value=1>
 <input type=hidden name=ie value=utf-8> <input type=hidden name=f value=8> <input type=hidden name=rsv_b
p value=1> <input type=hidden name=rsv_idx value=1> <input type=hidden name=tn value=baidu><span class="b
g s_ipt_wr"><input id=kw name=wd class=s_ipt value maxlength=255 autocomplete=off autofocus></span><span
class="bg s_btn_wr"><input type=submit id=su value=百度一下 class="bg s_btn"></span> </form> </div> </div
> <div id=u1> <a href=http://news.baidu.com name=tj_trnews class=mnav>新闻</a> <a href=http://www.hao123.
com name=tj_trhao123 class=mnav>hao123</a> <a href=http://map.baidu.com name=tj_trmap class=mnav>地图</a>
 <a href=http://v.baidu.com name=tj_trvideo class=mnav>视频</a> <a href=http://tieba.baidu.com name=tj_tr
tieba class=mnav>贴吧</a> <noscript> <a href=http://www.baidu.com/bdorz/login.gif?login&amp;tpl=mn&amp;u=
http%3A%2F%2Fwww.baidu.com%2f%3fbdorz_come%3d1 name=tj_login class=lb>登录</a> </noscript> <script>docume
nt.write('<a href="http://www.baidu.com/bdorz/login.gif?login&tpl=mn&u='+ encodeURIComponent(window.locat
ion.href+ (window.location.search === "" ? "?" : "&")+ "bdorz_come=1")+ '" name="tj_login" class="lb">登
录</a>');</script> <a href=//www.baidu.com/more/ name=tj_briicon class=bri style="display: block;">更多产
品</a> </div> </div> </div> <div id=ftCon> <div id=ftConw> <p id=lh> <a href=http://home.baidu.com>关于百
度</a> <a href=http://ir.baidu.com>About Baidu</a> </p> <p id=cp>&copy;2017 Baidu <a href=http:
//www.baidu.com/duty/>使用百度前必读</a>  <a href=http://jianyi.baidu.com/ class=cp-feedback>意见反
馈</a> 京ICP证030173号  <img src=//www.baidu.com/img/gs.gif> </p> </div> </div> </div> </body>
</html>
```

图 2-12　html 中的内容

```
from bs4 import BeautifulSoup
soup = BeautifulSoup(html.text)
```

然后找出文本中所有的网址，代码如下：

```
s = soup.findAll('a')
for k in len(s):
    s[k]= s[k].attrs['href']
```

上面的代码中，数组 s 中保存了该网页中所有的网址，递归使用上述代码对所有的网址进行处理即可爬取网络中的网页。

2.4 机器学习百宝箱——sklearn

2.4.1 简介

sklearn（scikit-learn）是一个第三方提供的非常强力的 Python 机器学习库，它是一种简单高效的数据挖掘和数据分析工具，建立在 NumPy、SciPy 和 Matplotlib 上，并且是开源的。它包含了从数据预处理到训练模型的各个方面，在实战使用 scikit-learn 中可以极大地节约编写代码的时间以及减少代码量，使我们有更多的精力去分析数据分布，调整模型和修改超参数。

2.4.2 安装

如果想在 env_v1 中安装 scikit-learn，可以在终端中输入下面两行命令：

```
$ conda activate env_v1
$ conda install -c anaconda scikit-learn
```

安装完成以后，可以使用图 2-13 所示的方法来进行版本的简单验证，从显示的版本信息上看，目前作者使用的版本号为 0.23.2 的 scikit-learn。

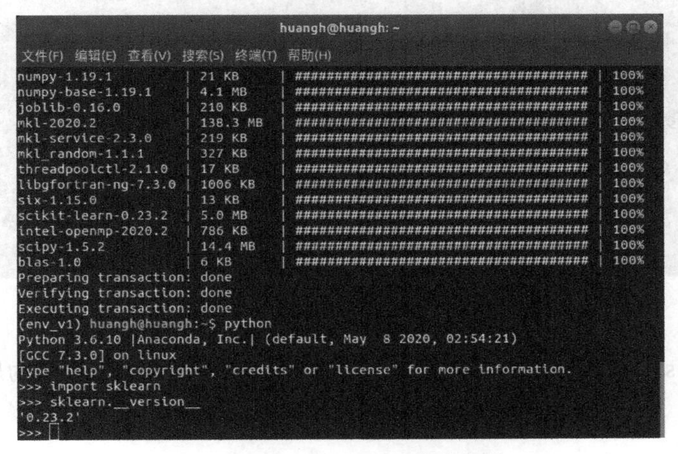

图 2-13 scikit-learn 版本查看

2.5 大道至简——Keras

2.5.1 简介

Keras 是一个用 Python 编写的高级神经网络 API，它能够以 TensorFlow、CNTK 或者 Theano 作为后端运行。Keras 的开发重点是支持快速的实验，能够以最小的时延把你的想法转换为实验结果，是做研究的便捷工具。

2.5.2 安装

安装 Keras 之前需要先安装 TensorFlow，安装命令如下：

```
$ pip install tensorflow==2.0 -i https://pypi.          .com/simple
```

pip 是一个现代的、通用的 Python 包管理工具。它提供了对 Python 包的查找、下载、安装、卸载的功能。-i 用于指定软件源，此处使用的豆瓣的源。TensorFlow 安装完成之后，就可以安装 Keras 了，在终端输入如下命令：

```
$ pip install keras==2.3.1 -i https://pypi.          .com/simple
```

安装完成之后，可在终端进行验证，如图 2-14 所示。

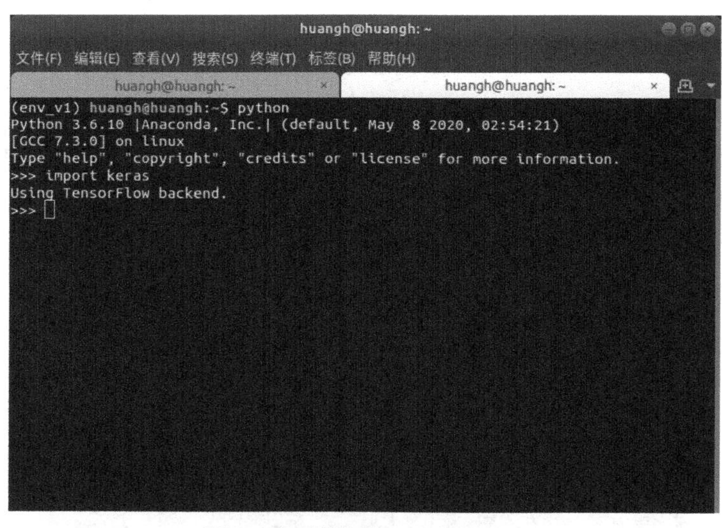

图 2-14　验证 Keras 安装成功

图中显示的 Using TensorFlow backend 表示 Keras 使用 TensorFlow 作为后端运行神经网络模型。

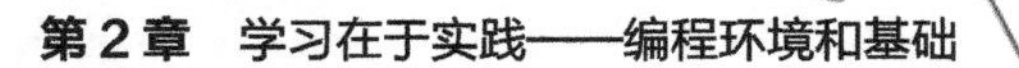

本章小结

本章节主要对 Anaconda、Python、NumPy、sklearn 和 Keras 进行了简要介绍，并介绍了它们的安装方法。后续章节的部分实验会使用本章搭建的环境。因此，本章节是后续章节的编程环境基础。

习题

（1）在系统中安装 Anaconda 环境。

（2）使用 Anaconda 创建一个名字为 env_v2，Python 版本为 2.7 的新环境，并在新的环境中安装 Keras。

第 3 章 穷举的魅力——搜索

搜索算法广泛应用在人工智能领域，很多问题都可以使用搜索算法来解决。本章主要介绍常见的搜索算法。本章第一小节介绍三个经典的人工智能问题；第二小节介绍一些与搜索算法相关的基本概念；第三小节介绍深度优先搜索（depth-first-search，DFS）算法，并使用 DFS 算法解决第一小节中的三个问题；第四小节介绍广度优先搜索（breadth-first-search，BFS）算法，并使用 BFS 算法解决第一小节中的问题。

本章学习目标：

- ❑ 了解七桥问题、旅行商问题（traveling salesman problem，TSP）和迷宫问题（maze problem）
- ❑ 掌握 DFS 算法
- ❑ 掌握 BFS 算法
- ❑ 使用搜索算法解决七桥问题、旅行商问题和迷宫问题

3.1 驴友的困惑——经典旅行问题

现实世界中的很多问题都可以转化成一个搜索问题，然后使用计算机编程来解决，如经典的七桥问题、旅行商问题和迷宫问题等。本节将对这些问题进行介绍，并在后续小节中使用搜索算法来解决这些问题。

3.1.1 七桥问题

18 世纪东普鲁士的哥尼斯堡城，有一条河穿过，河上有两个小岛，有七座桥把两个岛与河岸联系起来，如图 3-1 所示。有人提出一个问题：一个步行者怎样才能不重复、不遗漏地一次走完七座桥，最后回到出发点？

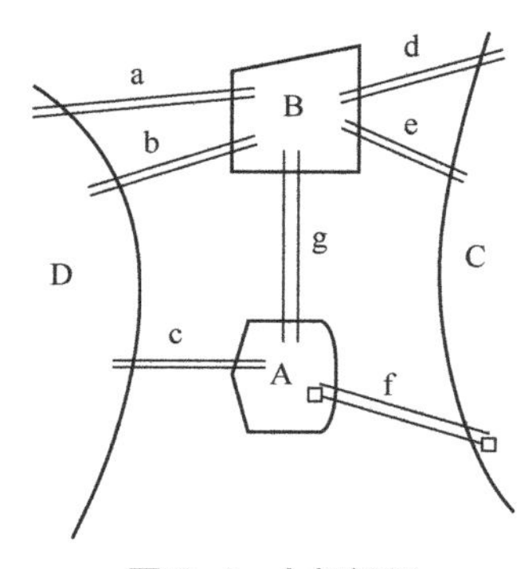

图 3-1 七桥问题

这个问题引起了很多人的兴趣，他们纷纷进行试验。但是在此后相当长的一段时间里，这个问题始终未能得到解决。利用普通数学知识可以算出每座桥都只走一次，那这七座桥所有的走法一共高达 5040 种，对于这种规模的数据，靠人力还勉强可以应付。如果问题变得更复杂一点，桥的数量增加到 20 座或者更多时，所有可能的走法将会急剧增加，单纯靠人力无法在短时间内尝试所有的走法。但怎么才能找到成功走过每座桥而不重复的路线呢？针对此，形成了著名的“哥尼斯堡七桥问题”。

如今，已经有很多方法可以解决“哥尼斯堡七桥问题”，搜索算法是其中之一。

3.1.2 旅行商问题

旅行商问题是数学领域中著名的问题之一。经典的旅行商问题可以描述为：假设有一个旅行商人要去往 n 个城市，他需要选择一条旅行路径，该路径的限制是每个城市只能去一次并且不能漏掉某个城市，而且最后要回到原来出发的城市。路径的选择目标是要求路径长度为所有路径之中的最小值。

以图 3-2 为例，图中有 S、A、B、C、D 一共五座城市，城市之间的线段表示道路，道路上面的数字表示两城市间的距离，例如城市 S 和城市 B 之间的距离为 3、城市 S 和城市 C 之间的距离为 7。路径 S→C→A→B→D→S 为一条满足要求的路径，该路径总长度为 36。路径 S→B→D→C→A→C→S 为一条不满足要求的路径，因为城市 C 经过了两次。路径 S→B→D→C→S 也为一条不满足要求的路径，因为城市 A 没有经过。

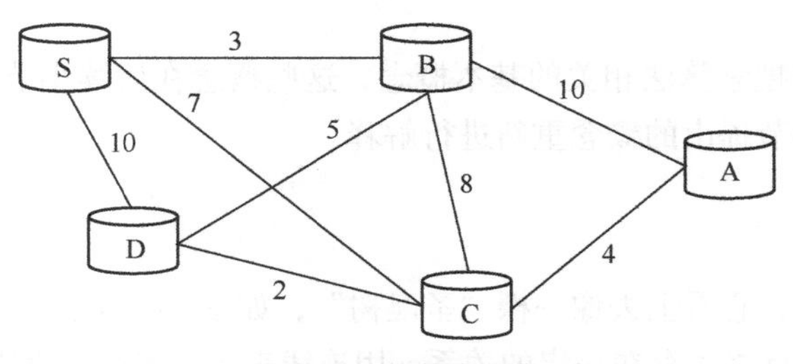

图 3-2　旅行商问题

旅行商问题具有重要的实际意义和工程背景。它一开始是为交通运输而提出的，比如飞机航线安排、送邮件、快递服务、设计校车行进路线等。实际上其应用范围扩展到了许多其他领域。印制电路板转孔是旅行商问题应用的经典例子，在一块电路板上打成百上千个孔，转头在这些孔之间移动，相当于对所有的孔进行一次巡游。把这个问题转化为旅行商问题，孔相当于城市，孔到孔之间的移动时间就是距离。

3.1.3　迷宫问题

给定一个迷宫，指明起点和终点，找出从起点出发到终点的有效可行路径，就是迷宫问题。

以图 3-3 为例，图中共有 5×5 个小格子，黑色格子表示墙，玩家不能通过黑色格子，白色格子表示路，玩家可以通过白色格子。假设（i, j）表示第 $i+1$ 行第 $j+1$ 列的格子，图中的（0, 0）为起点，（0，4）为终点，则（0，0），（1，0），（1，1），（1，2），（0，2），（0，3），（0，4）为一条有效可行路径。（0，0），（0，1），（0，2），（0，3），（0，4）不是一条有效可行路径，因为该路径经过了表示墙的格子（0，1）。

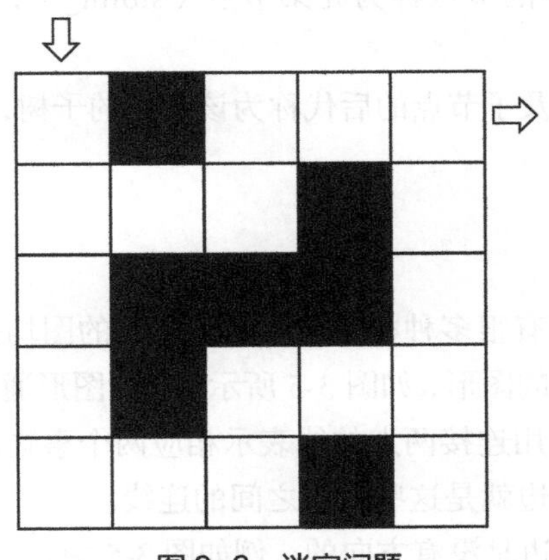

图 3-3　迷宫问题

3.2 搜索的积木——基础数据结构

本小节介绍一些与搜索算法相关的基本概念，这些概念在后续小节中会被提及，在后续小节中将不会再次对本小节提出的概念重新进行解释。

3.2.1 树

树是一种数据结构，它看上去像一棵“圣诞树”，如图 3-4 所示。树有多个节点（node），用以储存元素。某些节点之间存在一定的关系，用连线表示，连线称为边（edge）。边的上端节点称为父节点，下端称为子节点。每个父节点可以有 0 个或者多个子节点，最顶端的父节点称为根节点。

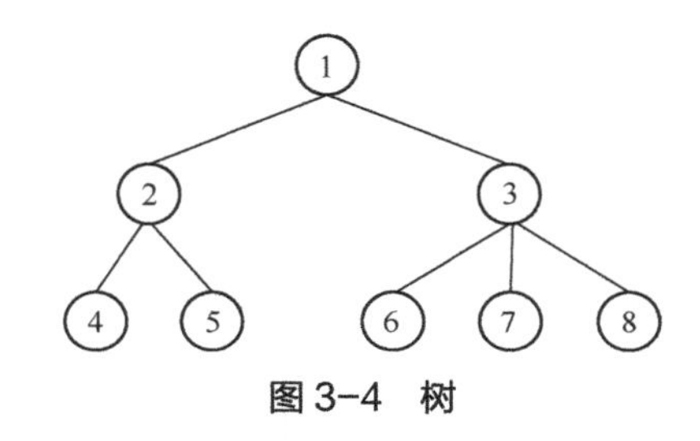

图 3-4 树

树要么为空树，要么具有以下特性。

（1）每个节点可以有多个子节点，而该节点是相应子节点的父节点，例如 4、5 是 2 的子节点，2 是 4、5 的父节点。

（2）树有一个没有父节点的节点，称为根节点，图 3-4 中根节点是 1。

（3）没有子节点的节点称为叶节点，例如图中的 4、5、6、7、8 节点。

（4）两个具有相同父节点的节点称为兄弟节点（sibling），图 3-4 中 4、5 节点互为兄弟节点。

（5）一个节点的子节点以及子节点的后代称为该节点的子树，图 3-4 中 2、4、5 构成了节点 1 的一棵子树。

3.2.2 图

图也是一种数据结构，它有很多种类型，本章中涉及的图均是无向连通图。图是由若干给定的点及连接两点的线所构成的图形，如图 3-5 所示。这种图形通常用来描述某些事物之间的某种特定关系，用点代表事物，用连接两点的线表示相应两个事物间具有这种关系。在实际画图的过程中，顶点用圆圈表示，边就是这些圆圈之间的连线。

在无向图中，顶点之间的边是没有方向的，例如图 3-5 中，顶点 v_0 到顶点 v_1 和顶点 v_1 到顶点 v_0 之间的关系是一样的，如果这种关系表示时间，那么就是从 v_0 走到 v_1 的时间和从 v_1 走到 v_0 的时间是一样的。

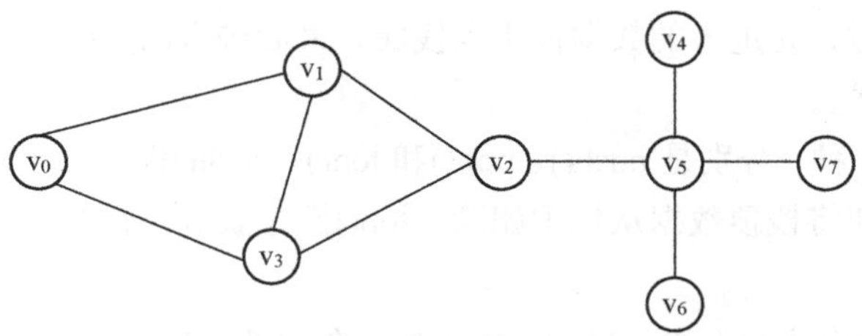

图 3-5　图

图中的顶点有度的概念。

（1）度：所有与它连接点的个数之和，图 3-5 中 v_1 的度是 3，v_5 的度是 4；

（2）入度：存在于有向图中，所有接入该点的边数之和。

（3）出度：存在于有向图中，所有接出该点的边数之和。

邻接节点：与某个点相连的节点称为该点的邻接节点。图 3-5 中 v_0 的邻接节点包含 v_1 和 v_3。

图包括有权图和无权图。

（1）有权图：每条边具有一定的权重（weight），通常是一个数字，用来描述顶点之间的关系。

（2）无权图：每条边均没有权重，也可以理解为权为 1。

图的遍历：从图中某个顶点出发访遍图中其余顶点，且使每个顶点仅被访问一次，这一过程叫作图的遍历。

图的存储结构：图的存储可以使用邻接矩阵、邻接表和十字链表等方式。如果点的规模较小，使用邻接矩阵的方式会更方便。图的邻接矩阵存储方式是用两个数组来标示图。一个一维数组存储图顶点的信息，一个二维数组（称为邻接矩阵）存储图中边或者弧的信息。图 3-5 的邻接矩阵表示如图 3-6 所示，二维数组中的 1 表示相应的顶点之间有连接，如第 1 行（v_0）第 2 列（v_1）的值为 1，表示顶点 v_0 和顶点 v_1 之间有连接。第 6 行（v_5）里面有 4 个值为 1，表示 v_5 的度为 4。

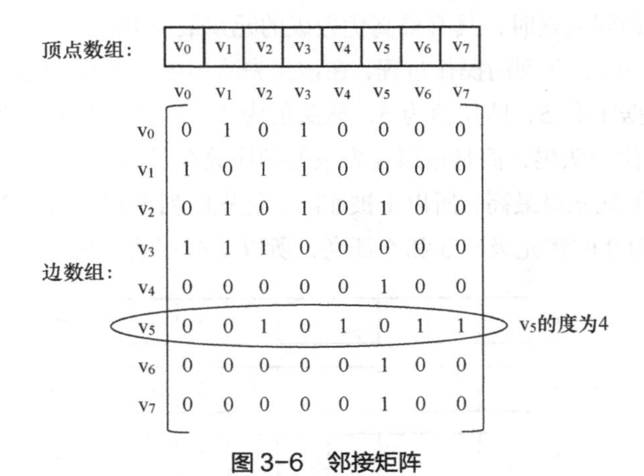

图 3-6　邻接矩阵

3.2.3　栈

栈（stack）是一种数据结构，它的插入和删除操作只能在一端进行。它按照先进后出的原则存储数据。存数据时，先进入的数据被压入栈底，最后进入的数据在栈顶。读数据时，每次读取的都是栈顶的数据。

栈常用的操作有 3 种，分别是 push()、pop()和 top()。push()操作用于往栈中压入数据。pop()操作弹出栈顶数据，即将栈顶数据从栈中删除。top()操作获取栈顶数据，该操作不会将栈顶数据从栈中删除。

图 3-7 描述了栈的出栈和入栈的过程。首先栈中包含两个数据，分别是 2 和 3，栈顶数据为 3，因此 top()操作获取的值为 3；然后往栈中分别压入 4 和 5，此时栈顶数据为 5，top()操作获取的值为 5；接着弹出栈顶元素，top 指针往下移动一位指向了 4，栈顶元素也变成了 4；最后又往栈中压入数据 6，top()操作获取的值为 6。从栈中读数据只能通过 top()操作，也就是说，在 3、4、6 未弹出之前，无法直接获取栈底数据 2。

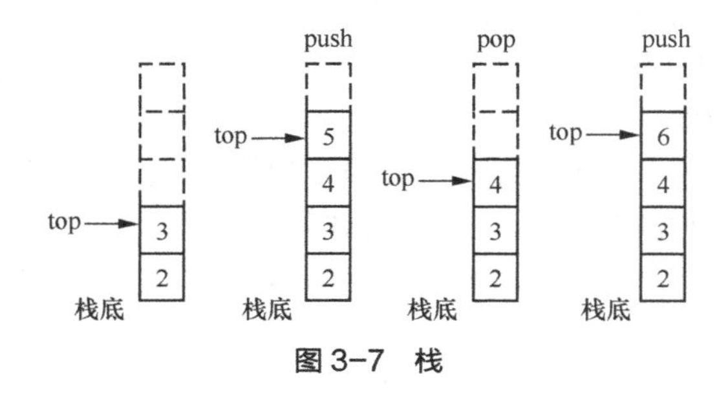

图 3-7　栈

3.2.4 优先队列

普通的队列是一种先进先出的数据结构，新插入的元素直接放在队列尾，删除元素时直接删除队列头的元素。在优先队列中，元素被赋予优先级，插入的元素不是直接放在队列尾，而是按优先级存放。当访问元素时，具有最高优先级的元素最先删除。

图 3-8 描述了一种优先队列的操作过程，在该优先队列中，值越小优先级越高。初始化时优先队列中包含两个数据 1 和 5，队尾值为 5，队头值为 1；然后往优先队列中插入数据 3，此时新插入的数据 3 不是位于队尾，而是按照优先级的顺序放在了 5 和 1 之间；接下来从队列中删除一个元素，因为 1 的优先级最高，所以 1 被删除，优先队列中剩下数据 3 和 5；接着往优先队列中插入数据 2，因为 2 的优先级比 3 和 5 都高，所以 2 被存放在队列头。

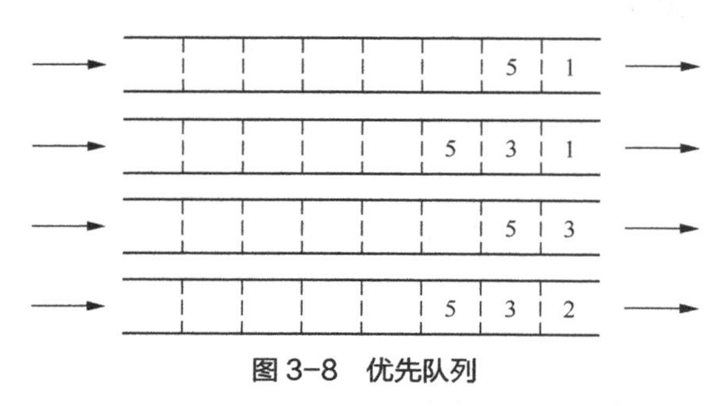

图 3-8　优先队列

3.3　林深时见鹿——深度优先搜索

3.3.1　DFS 简介

DFS 算法常被用于对搜索树或图进行遍历。DFS 会尽可能深地搜索树的分支。当节点 v 的所有邻接节点都已被探寻过，搜索将回溯到发现节点 v 的起始节点。这一过程一直进行到遍历完从源节点可达的所有节点为止。

使用 DFS 对无向连通图进行遍历的具体实现方式包括递归和非递归两类。非递归的实现需要借助栈，具体的算法描述如下。

（1）将源节点放入栈中并标记为已访问。

（2）从栈中取出第一个节点，打印该节点的信息，然后将该节点的邻接节点中尚未被访问的节点压入栈中，并将新入栈的节点标记为已访问。

（3）若栈为空，算法结束，否则重复步骤（2）。

使用上述算法对图 3-5 进行遍历的过程如下。

（1）如图 3-9 所示，将源节点 v_0 入栈，并将 v_0 标记为已访问。

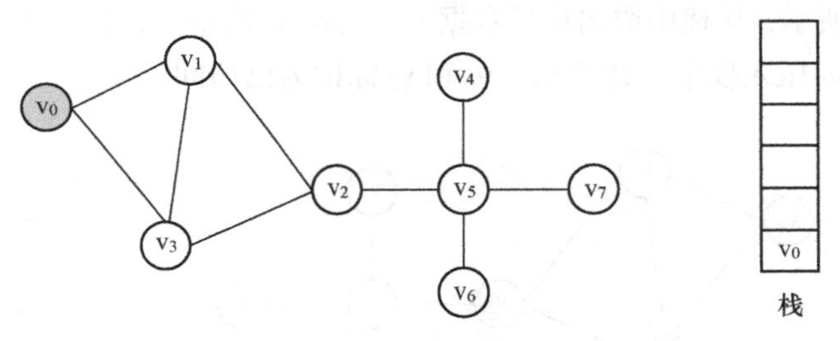

图 3-9　DFS 遍历 1

（2）如图 3-10 所示，从栈中取出第一个节点 v_0，打印 v_0 的信息，将 v_0 的邻接节点中尚未被访问的节点 v_1 和 v_3 压入栈中，并将 v_1 和 v_3 标记为已访问。

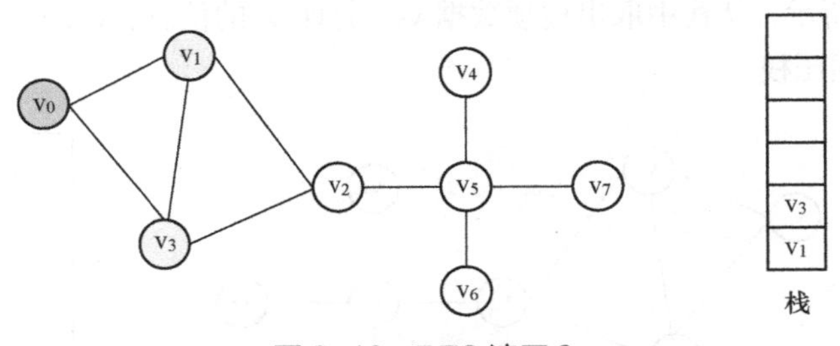

图 3-10　DFS 遍历 2

（3）如图 3-11 所示，从栈中取出栈顶数据 v_3，打印 v_3 的信息，将 v_3 的邻接节点中尚未被访问的节点 v_2 压入栈中，并将 v_2 标记为已访问。

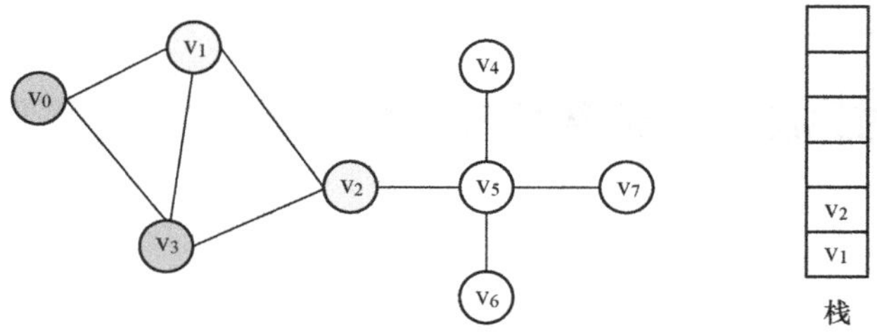

图 3-11　DFS 遍历 3

（4）如图 3-12 所示，从栈中取出栈顶数据 v_2，打印 v_2 的信息，将 v_2 的邻接节点中尚未被访问的节点 v_5 压入栈中，并将 v_5 标记为已访问。

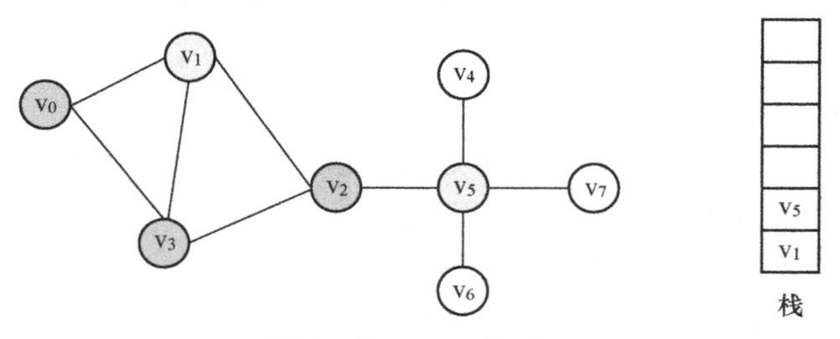

图 3-12　DFS 遍历 4

（5）如图 3-13 所示，从栈中取出栈顶数据 v_5，打印 v_5 的信息，将 v_5 的邻接节点中尚未被访问的节点 v_4、v_6 和 v_7 压入栈中，并将 v_4、v_6 和 v_7 标记为已访问。

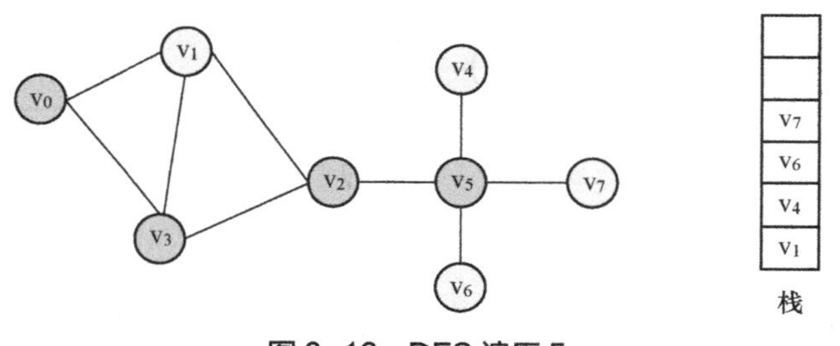

图 3-13　DFS 遍历 5

（6）如图 3-14 所示，从栈中取出栈顶数据 v_7，打印 v_7 的信息，v_7 的邻接节点中所有节点均已被访问，因此无须压栈。

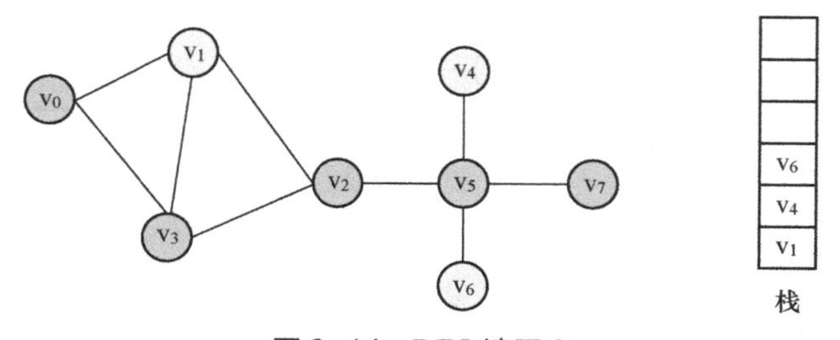

图 3-14　DFS 遍历 6

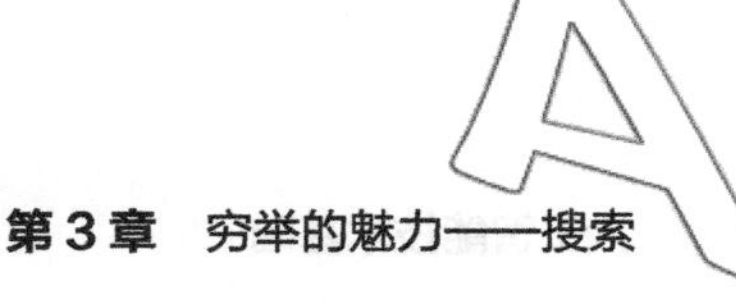

（7）如图 3-15 所示，从栈中取出栈顶数据 v_6，打印 v_6 的信息，v_6 的邻接节点中所有节点均已被访问，因此无须压栈。

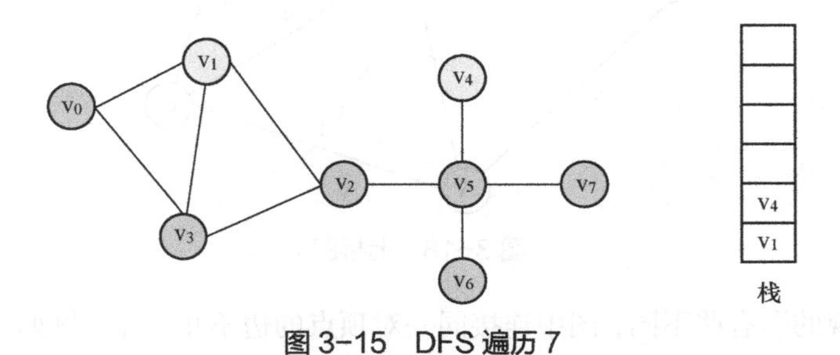

图 3-15　DFS 遍历 7

（8）如图 3-16 所示，从栈中取出栈顶数据 v_4，打印 v_4 的信息，v_4 的邻接节点中所有节点均已被访问，因此无须压栈。

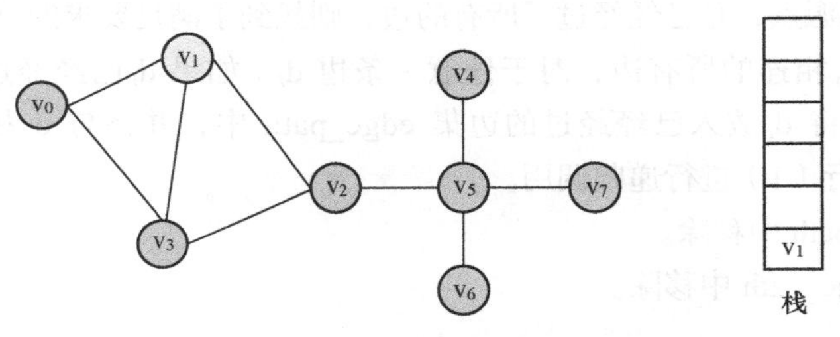

图 3-16　DFS 遍历 8

（9）如图 3-17 所示，从栈中取出栈顶数据 v_1，打印 v_1 的信息，v_1 的邻接节点中所有节点均已被访问，因此无须压栈。此时栈为空，所有节点均被访问一次，所有的节点的信息均被打印，算法结束。整个图的遍历顺序为：v_0、v_3、v_2、v_5、v_7、v_6、v_4、v_1。

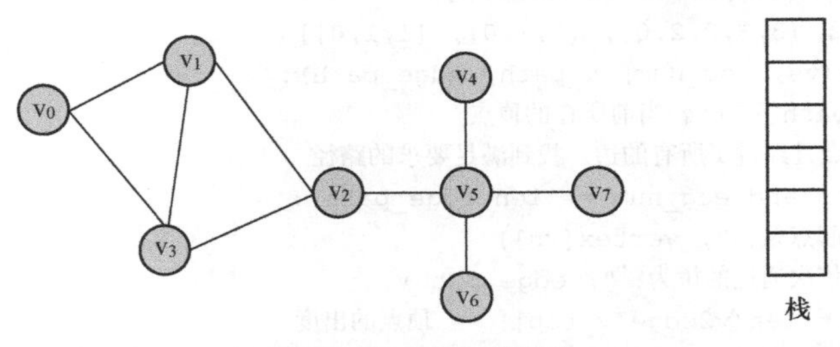

图 3-17　DFS 遍历 9

3.3.2　使用 DFS 解决七桥问题

首先将七桥问题转换成一个图的问题，将河岸和小岛看成顶点，将桥看成边，转换后的图如图 3-18 所示。

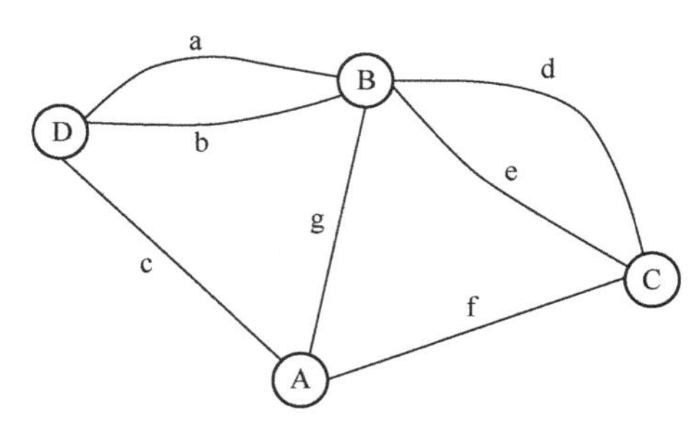

图 3-18　七桥图

图 3-18 与常规的图有些不同，图中连接同一对顶点的边不止一条，例如顶点 B 和顶点 D 之间有 a 和 b 两条边。但是我们仍然可以使用 DFS 解决七桥问题，此时使用递归的方式更容易实现及理解，递归部分具体的算法描述如下。

（1）从 v_path 中获取最新经过的顶点 v_{top}。

（2）如果 v_{top} 是源点，且已经经过了所有的边，则找到了满足要求的路径，打印相关信息。

（3）遍历与 v_{top} 相连的所有边，对于任意一条边 d_i，如果 d_i 已经经过，则跳过该边，如果 d_i 还未经过，则将 d_i 放入已经经过的边集 edge_path 中，并将与 d_i 相连的另一个顶点 v_i 放入 v_path，并执行（1）进行递归调用。

（4）将 v_i 从 v_path 中移除。

（5）将 d_i 从 edge_path 中移除。

（6）算法结束。

Python 实现如下：

```
vertex = ['A','B','C','D'] # vertex 用于存放所有的顶点
# v2edge[i] 用于存放与顶点 vertex[i]相连的边
v2edge = [['c','f','g'], ['a','b','d','e','g'], ['d','e','f'], ['a','b','c']]
# v2v[i] 用于存放与顶点 vertex[i]相连的顶点
v2v = [[3,2,1], [3,3,2,2,0], [1,1,0], [1,1,0]]
def dfs_bridge(vs, edg_num, v_path, edge_path):
    v_top = v_path[-1] # 当前所在的顶点
    # 如果回到起点且经过了所有的边，找到满足要求的路径
    if v_top==vs and edg_num == len(edge_path):
        print("起点是：", vertex[vs])
        print("依次通过的桥为：", edge_path)
    out_degree = len(v2edge[v_top])  # 顶点的出度
    for i in range(out_degree):  # 遍历与顶点 v_top 相连的所有的边
        if v2edge[v_top][i] in edge_path:  # 如果已经走过该条边，则跳过
            continue
        v_path.append(v2v[v_top][i])  # 保存经过的顶点
        edge_path.append(v2edge[v_top][i])  # 保存经过的边
        dfs_bridge(vs, edg_num, v_path, edge_path)
        v_path.pop()  # 顶点回溯
        edge_path.pop()  # 边回溯
for i in range(len(vertex)):  # 选起点
    dfs_bridge(vs=i, edg_num=7, v_path=[i], edge_path=[])
```

上面的代码中，如果找到满足要求的路径，则会打印具体的路径信息，反之则不会打印任何信息。

3.3.3　使用 DFS 解决旅行商问题

以图 3-2 所示的旅行商问题为例，将城市看作顶点，将城市之间的路径看成边，转化后的图如图 3-19 所示。图中包含 S、A、B、C 和 D 五座城市，边上面的数字表示城市之间的距离，例如城市 S 和城市 B 之间的距离为 3。

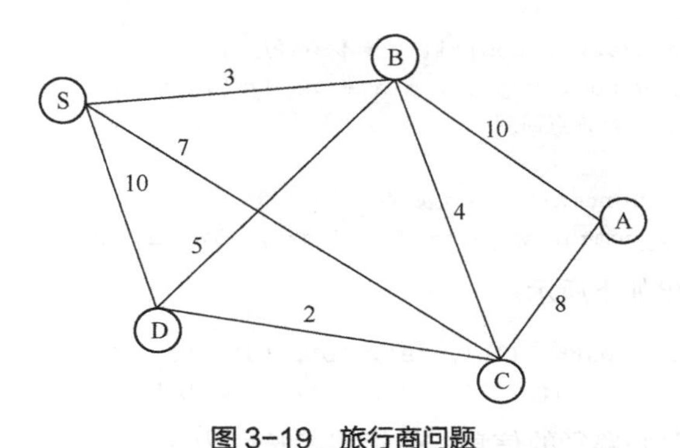

图 3-19　旅行商问题

七桥问题要求同一条边不能重复经过，与七桥问题不同的是，旅行商问题要求同一个节点不能重复经过，但是依然可以使用 DFS 来解决。递归部分具体的算法描述如下。

（1）从 v_path 中获取最新经过的顶点 v_{top}，并获取 v_{top} 的出度。

（2）遍历与 v_{top} 相连的所顶点 v_i。

（3）如果 v_i 为起点并且经过了所有顶点，则找到新路径，若新路径经过的路程更短，则更新最短路径。

（4）如果 v_i 已经经过，则跳过该边；如果 v_i 还未经过，则将 v_i 放入已经经过的点集 v_path 中，并执行（1）进行递归调用。

（5）将 v_i 从 v_path 中移除。

（6）算法结束。

该算法的 Python 代码实现如下：

```
vertex = ['A','B','C','D','S']  # vertex 用于存放所有的顶点
# v2edge[i] 用于存放与顶点 vertex[i]相连的边的长度（城市间的距离）
v2edge = [[10,8], [10,4,5,3], [8,4,2,7], [5,2,10], [3,7,10]]
# v2v[i] 用于存放与顶点 vertex[i]相连的顶点
v2v = [[1,2], [0,2,3,4], [0,1,3,4], [1,2,4], [1,2,3]]
def dfs_TSP(vs, v_num, v_path, dis, min_dis):
    v_top = v_path[-1] # 当前所在的顶点
    out_degree = len(v2edge[v_top])  # 顶点的出度
    for i in range(out_degree):  # 遍历与顶点 v_top 相连的所有的边
        vs_i = v2v[v_top][i]
        if vs_i == vs:  # 如果到达起点
            # 如果经过所有顶点，并且经过的距离更短，则打印新路径
```

```
            if v_num == len(v_path) and dis + v2edge[v_top][i] < min_dis[0]:
                min_dis[0] = dis + v2edge[v_top][i]
                new_path = []
                for item in v_path:
                    new_path.append(vertex[item])
                new_path.append(vertex[vs_i])
                print("new distance:", min_dis[0], "new path:", new_path)
            continue
        if vs_i in v_path:  # 如果已经走过该顶点，则跳过
            continue
        v_path.append(v2v[v_top][i])  # 保存经过的顶点
        dfs_TSP(vs, v_num, v_path, dis + v2edge[v_top][i], min_dis)
        v_path.pop()  # 顶点回溯
min_dis=[10000]
for i in range(len(vertex)):  # 选起点
    dfs_TSP(vs=i, v_num=5, v_path=[i], dis=0, min_dis=min_dis)
```

上面的代码中，输出如下所示。

```
new distance: 40 new path: ['A', 'B', 'D', 'S', 'C', 'A']
new distance: 33 new path: ['A', 'B', 'S', 'D', 'C', 'A']
```

最后一行数据表示最短路径的信息。最短路径长度为 33，依次经过的顶点为 A→B→S→D→C→A。

3.3.4 使用 DFS 解决迷宫问题

迷宫问题也可以看成一个图的问题，除了边界的格子，每个格子均与上下左右四个格子相连。即每个非边界格子的出度是 4。四个顶点的出度是 2，其他的边界格子的出度是 3。递归部分具体的算法描述如下。

（1）如果当前坐标不在迷宫内或者为不可经过的格子，直接返回。

（2）如果到达终点，算法结束。

（3）遍历当前格子的四个相邻的格子 v_i，如果 v_i 已经经过，则跳过该格子，否则将该格子加入集合 coordinates 中，然后执行（1）进行递归调用。

（4）如果递归调用结束后找到了终点，则直接返回，否则将 v_i 从 coordinates 弹出并返回。

该算法的 Python 代码实现如下：

```
# 描述迷宫的矩阵，1 表示可以经过，0 表示不可以经过
maze = [[1, 0, 1, 1, 1], [1, 1, 1, 0, 1], [1, 0, 0, 0, 1], [1, 0, 1, 1, 1], [1, 1, 1, 0, 1]]
def dfs_maze(vx, vy, end_x, end_y, coordinates=[], size_xy=5):
    if vx < 0 or vx >= size_xy or vy < 0 or vy >= size_xy: # 如果越界，则返回
        return 0
    if maze[vx][vy] == 0:  # 如果是不能经过的格子，则返回
        return 0;
    if vx == end_x and vy == end_y:  # 找到终点，算法结束
        print("find path:", coordinates)
        return 1
    x_off = [0, 0,  1, -1]
```

```
    y_off = [1, -1, 0, 0]
    for i in range(4): # 往上下左右四个方向移动
        new_x = vx+x_off[i]
        new_y = vy+y_off[i]
        if (new_x, new_y) in coordinates: # 已经走过的不再走
            continue
        coordinates.append((new_x, new_y)) # 记录新坐标
        v = dfs_maze(new_x, new_y, end_x, end_y, coordinates, size_xy)
        if v == 1:
            return 1
        coordinates.pop() # 坐标回溯
dfs_maze(0,0,0,4,[(0,0)],5)
```

3.4　近水楼台先得月——广度优先搜索

3.4.1　BFS简介

BFS是连通图的一种遍历策略。因为它的思想是从一个顶点S开始，辐射状地优先遍历其周围较广的区域，因此得名。BFS的实现常常借助队列来实现，使用BFS对无向连通图进行遍历的具体算法描述如下。

（1）将起点S放入队列中。

（2）从队列中取出第一个节点，并判断它是否为目标。如果是目标，则算法结束并回传结果。否则将它所有尚未检验过的直接子节点加入队列中。

（3）若队列为空，表示整张图都检查过了，即图中没有欲查找的目标，算法结束。

（4）重复步骤（2）。

3.4.2　使用BFS解决七桥问题

七桥问题与无向连通图的遍历有所区别，七桥问题中，需要知道每一个当前节点经过的所有边，因此使用BFS解决七桥问题时需要一种特殊的数据结构——结构体，该结构体中应该包括如下内容。

（1）从起点到当前节点经过的所有边edge_path。

（2）从起点到当前节点经过的所有点v_path。

使用BFS解决图3-18所示的七桥问题的具体算法描述如下。

（1）从顶点集中选一个顶点作为起点S，已经选过的不再选，若所有顶点均已被选过，则算法结束。

（2）构造一个新的结构体Node，其中的v_path放入S，edge_path设置为空。

（3）将Node放入队列Nodes中。

（4）从队列中取出队首元素$Nodes_{top}$，从$Nodes_{top}$中找到最后经过的顶点v_{top}。

（5）如果v_{top}是源点，且已经经过了所有的边，则找到了满足要求的路径，打印相关信息。

（6）遍历与 v_{top} 相连的所有边，对于任意一条边 d_i，如果 d_i 已经经过，则跳过该边，如果 d_i 还未经过，则构造 $Nodes_{top}$ 的副本 $Nodes_i$，将 d_i 放入 $Nodes_i$ 的边集 edge_path 中，并将与 d_i 相连的另一个顶点 v_i 放入 $Nodes_i$ 中 v_path，最后将 $Nodes_i$ 放入队列 Nodes 中。

（7）如果队列 Nodes 为空，算法结束，否则执行（4）。

3.4.3 使用 BFS 解决旅行商问题

使用 BFS 解决旅行商问题时常常需要借助优先队列来实现，此外使用 BFS 解决旅行商问题也需要一种特殊的数据结构——结构体，该结构体中应该包括如下内容。

（1）从起点到当前节点经过的所有点 v_path。

（2）从起点到当前节点的距离 dis。

使用 BFS 解决旅行商问题的具体算法描述如下。

（1）从顶点集中选一个顶点作为起点 S，已经选过的不再选，若所有顶点均被选过，算法结束。

（2）构造一个新的结构体 Node，其中的 v_path 放入 S，dis 设置为 0。

（3）将 Node 放入优先队列 Nodes 中。

（4）从队列中取出队首元素 $Nodes_{top}$，从 $Nodes_{top}$ 中找到最后经过的顶点 v_{top}。

（5）如果 v_{top} 是源点，且已经经过了所有的顶点，则找到了满足要求的最短路径，打印相关信息，算法结束。

（6）遍历与 v_{top} 相连的所有顶点，对于其中任意一个顶点 v_i，如果 v_i 已经经过，则跳过该顶点，如果 v_i 还未经过，则构造 $Nodes_{top}$ 的副本 $Nodes_i$，将 v_i 放入 $Nodes_i$ 中的 v_path 中，并将 v_{top} 到 v_i 之间的距离累加到 $Nodes_i$ 中的 dis 中，最后将 $Nodes_i$ 放入优先队列 Nodes 中。

（7）如果队列 Nodes 为空，算法结束，否则执行（4）。

3.4.4 使用 BFS 解决迷宫问题

学习了七桥问题和旅行商问题的解决办法后，相信读者已经领会到了 BFS 的精髓，解决迷宫的思路留给读者自行思考。

本章小结

本章主要介绍了如下内容：①介绍七桥问题、旅行商问题和迷宫问题这三个经典的人工智能问题；②介绍了 DFS 算法和 BFS 算法；③使用 DFS 算法和 BFS 算法分别解决七桥问题、旅行商问题和迷宫问题。让读者领略搜索算法的魅力，学会使用搜索算法的思想解决实际的人工智能问题。

习题

使用 BFS 解决图 3-3 所示的迷宫问题。

第 4 章 计算机里的物竞天择——进化算法

扩大国际科技交流合作，加强国际化科研环境建设，形成具有全球竞争力的开放创新生态。

——摘自党的二十大报告

本章主要对计算机中的遗传算法过程进行描述，逐渐升华到进化算法，最后对多目标优化的问题进行概述。

本章学习目标：

- ❑ 理解基本的遗传算法（genetic algorithm，GA）的原理
- ❑ 理解进化算法（evolutionary algorithm，EA）的原理和过程
- ❑ 理解多目标优化方法及过程
- ❑ 了解常见的几种进化算法

4.1 生物的演化规律——物种起源

1809 年，查尔斯·罗伯特·达尔文出生于英格兰一个富裕的家庭，他从小便沉迷于户外大自然和飞鸟走兽之类的东西，长大后的达尔文在父亲的资助下去了南美洲，时年 27 岁的达尔文考查结束后便开始写《物种起源》，并于 1859 年发表了《物种起源》一书，他在书中推断地球上现存的生物都由共同祖先发展而来，它们之间有亲缘关系，并提出自然选择学说解释进化的原因，创立了科学的进化理论，揭示了生物发展的历史规律。然而达尔文并没有对**遗传**作出解释，但在布隆恩修道院担任神父的奥地利帝国遗传学家格雷戈尔·孟德尔注意到了这一问题，出生于贫寒农民家庭的孟德尔从小便对植物的生长和开花非常感兴趣，于是苦心进行豌豆杂交实验，发现了遗传学定律，然而生前他的研究并没有得到大家的广泛认可，直到他逝世 16 年后才被世人发现遗传学的真谛。此外，杜布尚斯基等人的综合进化论综合了细胞遗传学、群体遗传学以及古生物学等学科的成就，进一步发展了进化理论。

4.2 程序的优化方法——遗传算法

4.2.1 遗传学的启发

在遗传学定律未提出之前，人们对于“孩子为什么像父母”这样的遗传现象并没有明确的科学解释和理论依据，也不明白动、植物子代和父代之间的基因关系是什么样的。直到 1854 年，孟德尔用 34 个豌豆株进行了 7 组具有单个变化因子的一系列杂交试验，并在 8 年实验的基础上提出了著名的“3 : 1”定律，即“动物的隐性遗传因子在从亲代到后代的传递中，它可以不表现。但是它是稳定的，并没有消失”，并在 1865 年发表遗传学著名定律——分离定律和自由组合定律，后来统称为孟德尔遗传规律，这就是关于遗传最早的科学解释。

4.2.2 遗传定律

我们知道，个体的每个特征都是由基因控制的，而人类的基因是二倍体（特征是由两个基因对控制），即都是成对出现的，如图 4-1 所示。

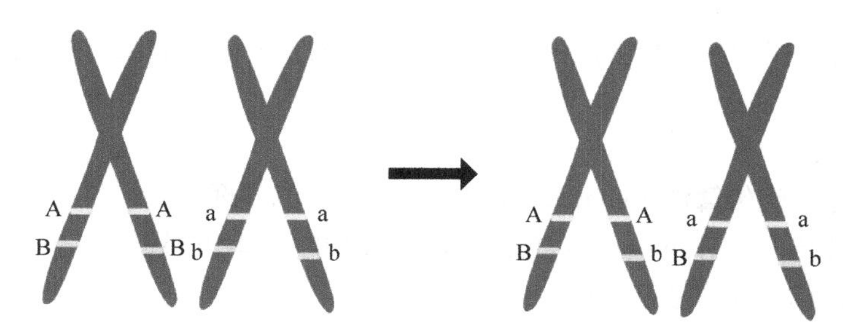

图 4-1　二倍体结构

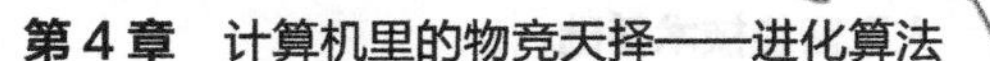

那么，对于一个生物特征，到底是由显性还是隐性来决定呢？下面我们根据图 4-1 解释该定律。

本部分以豌豆子高矮实验为例子。孟德尔对豌豆高矮三种基因型的定义，分别为 AA、Aa、aa，高个苗的基因型是 AA、Aa，矮个苗的基因型为 aa。AA 和 aa 两种基因的豌豆，经过第一代基因分离，经合子发育而成的新个体形成了 Aa 基因，此时该豌豆仍然是显性基因，即全是高个苗；在经过第二代分离交叉后，出现了 AA、Aa 和 aa 三种基因的豌豆，此时便出现了高个苗和矮个苗两种豌豆，这就是经典的分离定律，如图 4-2 所示。

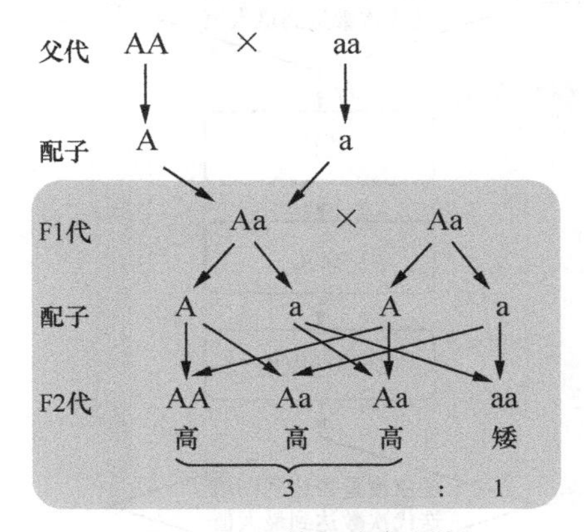

图 4-2　孟德尔分离定律

4.2.3　遗传算法

遗传算法是一种借鉴生物界自然选择和自然进化机制的搜索方法，它是通过对个体的基因进行复制、交叉、变异等操作完成的，最初由美国密歇根大学的约翰 · 霍华德教授于 20 世纪 70 年代提出，是根据大自然中生物体进化规律设计提出的一种自然选择和遗传学机理的进化过程模型，起源可追溯到 20 世纪 60 年代初期。1967 年，约翰 · 霍华德教授的学生巴格利在他的博士论文中首次提出了遗传算法这一术语，并讨论了遗传算法在博弈中的应用，但早期研究缺乏带有指导性的理论和计算工具。20 世纪 80 年代后，遗传算法进入兴盛发展时期，被广泛应用于自动控制、生产计划、图像处理、机器人等研究领域。

遗传算法将问题的求解过程转换成类似生物进化中的染色体基因的交叉、变异等过程。它通过使用随机方法对一个被编码的基因参数空间进行高效搜索得到最优解。其中，选择、交叉和变异构成了遗传算法的基本遗传操作，在计算机系统中由参数编码、初始群体的设定、适应度函数的设计、遗传操作设计、控制参数设定五个部分组成，过程如图 4-3 所示。

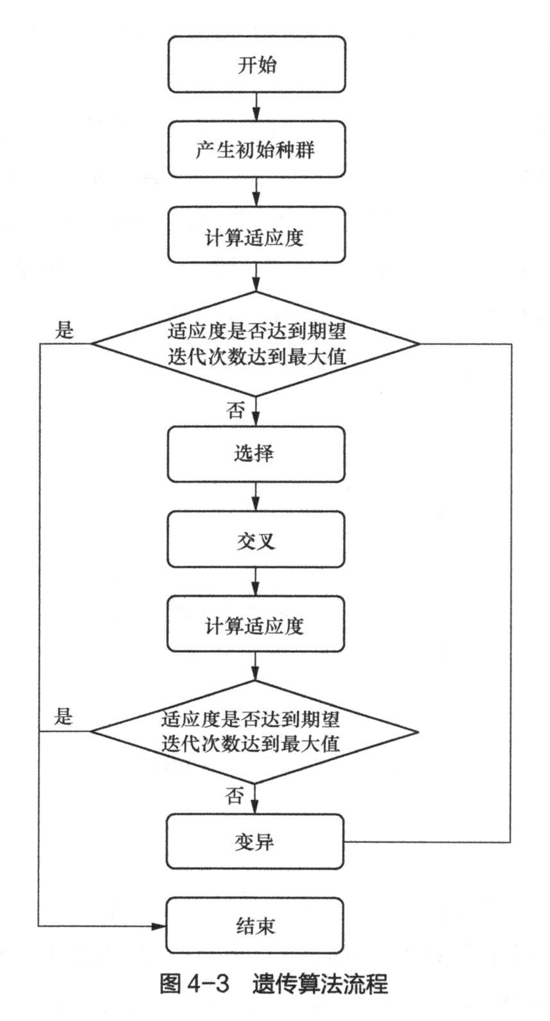

图 4-3 遗传算法流程

整个遗传算法包括上述五部分，算法一代代评估个体适应度、交叉变异，直到达到最优状态，整个执行伪代码如下所示。

```
/ *
* Pc：交叉发生的概率
* Pm：变异发生的概率
* M：种群规模
* G：终止进化的代数
* Tf：进化产生的任何一个个体的适应度函数超过 Tf，则可以终止进化过程，初始化 Pm，Pc，M，G，Tf 等参数。随机产生第一代种群 Population
*/
while(任何染色体得分超过 Tf， 或繁殖代数超过 G)
{
    计算种群 Pop 中每一个体的适应度 F(i)。
    初始化空种群 newPopulation
    while(M个子代被创建)
```

```
    {
        根据适应度以比例选择算法从种群 Population 中选出 2 个个体
        if (P < Pc)
            对 2 个个体按交叉概率 Pc 执行交叉操作
        if (P < Pm)
            对 2 个个体按变异概率 Pm 执行变异操作
        将 2 个新个体加入种群 newPopulation 中
    }
    用 newPopulation 更新替代 Population
}
```

4.3 基因优化的模拟——交叉变异

4.3.1 基因的二进制表示

如第 1 章中所述，中国古代有八卦，其和二进制有异曲同工之妙，本章同样在计算机中对基因算法采用二进制编码，即对 DNA 中遗传信息在一个长链上按一定的模式排列，二进制遗传编码可看作从表现型到基因型的一个映射，它是遗传算法中最常见的编码方法，即由二进制字符集[0, 1]产生表示，它具有以下特点。

（1）简单易行。

（2）符合最小字符集编码原则。

（3）便于用模式定理进行分析。

为了能够进一步说明编码，我们假设 X 属于[0, 1023]整数中的一个，精度为 1，其中 n 表示二进制编码串的长度，由于解空间的要求为 $1024 \leqslant 2^{n-1}$，因此 n 最小为 10，即通过 10 位编码才能对整个空间进行编码，那么我们可以将染色体 0010101111 表示为 X=175 的个体。但二进制编码也存在优缺点，对于一些连续函数的优化问题，由于其随机性使局部搜索能力差，当接近最优解时，变异后表现型变化很大，所以会远离最优解。如果上面编码 0010101111 的第 2 位发生了变异，那么表现型则会从 X=175 变成 X=331，变异使得表现型变化很大，很不稳定。

4.3.2 适应度的选择方法

通常情况下，遗传算法中可以有很多个体，为了能够找到最合适的个体进行下一步交叉变异，就需要从旧群体中以一定概率选择优良个体，通过新的个体来组成新的种群，以繁殖得到下一代个体。一般而言，个体被选中的概率通常和适应度值有关，个体适应度值越高，被选中的概率越大，本部分将介绍四种常见的适应度选择方法。

（1）轮盘赌选择

轮盘赌选择法依据个体的适应度值，逐个计算每个个体在子代中出现的概率，并按照此概率随机选择个体构成新种群，它的出发点是适应度值越好的个体被选择的概率越大。因此，在求解最大化问题的时候，我们可以直接采用适应度值来进行选择，但是在求解最小化问题的时候，我们必须首先将问题的适应度函数进行转换（如采用倒数等），以将问题转化为最大化问题。若设种群数为 N，个体 i 的适应度为 f_i，则个体 i 被选取的概率为：

$$P(i)=\frac{f_i}{\sum_{n=1}^{N} f_n}$$

其结构如图 4-4 所示。

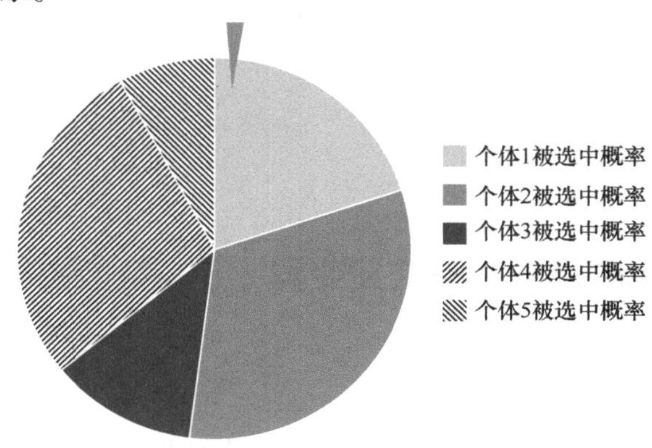

图 4-4　轮盘赌选择法

（2）随机遍历选择

随机遍历选择是由詹姆斯·贝克提出的一种根据给定概率以最小化波动概率的方式选择个体的方法，即在轮盘上有 p 个等间距的点进行旋转，随机遍历选择使用一个随机值在等间隔的空间间隔内来选择个体。

（3）概率选择

概率选择通常被认为是适应度比例选择的一种变体方法，一般的从给定的种群中以概率 p_i 去选择个体，工作原理如图 4-5 所示，其中 N 是个体数量，f_j 为第 j 个个体的适应度值。一般的，均匀分布的随机数满足 $r\in[0,F]$，那么个体 j 被选择的概率服从二项分布：

$$P(j,k)=\binom{n}{k}P(j)^k(1-P(j))^{n-k}$$

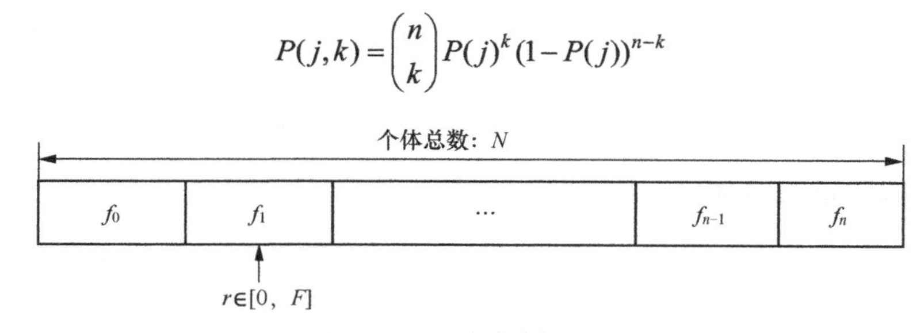

图 4-5　适应度比例选择

（4）蒙特卡罗选择

蒙特卡罗（Monte Carlo，MC）方法，又称统计模拟法，是由乌拉姆和冯·诺依曼提出的一种随机模拟方法，它以概率和统计理论方法为基础，通过使用随机数（或更常见的伪随机数）初始化，将所求解的问题同一定的概率模型相联系，用电子计算机实现统计模拟或抽样，以获得问题的近似解。

蒙特卡罗选择方法从给定的种群中随机选择个体，因此蒙特卡罗选择执行的是随机搜索而

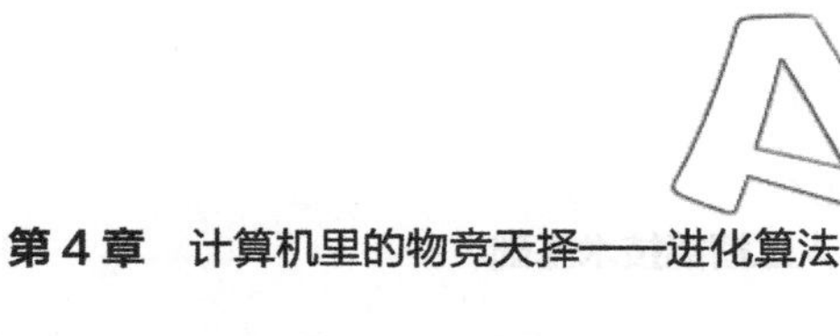

不是定向搜索。一般情况下，蒙特卡罗选择用于度量其他选择器的性能，通常选择器的性能要优于蒙特卡罗选择的性能。

4.3.3 基因交叉计算

交叉（crossover）是指两个染色体的某一相同位置处 DNA 被切断，前后两串分别交叉组合形成两个新的染色体，也称基因重组或杂交，遗传算法通过交叉算子来维持种群的多样性，应该说交叉算子是遗传算法中最重要的操作。

针对不同的优化问题，有多种不同的交叉算子，通常常见的交叉方法包括单点交叉、两点交叉、多点交叉、部分匹配交叉、均匀交叉、顺序交叉、基于位置的交叉、基于顺序的交叉、循环交叉等。本文以单点交叉为例子，单点交叉通过选取两条染色体，在随机选择的位置点上进行分割并交换右侧的部分，从而得到两个不同的子染色体。单点交叉是经典的交叉形式，与多点交叉或均匀交叉相比，它交叉混合的速度较慢（因为将染色体分成两段进行交叉，这种方式交叉粒度较大），然而对于选取交叉点位置具有一定内在含义的问题而言，单点交叉可以造成更小的破坏。单点交叉如图 4-6 所示。

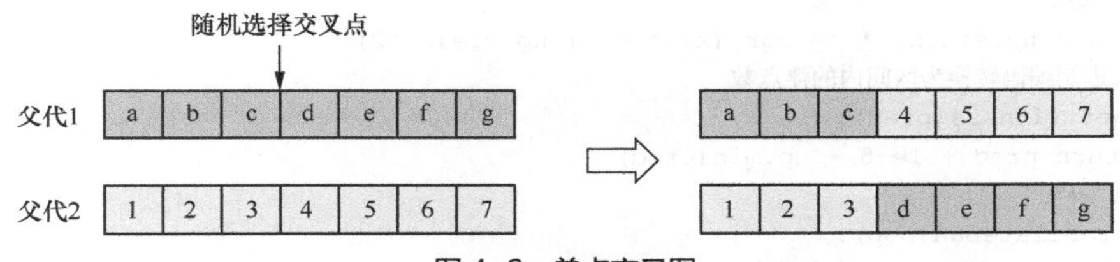

图 4-6　单点交叉图

4.3.4 基因变异

遗传算法的最后一步是变异，相对来说，生物中的变异比较少见，至少对生物有显著影响的变异产生概率比较低，大概只有 2%的可能性，通常情况下，我们并不知道变异率为多少是最好的，变异一般取决于种群的规模、编码以及其他因素，在一个问题中，变异率的选择直接影响生物进化的结果。

4.4 更高级的程序优化——进化算法

4.4.1 进化算法原理

接下来，在遗传的基础上讲述第二个重要的概念：进化（evolution）。它是在子代个体继承父代的优良基因后，以适应实际的环境而做出来的基因变化。地球上的生命，从原始多细胞动物到出现脊索动物，进而演化出高等脊索动物——脊椎动物。脊椎动物中的鱼类又演化到两栖类再到爬行类，从中分化出哺乳类和鸟类，哺乳类中的一支进一步发展为高等智慧生物，这就是自然

界中生物的进化过程，进化算法是在遗传算法的基础上不断演化，最终形成优良品种的算法。

4.4.2 数值优化应用实践

为了能够对进化算法的执行过程进行详细阐述，我们从一个一元优化问题开始说起——求解函数 $F(x)=\sin(x)\sqrt{x^2}+\cos(x^2)$ 在区间[0,16]的最大值。通常情况，在数学里面的解决办法是通过求导来计算极值，但是对于该函数来说求导并不是最佳的计算方法，我们发现 sin 函数和 cos 函数的求导并没有使得函数在定义域上有变化，下面我们采用进化算法程序来实现：

```
import numpy as np
import matplotlib.pyplot as plt
DNA_SIZE = 20  # 设置 DNA 编码长度
POP_SIZE = 100  # 种群大小
CROSS_RATE = 0.8  # 交叉率
MUTATION_RATE = 0.003  # 交叉率
N_GENERATIONS = 100
X_BOUND = [0, 16]  # x的上下界
# 目标函数
def F(x):
    return np.sin(x) * np.sqrt(x ** 2) + np.cos(x**2)
# 将二进制编码转换为区间内的浮点数
def get_fitness(pred):
    return pred + 1e-5 - np.min(pred)
# DNA 编码
def translateDNA(pop):
    return pop.dot(2 ** np.arange(DNA_SIZE)[::-1]) / float(2 ** DNA_SIZE - 1) * (X_BOUND[1] -
X_BOUND[0])
# 选择
def select(pop, fitness):
    idx = np.random.choice(np.arange(POP_SIZE), size=POP_SIZE, replace=True,p = fitness /
fitness.sum())
    return pop[idx]

# 交叉
def crossover(parent, pop):
    if np.random.rand() < CROSS_RATE:
        i_ = np.random.randint(0, POP_SIZE, size=1)
        cross_points = np.random.randint(0, 2, size=DNA_SIZE).astype(np.bool)
        parent[cross_points] = pop[i_, cross_points]
    return parent
# 变异
def mutate(child):
    for point in range(DNA_SIZE):
        if np.random.rand() < MUTATION_RATE:
            child[point] = 1 if child[point] == 0 else 0
    return child
pop = np.random.randint(2,size=(POP_SIZE, DNA_SIZE))  # 初始化 DNA

# 绘制原始函数图像
```

```
plt.ion()
x =np.linspace(*X_BOUND, 400)
plt.plot(x, F(x))
for _ in range(N_GENERATIONS):
    F_values = F(translateDNA(pop))
    if 'sca' in globals():
        sca.remove()
    sca = plt.scatter(translateDNA(pop), F_values, s=400, lw=0, c='red', alpha=0.5)
    plt.pause(0.05)
    # 遗传算法进化部分
    fitness = get_fitness(F_values)
    pop =select(pop, fitness)
    pop_copy = pop.copy()
    for parent in pop:
        child = crossover(parent, pop_copy)
        child = mutate(child)
        parent[:] =child
plt.ioff()
plt.show()
```

实验结果如图 4-7 所示。

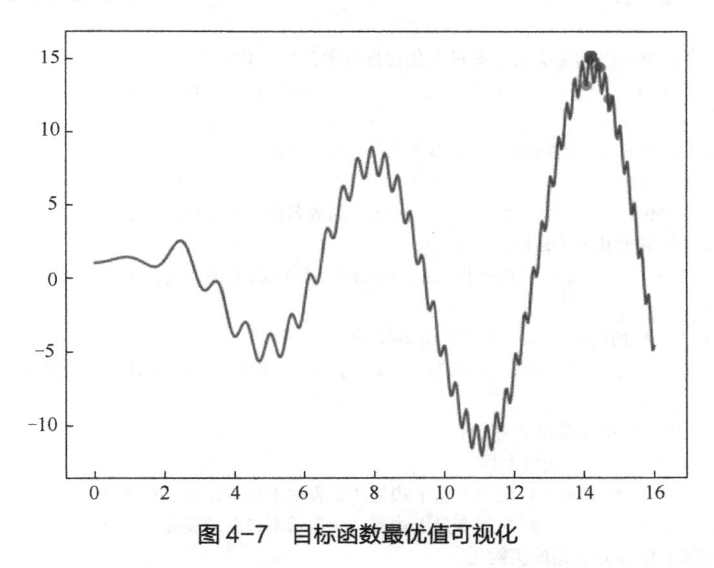

图 4-7　目标函数最优值可视化

实验使用了种群 100，DNA 编码长度为 20 的参数在目标函数上寻找最大值，实验结果图显示，目标函数的最大值在 x=14.5 左右，如果按照目标函数求导的方式计算最大值，那将是一个灾难，因为在区间范围内存在很多个导数为 0 的极值点，而这恰恰是进化算法求解全局最优值的优势之一。

4.4.3　进化算法库 Geatpy

（1）Geatpy 简介

Geatpy 是一个高性能、实用型的进化算法工具箱，它提供许多已实现的进化算法中各项重要操作的库函数，并提供一个高度模块化、耦合度低的面向对象的进化算法框架，可用于求解单目标优化、多目标优化、复杂约束优化、组合优化、混合编码进化优化等问题。Geatpy 整体上由工具箱内核函数（内核层）和面向对象进化算法框架（框架层）两部分组成。其中面向对象进化算法框架主要有四个大类：Problem 问题类、Algorithm 算法模板类、Population 种群类和 PsyPopulation 多染色体种群类。

（2）Geatpy 安装

安装代码如下：

```
pip install geatpy
python setup.py install
```

（3）一元函数最优值实例分析

本部分同样以求解函数 $F(x)=\sin(x)\sqrt{x^2}+\cos(x^2)$ 在区间[0,16]的最大值为例子，首先根据 Geatpy 定义解决问题的目标函数及约束条件。

```
# MyProblem
# -*- coding: utf-8 -*-
import numpy as np
import geatpy as ea
"""
该案例展示了一个简单的连续型决策变量最大化目标的单目标优化问题。
max f = np.sin(x) * np.sqrt(x**2) + np.cos(x) s.t. 0 <= x <= 16
"""
class MyProblem(ea.Problem):  # 继承 Problem 父类
    def __init__(self):
        name = 'MyProblem'  # 初始化 name（函数名称，可以随意设置）
        M = 1  # 初始化 M（目标维数）
        maxormins = [-1]  # 初始化 maxormins（目标最小最大化标记列表，1：最小化该目标；-1：最大化该目标）
        Dim = 1  # 初始化 Dim（决策变量维数）
        varTypes = [0] * Dim  # 初始化 varTypes（决策变量的类型，元素为 0 表示对应的变量是连续的；1 表示是离散的）
        lb = [0]  # 决策变量下界
        ub = [16]  # 决策变量上界
        lbin = [1] * Dim  # 决策变量下边界（0 表示不包含该变量的下边界，1 表示包含）
        ubin = [1] * Dim  # 决策变量上边界（0 表示不包含该变量的上边界，1 表示包含）
        # 调用父类构造方法完成实例化
        ea.Problem.__init__(self, name, M, maxormins, Dim, varTypes, lb, ub, lbin, ubin)

    def aimFunc(self, pop):  # 目标函数
        x = pop.Phen  # 得到决策变量矩阵
        pop.ObjV = np.sin(x) * np.sqrt(x**2) + np.cos(x)
```

下面通过主函数去调用目标函数，并对最大值进行求解。

```
# -*- coding: utf-8 -*-
import geatpy as ea  # import geatpy
from MyProblem import MyProblem  # 导入自定义问题接口
```

```
if __name__ == '__main__':
    problem = MyProblem()  # 生成问题对象
    """================================种群设置================================"""
    Encoding = 'BG'  # 编码方式
    NIND = 100  # 种群规模
    Field = ea.crtfld(Encoding, problem.varTypes, problem.ranges, problem.borders)  # 创建区域描述器
    population = ea.Population(Encoding, Field, NIND)  # 实例化种群对象（此时种群还没被初始化，仅仅是完成种群对象的实例化）
    """================================算法参数设置================================"""
    myAlgorithm = ea.soea_SEGA_templet(problem, population)  # 实例化一个算法模板对象
    myAlgorithm.MAXGEN = 50  # 最大进化代数
    myAlgorithm.logTras = 1  # 设置每隔多少代记录日志，若设置成 0 则表示不记录日志
    myAlgorithm.verbose = True  # 设置是否打印输出日志信息
    myAlgorithm.drawing = 1  # 设置绘图方式（0：不绘图；1：绘制结果图；2：绘制目标空间过程动画；3：绘制决策空间过程动画）
    """==========================调用算法模板进行种群进化=========================="""
    [BestIndi, population] = myAlgorithm.run()  # 执行算法模板，得到最优个体以及最后一代种群
    BestIndi.save()  # 把最优个体的信息保存到文件中
    print('评价次数：%s' % myAlgorithm.evalsNum)
    print('时间已过 %s 秒' % myAlgorithm.passTime)
    if BestIndi.sizes != 0:
        print('最优的目标函数值为：%s' % BestIndi.ObjV[0][0])
        print('最优的控制变量值为：')
        for i in range(BestIndi.Phen.shape[1]):
            print(BestIndi.Phen[0, i])
    else:
        print('没找到可行解。')
```

实验可视化和结果分别如图 4-8、图 4-9 所示。

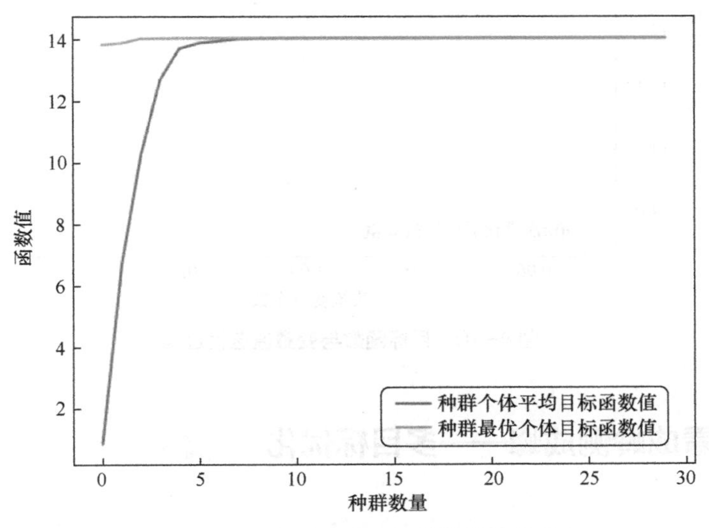

图 4-8　目标函数最大值与种群数量关系图

```
==========================================================================================
gen|  eval  |     f_opt     |     f_max     |     f_avg     |     f_min     |     f_std
------------------------------------------------------------------------------------------
 0 |  100   | 1.39246E+01 | 1.39246E+01 | 8.91857E-01 | -1.07116E+01| 5.85142E+00
 1 |  200   | 1.39681E+01 | 1.39681E+01 | 6.72557E+00 | 1.28693E+00 | 4.03395E+00
 2 |  300   | 1.41220E+01 | 1.41220E+01 | 1.03446E+01 | 7.17718E+00 | 2.52895E+00
 3 |  400   | 1.41220E+01 | 1.41220E+01 | 1.27720E+01 | 1.06065E+01 | 1.12160E+00
 4 |  500   | 1.41344E+01 | 1.41344E+01 | 1.37957E+01 | 1.28841E+01 | 2.57213E-01
 5 |  600   | 1.41371E+01 | 1.41371E+01 | 1.39737E+01 | 1.39025E+01 | 6.82828E-02
 6 |  700   | 1.41371E+01 | 1.41371E+01 | 1.40387E+01 | 1.39436E+01 | 6.41797E-02
 7 |  800   | 1.41371E+01 | 1.41371E+01 | 1.41022E+01 | 1.40516E+01 | 2.38504E-02
 8 |  900   | 1.41371E+01 | 1.41371E+01 | 1.41215E+01 | 1.41034E+01 | 1.19543E-02
 9 |  1000  | 1.41372E+01 | 1.41372E+01 | 1.41316E+01 | 1.41223E+01 | 5.33267E-03
10|  1100  | 1.41372E+01 | 1.41372E+01 | 1.41357E+01 | 1.41319E+01 | 1.30581E-03
11|  1200  | 1.41372E+01 | 1.41372E+01 | 1.41367E+01 | 1.41355E+01 | 5.51135E-04
12|  1300  | 1.41372E+01 | 1.41372E+01 | 1.41371E+01 | 1.41369E+01 | 5.18473E-05
13|  1400  | 1.41372E+01 | 1.41372E+01 | 1.41371E+01 | 1.41371E+01 | 9.63158E-06
14|  1500  | 1.41372E+01 | 1.41372E+01 | 1.41371E+01 | 1.41371E+01 | 7.51087E-06
15|  1600  | 1.41372E+01 | 1.41372E+01 | 1.41372E+01 | 1.41371E+01 | 5.84984E-06
16|  1700  | 1.41372E+01 | 1.41372E+01 | 1.41372E+01 | 1.41371E+01 | 5.25388E-06
17|  1800  | 1.41372E+01 | 1.41372E+01 | 1.41372E+01 | 1.41372E+01 | 3.00657E-06
18|  1900  | 1.41372E+01 | 1.41372E+01 | 1.41372E+01 | 1.41372E+01 | 1.99817E-06
19|  2000  | 1.41372E+01 | 1.41372E+01 | 1.41372E+01 | 1.41372E+01 | 1.11653E-06
20|  2100  | 1.41372E+01 | 1.41372E+01 | 1.41372E+01 | 1.41372E+01 | 5.42175E-07
21|  2200  | 1.41372E+01 | 1.41372E+01 | 1.41372E+01 | 1.41372E+01 | 6.82329E-08
22|  2300  | 1.41372E+01 | 1.41372E+01 | 1.41372E+01 | 1.41372E+01 | 1.18050E-08
23|  2400  | 1.41372E+01 | 1.41372E+01 | 1.41372E+01 | 1.41372E+01 | 9.08910E-10
24|  2500  | 1.41372E+01 | 1.41372E+01 | 1.41372E+01 | 1.41372E+01 | 1.77636E-15
25|  2600  | 1.41372E+01 | 1.41372E+01 | 1.41372E+01 | 1.41372E+01 | 1.77636E-15
26|  2700  | 1.41372E+01 | 1.41372E+01 | 1.41372E+01 | 1.41372E+01 | 1.77636E-15
27|  2800  | 1.41372E+01 | 1.41372E+01 | 1.41372E+01 | 1.41372E+01 | 1.77636E-15
28|  2900  | 1.41372E+01 | 1.41372E+01 | 1.41372E+01 | 1.41372E+01 | 1.77636E-15
29|  3000  | 1.41372E+01 | 1.41372E+01 | 1.41372E+01 | 1.41372E+01 | 1.77636E-15
种群信息导出完毕。
评价次数：3000
时间已过 0.02693486213684082 秒
最优的目标函数值为：14.137166935591978
最优的控制变量值为：
14.137138889842566

Process finished with exit code 0
```

图 4-9　目标函数最大值迭代过程及结果

实验结果表明使用Geatpy库求取的目标函数最优值与章节4.4.2部分我们求取的目标函数最优值一致，且 Geatpy 库函数提供了对种群求取最优值的更多的可视化选择(myAlgorithm.drawing 参数），其中图 4-8 中在种群第 5 代左右已经发现最优值，具体迭代过程如图 4-10 所示。

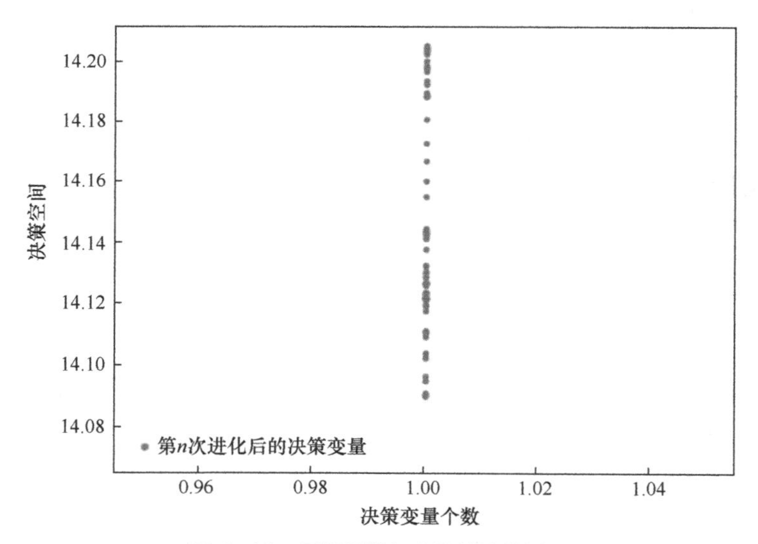

图 4-10　目标函数与变量值迭代过程

4.5　横看成岭侧成峰——多目标优化

实际生活中，我们发现待优化的目标并不是单一的，而是多个目标函数，并且有可能多个

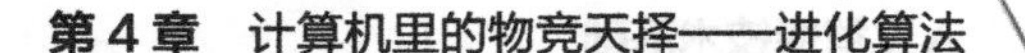

目标之间存在冲突。我们思考一下，如果修建一条从北京到广东的高速铁路，造价成本其实与路线（桥梁或是隧道）的选择有直接关系，并且后续会直接影响票价，那么如何进行路线选择呢？这就是我们要解决的多目标优化问题（multi-objective optimization problem，MOP）。对于整体的票价的影响我们可以形式表示为：

$$F(x) = min(f_1(x), f_2(x), \cdots, f_k(x))$$
$$\text{s.t. } x \in X$$

这就是我们要求解的多目标优化问题，即在多个目标函数之间最大化综合效益。该问题在运筹学中经常被研究，其中 1967 年罗桑伯格首次提出了使用进化算法求解多目标优化问题，在多目标优化过程中，通常采用的就是帕累托最优进行处理。

4.5.1　帕累托最优

1896 年，帕累托对多目标优化问题提出了新的解决方法，一般人们将其称之为帕累托解，其指资源分配的一种理想状态。假定固有的一群人和可分配的资源，从一种分配状态到另一种状态的变化中，在没有使任何境况变坏的前提下，使得至少一个人变得更好。帕累托最优状态就是不可能再有更多的帕累托改进的余地。换句话说，帕累托改进是达到帕累托最优的途径和方法。

定义 1：对于多目标优化函数 $F(x)$，在定义域范围内，存在一个点 x^*和 x，使得 $i = 1, 2, \cdots, k$ 有 $F_i(x) \leqslant F_i(x^*)$ 成立，且至少存在一个 i 使得 $F_i(x) < F_i(x^*)$ 成立，则我们可以理解为 x^* 就是一个帕累托极小点。

上述定义其实意味着当一个目标增大或减小的时候，并不影响其他目标函数的增加或减小。

4.5.2　多目标优化算法

多目标优化算法归结起来有传统优化算法和智能优化算法两大类。

（1）传统优化算法包括加权法、约束法和线性规划法等，实质上就是将多目标函数转化为单目标函数，通过采用单目标优化的方法达到对多目标函数的求解。

（2）智能优化算法包括进化算法、粒子群算法（particle swarm optimization，PSO）等。

4.5.3　多目标优化实践

下面我们通过 Geatpy 方式解决一个多目标函数优化的实际问题。假设我们要求解下面的函数：

$$\begin{cases} \min F_1 = 3x^2 \\ \min F_2 = (x-2)^2 + 1 \\ \text{s.t. } \ x^2 - 2.5x + 1.5 \geqslant 0 \\ -5 \leqslant x \leqslant 5, (i = 1, 2, 3, \cdots) \end{cases}$$

我们先根据目标函数和约束函数定义 MyProblem 函数。

```
# -*- coding: utf-8 -*-
import numpy as np
import geatpy as ea
```

```
class MyProblem(ea.Problem):  # 继承 Problem 父类
    def __init__(self, M=2):
        name = 'MyProblem'  # 初始化 name（函数名称，可以随意设置）
        Dim = 1  # 初始化 Dim（决策变量维数）
        maxormins = [1] * M  # 初始化 maxormins（目标最小最大化标记列表，1：最小化该目标；-1：最大化该目标）
        varTypes = [0] * Dim  # 初始化 varTypes（决策变量的类型，0：实数；1：整数）
        lb = [-5] * Dim  # 决策变量下界
        ub = [5] * Dim  # 决策变量上界
        lbin = [1] * Dim  # 决策变量下边界（0 表示不包含该变量的下边界，1 表示包含）
        ubin = [1] * Dim  # 决策变量上边界（0 表示不包含该变量的上边界，1 表示包含）
        # 调用父类构造方法完成实例化
        ea.Problem.__init__(self, name, M, maxormins, Dim, varTypes, lb, ub, lbin, ubin)
    def aimFunc(self, pop):  # 目标函数
        Vars = pop.Phen  # 得到决策变量矩阵
        f1 = 3*Vars ** 2
        f2 = (Vars - 2) ** 2+1
        # 利用罚函数法处理约束条件
        # exIdx = np.where(Vars**2 - 2.5 * Vars + 1.5 < 0)[0]  # 获取不满足约束条件的个体在种群中的下标
        # f1[exIdx] = f1[exIdx] + np.max(f1) - np.min(f1)
        # f2[exIdx] = f2[exIdx] + np.max(f2) - np.min(f2)
        # 利用可行性法则处理约束条件
        pop.CV = -Vars ** 2 + 2.5 * Vars - 1.5
        pop.ObjV = np.hstack([f1, f2])  # 把求得的目标函数值赋值给种群 pop 的 ObjV
```

下一步根据 Geatpy 函数设置主函数：

```
# -*- coding: utf-8 -*-
import geatpy as ea  # import geatpy
from MyProblem import MyProblem  # 导入自定义问题接口
if __name__ == '__main__':
    """================================实例化问题对象==============================="""
    problem = MyProblem()  # 生成问题对象
    """==================================种群设置=================================="""
    Encoding = 'RI'  # 编码方式
    NIND = 50  # 种群规模
    Field = ea.crtfld(Encoding, problem.varTypes, problem.ranges, problem.borders)
    # 创建区域描述器
    population = ea.Population(Encoding, Field, NIND)
    # 实例化种群对象（此时种群还没被初始化，仅仅是完成种群对象的实例化）
    """================================算法参数设置================================"""
    myAlgorithm = ea.moea_NSGA2_templet(problem, population)  # 实例化一个算法模板对象
    myAlgorithm.MAXGEN = 200  # 最大进化代数
    myAlgorithm.logTras = 0  # 设置每多少代记录日志，若设置成 0 则表示不记录日志
    myAlgorithm.verbose = False  # 设置是否打印输出日志信息
    myAlgorithm.drawing = 1  # 设置绘图方式（0：不绘图；1：绘制结果图；2：绘制目标空间过程动画；3：绘制决策空间过程动画）
    """=========================调用算法模板进行种群进化=========================
    [NDSet, population] = myAlgorithm.run()  # 执行算法模板，得到非支配种群以及最后一代种群
```

```
        NDSet.save()  # 把非支配种群的信息保存到文件中
        """==================================输出结果=================================="""
        print('用时：%s 秒' % myAlgorithm.passTime)
        print('非支配个体数：%d 个' % NDSet.sizes) if NDSet.sizes != 0 else print('没有找到
可行解!
```

实验通过进化计算 200 次迭代过程蛮力找到了帕累托极小点，并将帕累托极小点，代入目标函数得到了如图 4-11 所示的帕累托前沿。

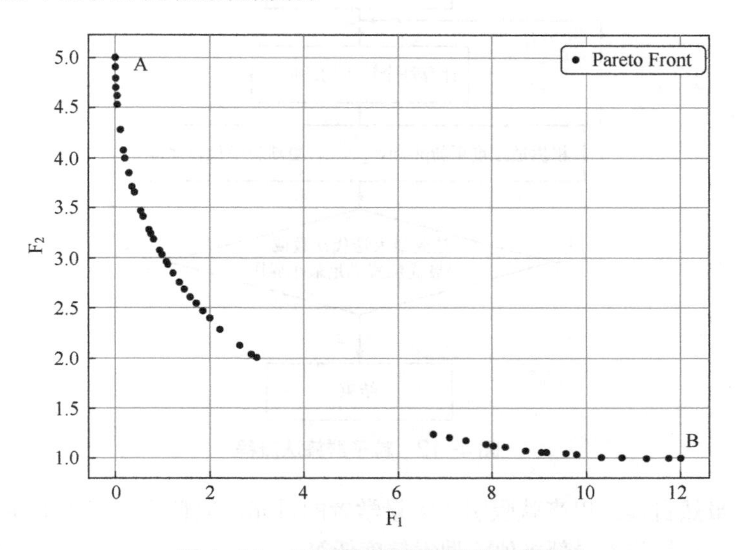

图 4-11　多目标优化帕累托前沿曲线

其中点 A 是函数 F_1 的最小值（F_1=0），点 B 是函数 F_2 的最小值（F_2=1.0），其中迭代计算得到的帕累托集上的任何一个帕累托点都是一个合理的折中点。

4.6　麻雀虽小，五脏俱全——其他进化算法

4.6.1　粒子群优化算法

粒子群优化算法是在 1995 年由埃伯哈特博士等人提出的，它的思路来源于对鸟群捕食行为的研究，其核心是利用群体中的个体对信息的共享，从而使得整个群体从无序到有序的过程演化来获得最优解。粒子群优化算法就是基于此构建的一种优化模型，其流程如图 4-12 所示。它与其他现代优化方法相比，明显特色是它所需要调整的参数很少、简单易行、收敛速度快，已成为现代优化方法领域研究的热点。

我们设想这么一个场景：一群鸟进行觅食，而远处有一片玉米地，所有的鸟都不知道玉米地到底在哪里，但是它们知道自己当前的位置距离玉米地有多远，那么找到玉米地的最佳策略是什么？

（1）搜寻目前离食物最近的鸟的周围区域。

（2）根据自己飞行的经验判断食物的所在。

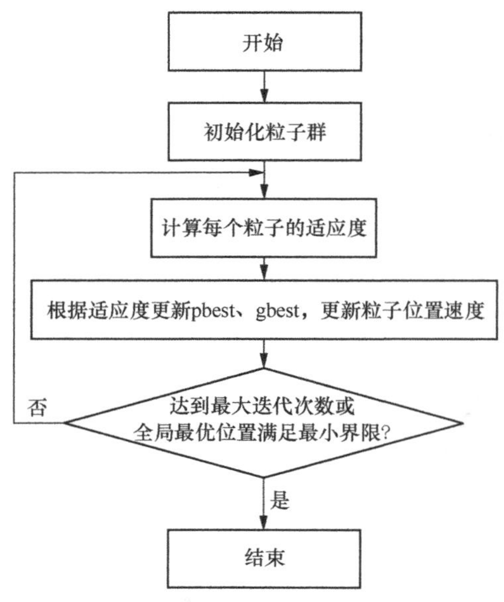

图 4-12　粒子群算法流程

粒子群算法虽然自提出以来就吸引了大量学者的目光，但粒子群算法也存在诸多弊端，如局部搜索能力差、容易陷入局部极值、搜索精度低等。

4.6.2　蚁群算法

蚁群算法（ant colony optimization，ACO）是一种用来在图中寻找优化路径的概率型算法。它由马可·朵丽哥在 1992 年提出，其灵感来源于蚂蚁在寻找食物过程中发现路径的行为，如图 4-13 所示。

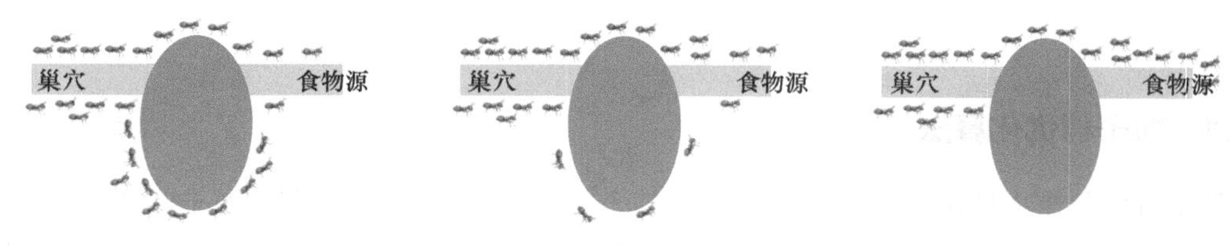

图 4-13　蚁群算法原理图

他们在研究蚂蚁觅食的过程中，发现蚁群整体会体现一些智能的行为，例如蚁群可以在不同的环境下，寻找最短到达食物源的路径。后经进一步研究发现，这是因为蚂蚁会在其经过的路径上释放一种可以称之为“信息素（pheromone）”的物质，蚁群内的蚂蚁对“信息素”具有感知能力，它们会沿着“信息素”浓度较高的路径行走，而每只路过的蚂蚁都会在路上留下“信息素”，这就形成一种类似正反馈的机制，这样经过一段时间后，整个蚁群就会沿着最短路径到达食物源了。由上述蚂蚁找食物模式演变来的算法，就是蚁群算法，其本质上是进化算法中

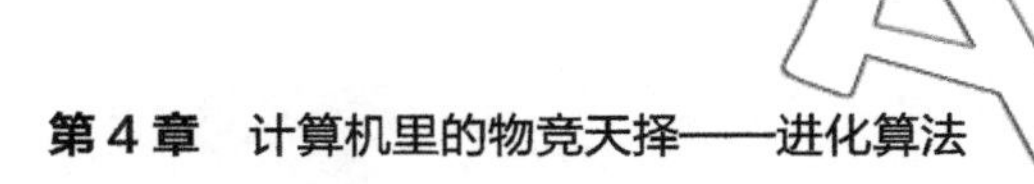

的一种启发式全局优化算法。

算法在初始期间给信息素一个固定的浓度值，在每一次迭代完成之后，所有出去的蚂蚁回来后，会对所走过的路线进行计算，然后更新相应的边的信息素浓度。很明显，这个数值肯定是和蚂蚁所走的长度有关系的，经过一次次的迭代，近距离的线路的浓度会很高，从而得到近似最优解。

本章小结

本章内容从物种起源开始阐述，解释了遗传算法的来龙去脉，并以豌豆交叉为例子重新阐述基因的交叉编译过程，逐渐过渡到计算机中通过二进制对遗传算法的编码表示方法。随后对遗传算法中的交叉、变异等进行解释，使用了进化算法对一元和多元函数最优解进行求解，同时介绍了进化计算框架 Geatpy 库以及它的使用方法，最后对多目标函数优化和常见的进化算法进行了简单概述。

习题

尝试使用遗传算法求解函数 $y = \sin(x + \cos(x))\cos(x)$ 在[0, 6]区间的最小值。

第 5 章 数据即规律——统计学习

我们必须坚持解放思想、实事求是、与时俱进、求真务实，一切从实际出发，着眼解决新时代改革开放和社会主义现代化建设的实际问题，不断回答中国之问、世界之问、人民之问、时代之问，作出符合中国实际和时代要求的正确回答，得出符合客观规律的科学认识，形成与时俱进的理论成果，更好指导中国实践。

——摘自党的二十大报告

现代人工智能中的大部分算法是机器学习算法，这些算法从大量数据中发掘数据的统计规律，并用于预测，因而也被称为统计学习。人工智能要解决的重要问题就是预测，模型按照训练时有没有标记可以分为有监督学习和无监督学习。

本章学习目标：

- 理解机器预测中分类和回归的概念
- 学会区分有监督学习和无监督学习情况
- 学会常见的机器学习模型原理和应用

5.1 润物细无声——教师和学习

早在人工智能发展初期，图灵就曾认为图灵机（计算机）可以用来模拟智能。但是，如何让机器获取智能，还没有明确方法。图灵做了这样一个设想：一个人在婴儿时期大脑基本上不能处理任何外界信息，具有很少的智能。等到长大以后却可以获取众多技能，可以很好地处理外界的输入信息和环境达到很好的交互作用。这个过程是怎么实现的呢？答案就是**学习**。因此，图灵机等机器自然也需要通过学习的方式获取智能，而用来学习智能的算法就是预测模型。预测模型通常有一个或多个预测输出，主要完成**分类**或**回归**任务。分类相当于对一些特征进行分析定性，比如预测一张图片里的动物是猫还是狗；回归任务需要进行定量分析，例如预测一张图片里有几只猫或几条狗。在很多情况下，分类和回归可以相互转化。

在人类幼年的学习中，老师作为人类知识的传承者扮演了重要的角色，在一定程度上决定了学生的学习效果。而在学生具备一定知识以后，就可以自行阅读书籍或者采用其他方式进行学习。与此类似，在机器获取智能的学习中，也可以分为两大类，即**有监督（教师）学习和无监督（教师）学习**。

有监督学习需要给机器指定一定的样本数据以及相应的标签，如图 5-1（a）所示，给定前两个矩形图片，并且告诉你它们是矩形，那么你可以预测第三个也是矩形。思考下这个过程，根据前两个样本学习到用于判断矩形的具体特征，例如四条边、直角（平行线）等，并将学习到的特征用于判断一个新图形是否属于矩形。无监督学习的例子如图 5-1（b）所示，假设一个人并没有学习过椭圆（圆）和三角形的概念，但是通过一些特征信息，他也可以区分出圆形和三角形，并能将一个新图形正确地分类到“椭圆”或“三角形”。虽然他可能并不能确切定义“椭圆”或“三角形”的概念，但他确实成功实现了分类。

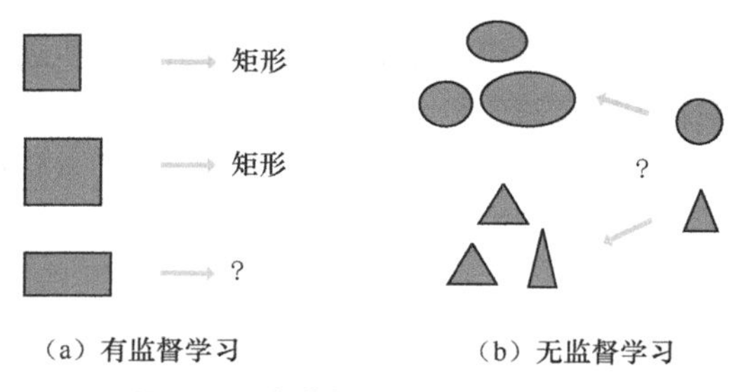

图 5-1 有监督学习与无监督学习

当然人要比计算机聪明得多，你可以通过几张简单的图片就能学会区分狗和猫，但是对于机器，需要大量数据才能学会区分特征。这些特征中有些可能对区分比较重要，例如猫和狗的体型大小特征、嘴巴长短特征等，这些特征就是**相关特征**；而一些其他特征，例如有几条腿、几只眼睛可能对区分猫狗的作用较小（特征相同），这些特征就是**无关特征**。

在机器学习中，需要采用一些指标对机器学习模型进行评价。学习的效果可能并不理想，这时通常有**欠拟合**和**过拟合**两种情况。在模型学习不充分的情况下可能出现欠拟合情况，这时模型的学习还不够，不足以对新情况完成预测。但是如果模型学习过多，就可能出现对已知情况学习很好，对新情况预测不准确，这就是过拟合现象。“纸上谈兵”就属于对过往样本（战例）研究比较透彻，但是在新的情况下不能灵活运用的情况。

一般而言，数据的数量会对模型的学习效果产生较大的影响，这背后有其科学依据。近代的预测理论起源于概率论的发展，1713 年，雅各布·伯努利出版了《猜度术》一书，书中提到了大数定律，实际上是现代统计学习理论（statistical learning theory，SLT）的基础。统计学习模型可以理解为：当样本数足够多的时候，模型的训练精度会趋向于预测精度。在计算机技术快速发展的背景下，预测理论和技术逐渐形成一门新学科，即机器学习理论。一般来说，机器学习理论中基于统计的部分被称为统计学习理论。统计学习理论由弗拉基米尔·万普尼克于 20 世纪 90 年代提出，主要研究在有限样本情况下机器学习的规律。统计学习理论一般围绕以下三个问题展开。

（1）学习机的性能。给定有限学习样本，一个模型能否充分学习到样本的统计规律，这其实是对学习机学习能力的评估过程。20 世纪早期，人们就发现仿生学（类神经元系统）具有简单的分类学习能力。后来，人们发现这种学习能力可以通过增加拓扑结构而得到增强，后来更是发展出了深度学习模型（深层神经网络）。抛开生物学不谈，这个发现过程就是人类追求具有强大学习功能的学习机模型的过程。

（2）学习算法的有效性，即学习算法（也称为训练算法）能否以有效的时间复杂度使模型收敛到一个最优解。学习模型的发展历史从某种角度也可以看作是计算机计算能力的发展历史。从 20 世纪 40 年代第一台电子计算机问世开始，每一次计算能力的大幅度提升都伴随着学习算法的兴起。

（3）学习的复杂度，包括学习机的模型复杂度、样本的复杂性和模型整体的计算复杂度。一般来说，构建学习模型时遵守奥卡姆剃刀定律：尽量用简单有效的模型学习数据规律。事实上，太过复杂的模型会导致模型特别专注于对学习样本的学习，从而变成“书呆子”一样的学习机，进而丧失学习机的推广学习能力。

一般而言，一个统计学习系统可以表示为下式：

$$Y=F(W,X)$$

式中，F 为具体的学习模型；X 为学习系统的输入集合；Y 为学习系统的输出集合；W 为模型的参数集合。因此，给定了学习模型和训练样本集，还需要设计出求解权值的算法，利用迭代求解权值的算法一般被称为模型的训练算法。如果对训练样本中的每个输入 x，均给出了相应的输出 y，这样的训练算法称为有监督学习，与之对应的为无监督学习。一般来说，目前的学习模型主要为有监督学习，其训练算法可以表示为下式：

$$W=T(W,x),\ \ x\in X$$

根据训练模型时样本的使用情况，训练算法分为局部学习算法和整体学习算法两种类型，训练模型时通常需要迭代进行。对于训练算法 T，如果每次迭代将单个或者部分样本 x 输入模型，

则算法 T 为局部学习算法；如果每次迭代的样本为所有训练样本 X，则算法 T 为整体学习算法。局部学习算法具有训练快速的优点，但是因为一次迭代只使用部分样本调整模型，使得模型并非整体最优；相反的，整体学习算法的每一次迭代都需要使用整体训练样本，因而具有整体优化的特点，但在样本较多时整体学习具有计算复杂、迭代较慢的缺点。目前学术界研究较多的学习机模型为有监督的整体学习模型。下面几节将介绍几个经典统计学习模型。

5.2 理想中的世界——线性模型

线性模型是一种比较常见的模型，它假设预测值和输入特征之间存在着一定的线性关系。假设输入特征向量为：

$$X=\{x_0,x_1,\cdots,x_n\}$$

各个特征的权重向量为：

$$W=\{w_0=1,w_1,w_2,\cdots,w_n\}$$

则对应的结果为 $y(x)$ 的线性方程可以表示为:

$$y(x)=w_0x_0+w_1x_1+w_2x_2+\cdots+w_nx_n=\sum_0^n w_ix_i=W^{\mathrm{T}}X$$

其中，$w_0=1$，因此线性方程的第一项为 x_0 表示线性方程的偏置。

为了求取线性模型中的权值向量 W，首先定义误差函数如下：

$$J(W)=\frac{1}{2}\left(\sum_0^n w_ix_i-Y\right)^2$$

一般采用梯度下降法可以对模型权值进行训练，首先随机化一组权值，对应于误差平面的一个点，梯度下降法从此点出发，沿着误差梯度（对权值偏导数）的方向改变权值，误差也会逐步减少。实际上，误差沿着梯度方向是下降最快的，因此这种算法也称为梯度下降算法。梯度下降算法的公式为：

$$w_i=w_i-\frac{\partial J(W)}{\partial w_i}\times lr$$

式中，lr 为学习率，通常选一个较小的值；$\frac{\partial J(W)}{\partial w_i}$ 为误差函数 $J(W)$对权值 w_i 的偏导数。对于线性回归模型，可以推导出误差函数 $J(W)$对每一个权值 w_i 的偏导数推导为：

$$\frac{\partial J(W)}{\partial w_i}=\frac{1}{2}\frac{\partial\left(\sum_0^n w_ix_i-Y\right)^2}{\partial w_i}=\left(\sum_0^n w_ix_i-Y\right)\frac{\partial\left(\sum_0^n w_ix_i-Y\right)}{\partial w_i}=(y(x)-Y)x_i$$

由此，可以依据梯度下降公式对权值进行迭代求解，误差下降整体如图 5-2 所示。

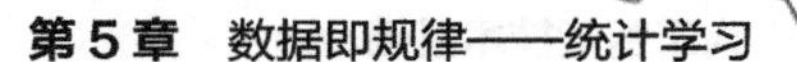

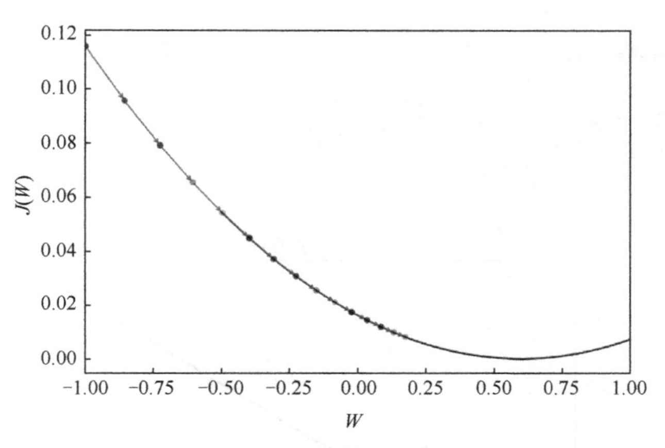

图 5-2　误差下降图

现在假如要利用线性回归对一个平面上的五个点进行拟合，直线点为（1, 0.5），（2, 1），（3, 1），（4, 1.5），（5, 2），可以利用 NumPy 向量表示出来：

```
import numpy as np
x = np.array([1, 2, 3, 4, 5])
y = np.array([0.5, 1, 1, 1.5, 2])
```

通过 Matplotlib 库画出这些点可以发现五个点近似在一条直线附近，如图 5-3 所示，因此可以尝试采用线性回归进行拟合。

```
import matplotlib.pyplot as plt
for x0, y0 in zip (x,y):
    plt.plot(x0, y0, 'r*')
```

二维平面上的直线只需要两个参数，因此定义列表 a 表示参数，a[0]代表偏置（截距），a[1]代表斜率。则整体误差函数可以按照下面代码计算：

```
def J(x,y,a):
    Jtemp = 0
    for xtemp, ytemp in zip(x, y):
        Jtemp += (a[0] + a[1] * xtemp - ytemp) ** 2
return Jtemp/2
```

根据上面的梯度下降公式，可以写出梯度下降函数的代码如下：

```
def gradient_decent(x,y):
    a = [0,0]
    for i in range(1000):
        print(J(x,y,a))
        for xtemp, ytemp in zip(x, y):
            a[1] = a[1] - 0.01*(a[0]+a[1]*xtemp-ytemp)*xtemp
            a[0] = a[0] - 0.01*(a[0]+a[1]*xtemp-ytemp)*1
return a
```

我们需要在主程序里调用梯度下降函数 gradient_decent 来训练输入特征的线性权值，然后选取[0,6]区间的两个点进行预测，利用这两个点画一条直线即为线性回归模型，代码和结果如下：

```
a = gradient_decent(x,y)
xp = np.linspace(0, 6, 2)
yp = a[0]+ a[1] * xp
plt.plot(xp, yp)
plt.show()
```

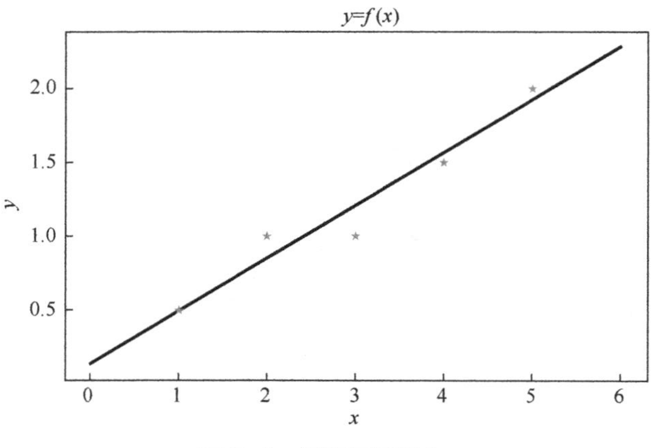

图 5-3 线性回归拟合

实际上，上面的程序只是帮助读者理解梯度下降算法的实现。借助 sklearn 机器学习库，可以很容易实现线性回归。可以通过 pip install scikit-learn 安装 sklearn 机器学习库。同样的五个样本点，需要注意的是 sklearn 中机器学习模型的输入维度是一个元组（N_Sample, N_Feature），其中 N_Sample 代表样本数（此时为 5，输入-1 表示自动计算填充样本数），N_Feature 代表特征数（此时为 1 个特征）。原始数据为具有 5 个元素的向量，其维度可以表示为元组(5,)，可以通过 reshape 函数进行维度转换，通过 plot 函数画出各点，其参数“r*”代表点的显示为红色的“*”。

```
x = np.array([1, 2, 3, 4, 5]).reshape((-1,1))
y = np.array([0.5, 1, 1, 1.5, 2])
for x0,y0 in zip (x,y):
    plt.plot(x0, y0, 'r*')
```

从 sklearn 库中可以直接导入线性模型 linear_model，实例化其中的线性回归模型 LinearRegression，并通过 fit 函数添加训练数据训练模型。

```
from sklearn import linear_model
import numpy as np
model = linear_model.LinearRegression()
model.fit(x, y)
```

针对训练好的模型，可以选取两个点连成一条直线来观察模型：

```
xp = np.linspace(0, 6, 2).reshape((-1,1))
yp = model.predict(xp)
plt.plot(xp, yp)
plt.show()
```

在线性回归后面添加一个简单的非线性 Sigmoid 函数，如图 5-4 所示，可以将线性回归转化为逻辑回归，此时模型可以解决简单的二分类问题。

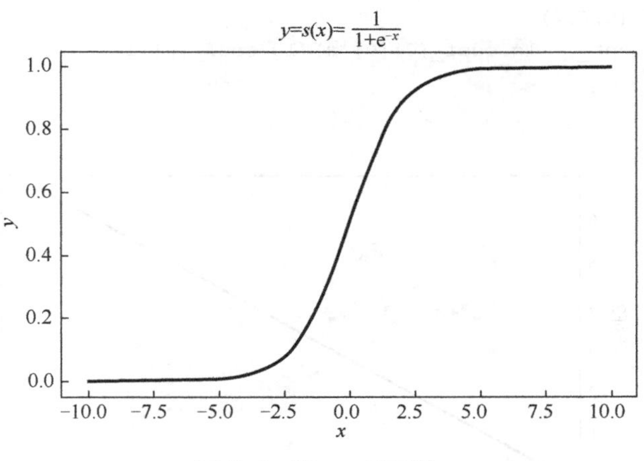

图 5-4 Sigmoid 函数

关于线性回归的理论推导本书略去，利用 sklearn 可以很方便地实现逻辑回归分类，也可也利用后面章节学习的神经网络框架构建逻辑回归模型。利用 sklearn 的 make_blobs 函数可以方便生成样本，其中 n_samples 代表样本个数，n_features 代表特征个数，centers 代表两类数据中心坐标，cluster_std 代表生成样本的标准差。通过 scatter 函数可以将各个点在二维平面画出来，第一个参数代表横坐标列表，第二个参数代表纵坐标列表，利用参数 c=target 可以把不同类别的点标记为不同的颜色。

```
import matplotlib.pyplot as plt
from sklearn.datasets import make_blobs
data,target=make_blobs(n_samples=100,n_features=2,centers=[[2,4],[4,2]],cluster_s
td=[0.8,0.8])
plt.scatter(data[:,0],data[:,1],c=target);
```

从 sklearn.linear_model 可以导入 LogisticRegression 模型，利用 train_test_split 函数将样本划分为训练集（默认 75%）和测试集（默认 25%）。

```
from sklearn.model_selection import train_test_split
from sklearn.linear_model import LogisticRegression
import numpy as np
X_train, X_test, y_train, y_test = train_test_split(data, target)
```

实例化一个逻辑回归模型 LogisticRegression，利用 fit 函数训练模型，并采用 predict 函数预测出测试集的点。

```
lg = LogisticRegression() #定义逻辑回归模型
lg.fit(X_train,y_train)     #训练模型
yp = lg.predict(X_test)
print(sum(yp==y_test)/len(yp)) #计算精度
```

在逻辑回归模型中，lg.coef_代表线性方程的权值，lg.intercept_代表截距，因此对于分类直

线方程，满足 lg.coef_[0][0]*x+lg.coef_[0][1]*y+ lg.intercept_ = 0，选取方程上的两个点画出直线，如图 5-5 所示。

```
x = np.linspace(0,6,2)
y = -(lg.intercept_ + lg.coef_[0][0]*x)/lg.coef_[0][1]
plt.plot(x,y)
plt.show()
```

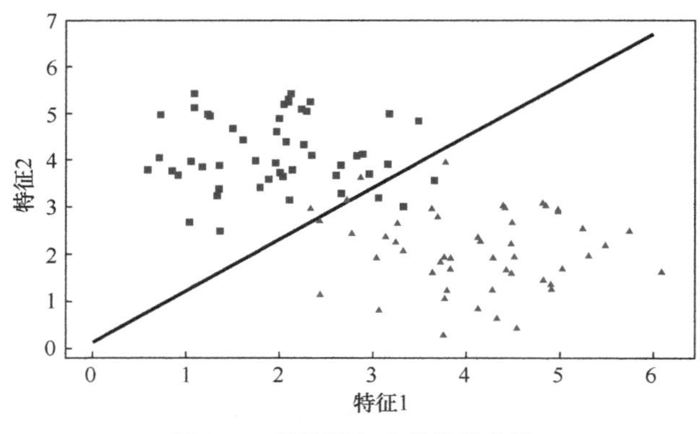

图 5-5 逻辑回归中的线性分类

从图 5-5 可以看出，逻辑回归模型可以用一条直线方程完成分类问题。需要注意的是，在本例中，有一些样本并没有被正确分类，可以从图中看出，该问题本身不能在二维平面上通过一条直线完全分开样本点。

5.3 物以类聚，人以群分——聚类

古语有云“物以类聚，人以群分”，这个思想可以被用来解决分类问题。采用该思想的最简单的算法就是 k 近邻（k-nearest neighbors，KNN）算法。

KNN 算法很容易理解，举个例子，如果张三是大学生，我们可以推测经常跟张三在一起的朋友（距离较近）李四可能也是大学生。这里的距离可以综合多个特征来计算，例如年龄差距和位置差距等。假如李四和张三同岁，且经常处于同一个学校，那李四也是大学生的概率就会非常大；如果他们经常出现在学校相同的班级、相同的宿舍，那么他们是同学的概率就会非常大。

一般而言，对于具有 n 个特征的样本，可以采用如下的欧式距离作为距离度量，在特征空间就是指两个样本点特征的直线距离。

$$L(X,Y)=\sqrt{\sum_{i=0}^{n}(x_i-y_i)^2}$$

在 KNN 算法中需要设定一个超参数 k，模型由数据和该超参数决定。还需要我们选定一个超参数 k，这个参数有什么用呢？假如我们要考查学生张三可能的类别，那么我们可以考察他周围 k 个人，他们的共有特征张三应该也有。k 的值我们可以自己选定，但是如果 k 过大，就相当

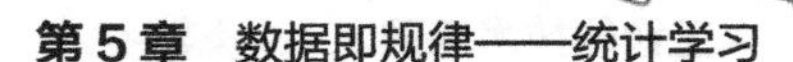

于样本中哪一类多，就认为新样本属于哪一类。比如说从中国人里面随便挑出一个人，是汉族的概率会比较大。但是很多情况，我们需要设定一个比较小的 k 值模型才有意义，例如在回族自治区，随便选出一个人是汉族的概率就没有从全国选一个的概率那么大，这时候选定一个较小的 k 值更能反映真实数据情况。

以图 5-6 为例，如果选定 k 值为 3，我们可以发现 B 样本周围最近的三个都是红色样本，我们可以预测 B 样本也可能为红色；A 样本周围最近的 3 个样本里（不算 B）有 2 个红色 1 个蓝色，红色样本多一些，所以我们认为 A 样本为红色的可能性更大；C 样本周围最近的 3 个均为蓝色，所以 C 样本类别为蓝色的概率比较大。

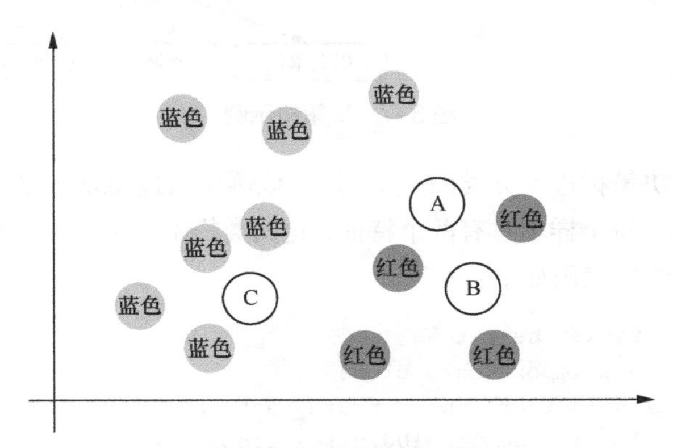

图 5-6　KNN 算法示例

借助 sklearn 机器学习库，可以很方便地实现 KNN 模型。对于逻辑回归中提到的分类任务，可以利用 sklearn.neighbors 中的 KNeighborsClassifier 来实现实例化 KNN 模型。在模型里通过设置 n_neighbors 为 3 来选定超参数 k 为 3，表示考察预测样本周围的 3 个样本进行预测，输出结果为 1.0，表示测试集预测精度 100%。代码如下：

```
from sklearn.neighbors import KNeighborsClassifier
knn = KNeighborsClassifier(n_neighbors=3)
knn.fit(X_train, y_train)
yp= knn.predict(X_test)
print(sum(yp==y_test)/len(yp))
```

KNN 模型在原理上比较容易理解，并且它不需要训练就可以完成预测。实际上，KNN 模型的所有样本就相当于它的参数，被用于预测任务。当然，这也带来了相应的问题：在样本特征维度比较高或者样本数量比较多的情况下，存储这些样本会占用较多的内存空间，且计算样本周边最近的样本将会消耗大量的计算资源。因此，KNN 模型通常适用于低维度小样本情况下的聚类预测。

5.4　如何做出选择——决策树

路遥的小说《人生》里写着一句话“人生的道路虽然漫长，但紧要处常常只有几步”。简单来看，人生是由很多个决策组成的，每一次决策都在我们的人生中起到关键的作用。图 5-7 所示为不同决策下可能的人生轨迹。实际上，决策树就是一个树型数据结构，由大量可能的决策集合组成。简单来说，对于具有编程基础的人，决策树就类似于程序设计中的 if-else 语句。

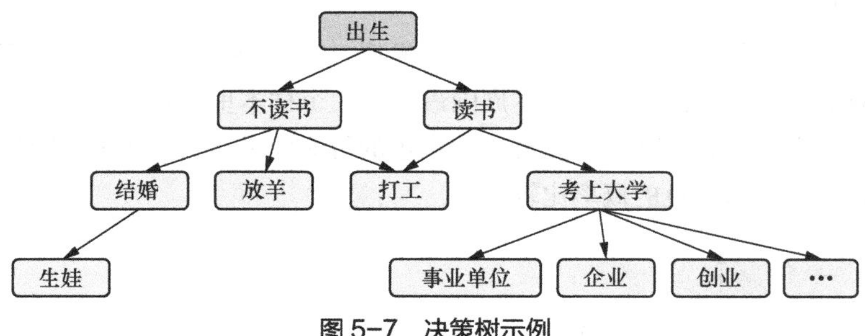

图 5-7　决策树示例

图 5-8 给出了利用决策树进行分类的一个例子，该例中通过 sklearn.datasets 中的 make_blobs 函数产生了 100 个样本，每个样本具有两个特征，这两类样本的中心点分别为[2,4]和[4,2]，标准差均为 1，产生数据及绘图代码如下：

```
import matplotlib.pyplot as plt
from sklearn.datasets import make_blobs
from sklearn.model_selection import train_test_split
data,target=make_blobs(n_samples=100,n_features=2,centers=[[2,4],[4,2]],cluster_std=[1,1])
plt.scatter(data[:,0],data[:,1],c=target);
plt.show()
```

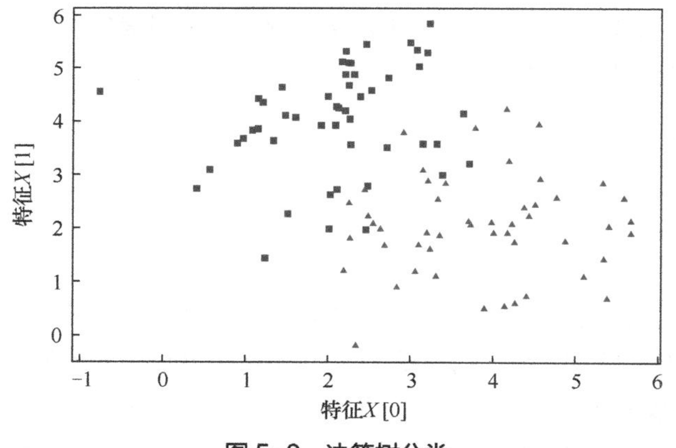

图 5-8　决策树分类

从图 5-8 可以看出，这两类样本不具有线性可分性，因此需要非线性模型进行分类识别。通过 sklearn 可以引入决策树的类 tree，通过 DecisionTreeClassifier 函数实例化决策树分类器。训练的时候，同样调用 fit 函数训练决策树模型，通过 predict 函数预测结果。可以通过 sklearn.metrics 的 accuracy_score 函数来评估真实值和预测值之间的精度，代码如下：

```
X_train, X_test, y_train, y_test = train_test_split(data, target)
```

```
from sklearn import tree
clf = tree.DecisionTreeClassifier()
clf = clf.fit(X_train, y_train)
y_ = clf.predict(X_test)
from sklearn.metrics import accuracy_score
print(accuracy_score(y_test, y_))
```

代码输出结果为 0.88，代码测试集有 88%的数据被正确分类。在 sklearn 数据库中，可以通过 tree.plot_tree 函数画出决策树的决策结构：

```
_ = tree.plot_tree(clf, filled=True)
plt.show()
```

训练出的决策树结构如图 5-9 所示，从中可以看出，决策树根据两个特征 X[0]和 X[1]，由树的根节点开始直到叶子节点完成分类任务。关于决策树的训练算法，本节并没有细讲，其中涉及信息熵的概念，可以用下式表示信息熵：

$$H = -\sum_{i=1}^{N} p_i \log(p_i)$$

式中，p_i 为第 i 个类别出现的概率。而决策树的训练思想就是在每次选择时选择信息增益最大的特征作为选择条件。每个人的一生之中，都需要面临很多选择，一个参考思想是：选择给自己的人生充满更多的选择性的那条路，这样自己在后面可以有更多的选择机会，同时也会使得人生更加精彩。

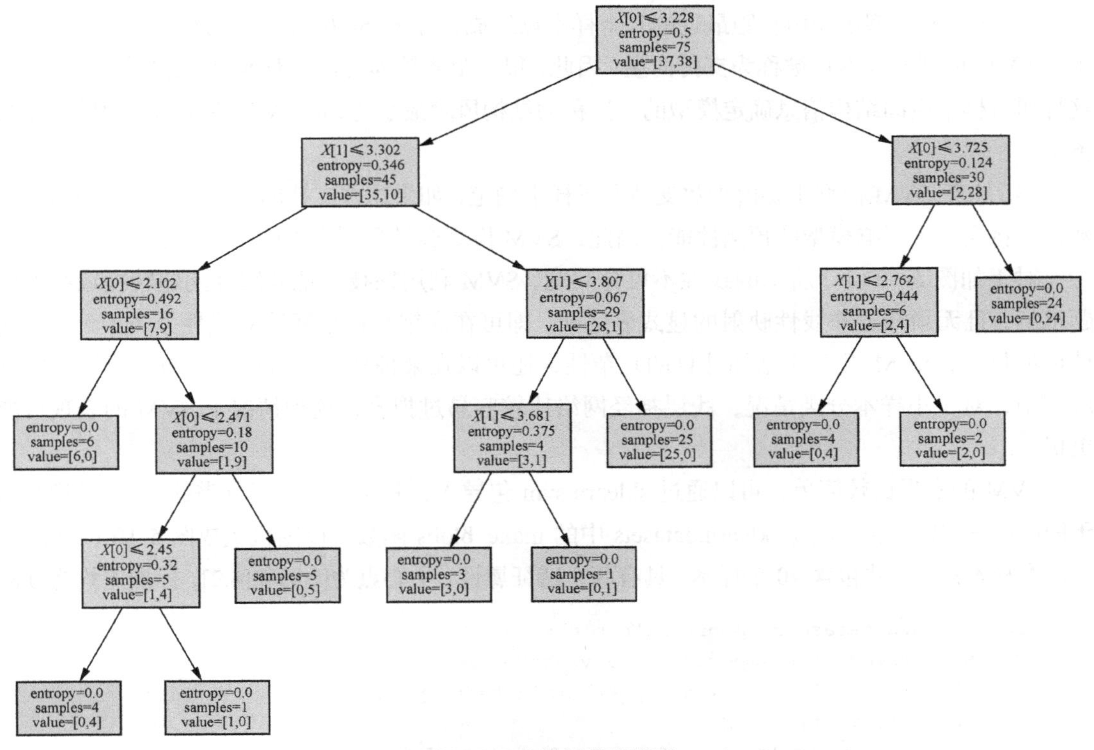

图 5-9　决策树分类模型

5.5 维度的秘密——支持向量机

自从罗森布拉特于 1958 年发明感知机（perceptron）以来，神经网络逐渐得到发展和应用。但是原始感知机只能解决简单线性分类问题，而现实中的分类问题通常具有非线性的特点，如图 5-10（b）所示。为了解决复杂非线性模式识别问题，在 20 世纪 90 年代前后，反向传播神经网络（back propagation neural network，BPNN）和 SVM 模型得到了大量的研究。

1986 年，伦梅尔哈特与麦克莱兰提出了反向传播神经网络模型。相比刚提出感知机模型的 1958 年，计算机的性能已经有了极大的提升，个人电脑也已经出现，很多学者都可以在个人电脑上完成仿真实验。因此，反向传播神经网络已经可以被用于解决很多非线性问题，当然也包括异或问题。

后来，万普尼克等人于 1992 年提出了 SVM 模型，SVM 是常用的小样本统计学习模型，它具有坚实的数学理论，对于小样本线性可分问题，一般能得到比较优秀的分类模型，如图 5-10（a）所示：SVM 模型旨在寻找一个分类超平面，可以将两类样本以最大的距离分开。所以，对于 SVM 有以下结论。

（1）SVM 模型主要用来解决二分类问题，对于多分类问题，可以构造多个 SVM 模型实现分类。

（2）SVM 模型本身由相距最近的几个样本点组成，如图 5-10（a）中的圆形样本，这几个支撑 SVM 模型的样本点被称为**支持向量**。因此，很多距离较远的样本对 SVM 模型起不到作用。这种通过样本空间结构信息确定模型的方法称为结构风险最小化，而 SVM 就是结构风险最小化模型。

（3）由于 SVM 模型主要由少数支持向量样本确定，如果这些支持向量中存在噪声或者错误数据，将会极大影响模型的预测性能。因此，SVM 模型容易受到噪声样本的影响。

对于如图 5-10（b）所示的线性不可分问题，SVM 利用核技巧把非线性问题转换成线性问题求解，且无须知道非线性映射的显式表达式，即可在高维特征空间建立线性分类模型。与线性模型相比，SVM 几乎不增加计算的复杂性，还可以在某种程度上避免“维数灾难”。实际应用中，对于小样本分类情况，浅层神经网络比较容易过拟合，这种情况下 SVM 的表现可能更优。

SVM 的实现比较简单，可以通过 sklearn.svm 包导入，其中包括用于分类的 SVC 模型和用于回归的 SVR 模型。通过 sklearn.datasets 中的 make_blobs 函数可以随机生成图 5-10（a）所示的两类样本点：一共包含 40 个样本，具有两个特征属性，中心点为[2,4]和[4,2]，标准差均为 0.8。

```
from sklearn.datasets import make_blobs
from sklearn.metrics import accuracy_score
from sklearn.model_selection import train_test_split
from sklearn.svm import SVC
X,y=make_blobs(n_samples=40,n_features=2,centers=[[2,4],[4,2]],cluster_std=[0.8,0.8])
```

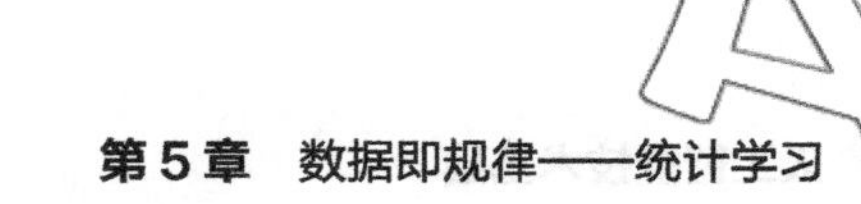

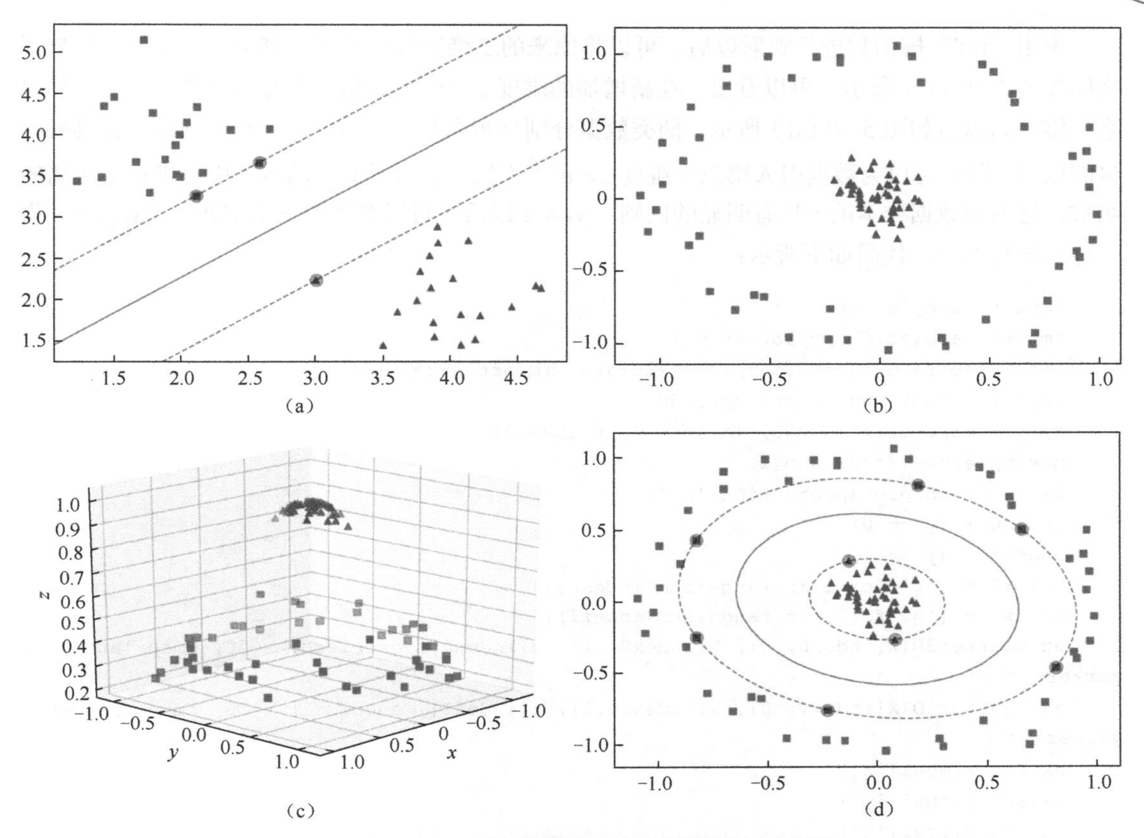

图 5-10 SVM 模型解决线性可分和线性不可分问题

通过观察可以看出这 40 个样本明显具有线性可分的特点，通过 sklearn.model_selection 中的 train_test_split 函数将其分为训练集和测试集。分别给 SVC 分类器传入核函数"linear"和"rbf"可以创建线性分类器和非线性分类器，然后调用 fit 函数训练模型，利用 predict 函数进行预测。

```
X_train, X_test, y_train, y_test = train_test_split(X, y)
linearSVM = SVC(kernel='linear').fit(X, y)
rbfSVM = SVC(kernel='rbf', C=1E6)
linearSVM.fit(X_train, y_train)
rbfSVM.fit(X_train, y_train)
print("Accuracy of Linear SVM: " +str(accuracy_score(y_test, linearSVM.predict(X_test))))
print("Accuracy of RBF SVM: " +str(accuracy_score(y_test, rbfSVM.predict(X_test))))
Accuracy of Linear SVM: 0.9
Accuracy of RBF SVM: 0.8
```

从输出结果可以看出，对于线性可分数据，采用线性 SVM 模型的分类精度要高于非线性 SVM 模型，这主要由数据本身的“线性”特点决定的。

对于非线性数据，可以通过 sklearn.datasets.samples_generator 中的 make_circles 函数生成圆形分布的 100 个数据，从图 5-10（b）可以看到这两类数据具有明显的类别特征，但是无法通过一条直线将其分开。

采用“rbf”核函数进行映射以后，可以将原来的二维数据映射到三维空间，映射后的数据空间如图 5-10（c）所示。可以看出，在新增加的维度 z 上两类数据被明显地分离开。还原到原来二维空间以后如图 5-10（d）所示，两类数据分别分布在两个圆附近，这两个圆的直径具有明显的区别，因此可以为数据引入第三个维度 $z=e^{-(x^2+y^2)}$，z 表示平面上的点到中心坐标的距离的函数，这两类数据样本的 z 具有明显的区别。引入 z 以后，可以在新的三维空间以（x, y, z）为坐标画出样本点，代码如下所示：

```
    import numpy as np
    import matplotlib.pyplot as plt
    from sklearn.datasets.samples_generator import make_circles
    from mpl_toolkits import mplot3d
    X, y = make_circles(200, factor=.1, noise=.2)
    z = np.exp(-(X**2).sum(1))
    ax = plt.subplot(projection='3d')
    index0 = (y == 0)
    index1 = (y == 1)
    color0 = ['r' for i in range(sum(index0))]
    color1 = ['g' for i in range(sum(index1))]
    ax.scatter3D(X[index0, 0], X[index0, 1], z[index0], c=color0, s=50, cmap='autumn',
marker='s')
    ax.scatter3D(X[index1, 0], X[index1, 1], z[index1], c=color1, s=50, cmap='autumn',
marker='^')
    ax.set_xlabel('x')
    ax.set_ylabel('y')
    ax.set_zlabel('z')
    plt.show()
```

程序运行结果如图 5-10（c）所示，原来平面上不可分的两类点在 z 轴上具有明显的区别，可以通过一个平面将两类样本在三维空间实现线性分割。为了对比线性 SVM 和经过非线性映射的 SVM，下面代码分别采用“linear”和非线性“rbf”作为 SVM 的核函数训练分类模型：

```
    from sklearn.datasets.samples_generator import make_circles
    from sklearn.metrics import accuracy_score
    from sklearn.model_selection import train_test_split
    X, y = make_circles(100, factor=.1, noise=.1)
    X_train, X_test, y_train, y_test = train_test_split(X, y)
    linearSVM = SVC(kernel='linear').fit(X, y)
    rbfSVM = SVC(kernel='rbf', C=1E6)
    linearSVM.fit(X_train, y_train)
    rbfSVM.fit(X_train, y_train)
    print("Accuracy of Linear SVM: " +str(accuracy_score(y_test, linearSVM.predict
(X_test)))
    print("Accuracy of RBF SVM: " +str(accuracy_score(y_test, rbfSVM.predict(X_test))))
    Accuracy of Linear SVM: 0.52
    Accuracy of RBF SVM: 1.0
```

从程序的输出结果可以看出，采用线性 SVM 分类非线性数据的预测精度只有 52%，而采用非线性“rbf”核函数的 SVM 的预测精度达到了 100%。因此，通过改造核函数，SVM 可以在非线性数据上达到较好的分类效果。

实际上，采用非线性核的 SVM 在结构上类似于浅层神经网络模型，SVM 模型的统计学习理论更加成熟，但是对于特定数据如何寻找最合适的非线性映射函数是一个问题。深度学习之父辛顿在 2006 年提出了深度学习的概念，有关深层神经网络的研究使得神经网络的性能大大提高。而随着数据量的增大，深度神经网络可以更好地学习大量样本数据的规律，因而比 SVM 具有更好的性能。近年来，深度神经网络已经成为人工智能的核心技术，有关神经网络的内容我们会在后面章节专门讲解。

5.6 三个臭皮匠顶个诸葛亮——集成机器学习

前面介绍了一些常见的机器学习模型，这些模型各有优缺点。事实上，在统计机器学习领域，没有最好的模型，只有最适合数据的模型。因此，一个很直观的想法是能否整合这些普通模型构造出一个更强大的预测模型。

1990 年，夏皮尔证明了一个有趣的定理：如果一个概念是弱可学习的，充要条件是它是强可学习的。这个定理的证明过程暗示了弱分类器的思想。所谓弱分类器就是比随机猜想稍好的分类器，这意味着对于二分类问题，精度超过 50%。在这种情况下，我们可以设计出一组弱分类器，并将它们集成起来构成一个强分类器，这就是集成学习的概念。

这个原理也比较容易理解，比如某个班级里 A 和 B 竞选班长，不同的同学对两个候选人的了解都不完全相同。有些同学对 A 的了解比较多，对 A 评价就会比较客观，而对 B 了解不够评价就会比较主观。因此，集成所有同学的选票来看谁更适合当班长是合适的策略。对于预测问题也一样，单个模型在分类的时候可能会具有某种倾向性，对某一类别的预测较为准确，但对其他类别的预测则不够精确，这种模型对整体类别的预测精度不太高。但是如果训练很多个模型，且每个模型都有擅长的预测类别，则将这多个模型的预测结果整合起来进行投票预测将会得到更准确的预测模型。

利用 sklearn 机器学习库，可以较为方便地实现机器学习模型的集成，仍然采用 sklearn.datasets.samples_generator 的 make_circles 函数生成 200 个样本点，两类样本点的半径比为 0.3，噪音也设置为 0.3，采用 train_test_split 函数把数据划分为训练集和测试集，代码如下：

```
from sklearn.datasets.samples_generator import make_circles
from sklearn.model_selection import train_test_split
X, y = make_circles(200, factor=.3, noise=.3)
X_train, X_test, y_train, y_test = train_test_split(X, y)
```

采用 DecisionTreeClassifier 构建决策树模型进行训练测试和测试，训练精度为 0.893，测试精度为 0.72。代码和结果如下。

```
from sklearn.tree import DecisionTreeClassifier
from sklearn.metrics import accuracy_score
clf1 = DecisionTreeClassifier(max_depth=5, min_samples_split=20, min_samples_leaf=5)
clf1.fit(X_train, y_train)
```

```
print("DecisionTree Train Accuracy:"+str(accuracy_score(clf1.predict(X_train), y_train)))
print("DecisionTree Test Accuracy:"+str(accuracy_score(clf1.predict(X_test), y_test)))
DecisionTree Train Accuracy:0.8933333333333333
DecisionTree Test Accuracy:0.72
```

为了对比模型集成的效果，采用AdaBoostClassifier集成决策树分类器，设置n_estimators=200表示集成的弱分类器个数为200，利用learning_rate=0.8设置集成模型的学习率为0.8，代码和结果如下：

```
from sklearn.ensemble import AdaBoostClassifier
ensemble = AdaBoostClassifier(DecisionTreeClassifier(max_depth=5, min_samples_split=20, 
min_samples_leaf=5), algorithm="SAMME",n_estimators=200, learning_rate=0.8)
ensemble.fit(X_train, y_train)
print("AdaBoost Train Accuracy:"+str(accuracy_score(ensemble.predict(X_train), y_train)))
print("AdaBoost Test Accuracy:"+str(accuracy_score(ensemble.predict(X_test), y_test)))
AdaBoost Train Accuracy:1.0
AdaBoost Test Accuracy:0.8
```

可以看出，利用模型集成方法可以在一定程度上提高训练样本和测试样本的分类精度。测试中，通过n_estimators=200设置弱分类器个数为200，对不同的数据，该参数需要通过实验得到。如果该数值过大，模型有可能发生过拟合，导致预测精度下降甚至低于单个模型的预测精度。

本章小结

本章介绍了统计机器学习的概念，讲述了线性回归模型、逻辑回归模型、K近邻聚类算法、决策树、SVM以及集成模型的基本原理。此外，本章以线性回归为例，初步讲解了梯度下降算法的原理和实现。在应用部分，以sklearn机器学习库为基本工具，带领读者学习了基本机器学习模型库。通过本章的学习，读者应该可以基于sklearn机器学习库实现基本的机器学习预测模型构建。

习题

（1）尝试在网上搜索身高体重数据，并用线性回归模型进行建模预测。

（2）阅读sklearn官方文档，利用提供的网络模型实现异或逻辑功能，例如输入0和1，输出为1。

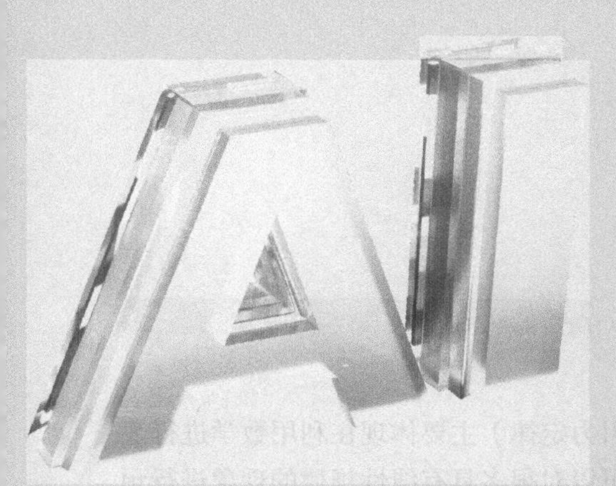

第 6 章 描述万物的规律——神经网络

我们加快推进科技自立自强，全社会研发经费支出从一万亿元增加到二万八千亿元，居世界第二位，研发人员总量居世界首位。基础研究和原始创新不断加强，一些关键核心技术实现突破，战略性新兴产业发展壮大，载人航天、探月探火、深海深地探测、超级计算机、卫星导航、量子信息、核电技术、新能源技术、大飞机制造、生物医药等取得重大成果，进入创新型国家行列。

——摘自党的二十大报告

目前人工智能的核心技术为以深度学习为代表的神经网络技术。神经网络通过逐层提取特征实现对高维特征数据的降维，通过不断抽象的得出数据的真实属性，这个过程类似生物大脑抽象的过程。实际上，网络模型无论多么复杂，都是由简单的模块和结构组成，模型结构决定了功能。

本章学习目标：

- ❑ 理解神经网络的发展和计算机的发展之间的关系
- ❑ 掌握神经网络中的非线性、通用拟合性质和深度特征提取性质
- ❑ 理解神经网络的反向传播算法原理
- ❑ 学会利用 Keras 深度学习库构建和训练基本的神经网络模型

6.1 最简单的神经网络模型——感知机

自文艺复兴以来，对自然界的知识抽象（例如万有引力定律）主要体现在利用数学进行建模上。在之前的章节我们提到了线性回归模型，该模型可以对很多具有线性规律的现象进行预测和分析。但是，自然界有很多问题是非线性的。非线性是自然界复杂性的典型性质之一，例如万有引力定律（万有引力与物体间距离的平方成反比）即为非线性规律。实际上，非线性更接近自然界中事物的本质，由于万有引力的存在，每个物体会同时受到大量其他物体的引力作用，因而其物理性质一般为非线性，而线性是对非线性模型的近似或平均的结果。因此，非线性建模具有更大的应用价值。

得益于生物神经元的研究，早在 1958 年，康纳尔大学的罗森布拉特教授就在计算机上实现了感知机模型。感知机模型如图 6-1 所示，输入特征 $X=\{x_0,x_1,\cdots,x_n\}$ 为特征向量，$W=\{w_0=1,w_1,w_2,\cdots,w_n\}$ 为各个特征的权重向量。则感知机模型的数学表示为：

$$y(x)=f(w_0x_0+w_1x_1+w_2x_2+\cdots+w_nx_n)=f\left(\sum_0^n w_ix_i\right)=f(W^TX)$$

$$f(x)=\begin{cases}0, x<0\\1, x\geqslant 0\end{cases}$$

可以看出，感知机模型在线性模型的基础上添加了阈值函数 f。f 为一个**非线性**的阶跃函数，当输入特征 X 与权值 W 的加权和（点积）达到阈值 0 时，输出值由 0 跃变为 1，而输出 0 或 1 恰好可以完成二分类的表示，如图 6-1 所示。实际上，感知机模型可以看成（超）平面上的一条直线（或平面），将空间分为三部分，直线上的点为线性方程值为 0 的点集，而直线两边的点分别为方程大于 0 的点集和方程小于 0 的点集。感知机是最早在计算机上模拟实现的神经网络模型，在刚提出的时候也可以解决简单的模式分类问题，当时正值达特茅斯人工智能会议之后，人工智能的关注度很高，因此感知机模型得到了极大的关注，也出现了很多关于感知机神经网络的研究。

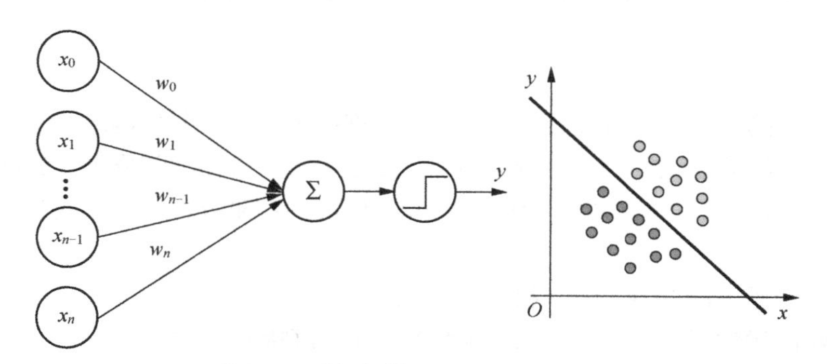

图 6-1　感知机模型和二维平面二分类

6.2　神经网络的核心——非线性激活函数

从上面可以看出，感知机模型的核心为非线性函数。该函数被称为激活函数，它可以起到非线性映射的作用；而对于分类问题，它起到了聚类（降维）的作用。因此，这里需要注意，关于神经网络的第一个知识点是要求激活函数必须具有非线性的特点。假如激活函数为线性函数，神经网络只能表达输出对输入的线性关系。

图 6-2（a）为 Sigmoid 函数，该函数是早期神经网络常用的激活函数，其函数表达式为：

$$f(x)=\frac{1}{1+\mathrm{e}^{-x}}$$

可以看出 Sigmoid 函数关于点（0, 0.5）对称且为递增函数，在 x 较小时输出值为 0，x 较大时输出值为 1，其图像与阶跃函数比较像。但由于该函数连续可导，因此该函数比较适合梯度下降优化算法。实际上，Sigmoid 函数相当于把集合（$-\infty$, ∞）映射到（0, 1）之间，有时候可以把该函数的功能看作成将输出值转化为一个概率值。对 Sigmoid 函数进行求导可以得到：

$$f(x)=f(x)(1-f(x))$$

可知其小于等于 0.25，因此在神经网络多层的时候会出现梯度消失问题。

图 6-2（b）所示为 tanh 函数，它相当于对 Sigmoid 函数做平移变换，但是其输出范围变为（−1, 1），其表达式如下：

$$f(x)=\frac{\mathrm{e}^{x}-\mathrm{e}^{-x}}{\mathrm{e}^{x}+\mathrm{e}^{-x}}$$

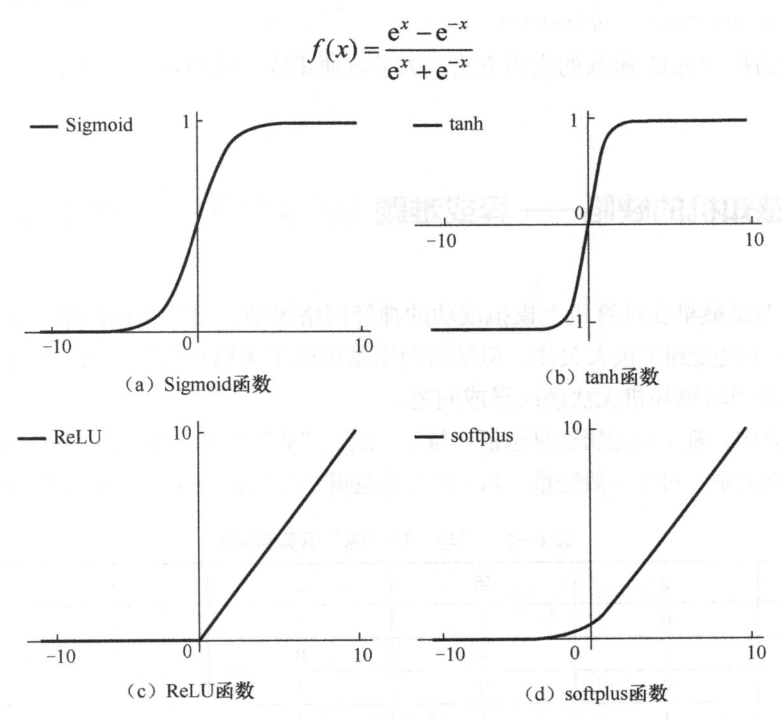

（a）Sigmoid函数　（b）tanh函数

（c）ReLU函数　（d）softplus函数

图 6-2　非线性激活函数

图 6-2（c）图为 ReLU 函数，其表达式为

$$f(x)=\begin{cases}0, & x<0\\ x, & x\geqslant 0\end{cases}$$

从其表达式可以看出，ReLU 函数相当于 max(0,x)，因此在计算的时候非常方便。其导函数的计算也非常方便，只需做个判断，x 小于 0 导数为 0，否则为 1。采用 ReLU 函数作为激活函数可以部分地解决梯度消失（爆炸）问题，因此适合于较深的网络模型。

图 6-2（d）为 softplus 激活函数，其表达式为：

$$f(x)=\log(1+\mathrm{e}^{x})$$

从表达式可以看出，当 x 较大时和 x 较小时，与 ReLU 函数相似。但因函数平滑，处处可导，可以看成是平滑版的 ReLU 函数。

通过 NumPy 库，可以很容易实现以上 4 种激活函数的计算，其对应函数 Sigmoid、tanh、ReLU 和 softplus 的代码如下：

```
import numpy as np
def sigmoid(x):
    return 1/(1+np.exp(-x))
def tanh(x):
    return (np.exp(x)-np.exp(-x))/(np.exp(x)+np.exp(-x))
def relu(x):
    return (x+np.abs(x))/2
def softplus(x):
    return np.log(1 + np.exp(x))
```

需要注意的是 ReLU 函数的实现方法，为了方便矩阵（或向量）的快速计算，采用了加法进行计算。

6.3 感知机的缺陷——异或难题

感知机模型是最早在计算机上模拟成功的神经网络模型，可以实现简单分类问题，因此在 20 世纪 50~60 年代受到了极大关注。但随后明斯基出版了《感知机》一书，在书中质疑了感知机的能力，认为当时感知机无法解决异或问题。

在逻辑计算中，基本的逻辑运算包括“与”“或”“非”3 种。基于这三个简单的运算，可以推导出所有逻辑关系。对于一般变量 x 和 y 的二元逻辑“与”和“或”，其真值表如表 6-1 所示。

表 6-1 “与”和“或”运算真值表

x	y	与	x	y	或
0	0	0	0	0	0
0	1	0	0	1	1
1	0	0	1	0	1
1	1	1	1	1	1

可以看出，对于“与”运算，只有两个变量同为 1 的情况其逻辑运算结果才为 1（用三角形表示），其他三种情况结果为 0（用圆圈表示）。对于“或”运算，只有两个变量同为 0 的情况其逻辑运算结果才为 0，其他三种情况结果为 1。

我们将“与”和“或”操作的逻辑运算结果按照 0 和 1 分为两类标在二维直角坐标系中，如图 6-3 所示。从图中可以看出，无论对“与”运算还是“或”运算，均可以通过直线方程将这两类区分开，图（a）为“与”运算，图（b）为“或”运算。可以发现，感知机可以看成一个线性分类模型，直线左下方向为方程小于 0 的圆圈，直线右上为方程大于 0 的三角形。事实上，有无数条满足这种条件的直线方程（感知机模型），可以将图中的圆圈和三角形分开。因此，感知机可以解决一些简单的分类问题。

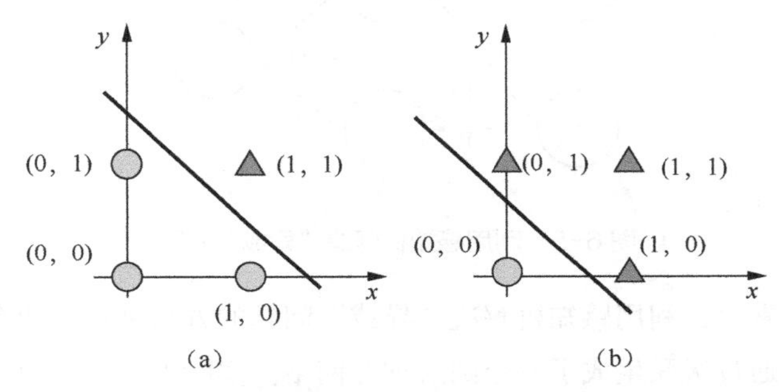

图 6-3　利用感知机解决“与”“或”问题

现在回到明斯基提出的“异或”运算问题上来，其真值表如表 6-2 所示。

表 6-2　“异或”真值表

x	*y*	异或
0	0	0
0	1	1
1	0	1
1	1	0

将“异或”运算结果表示在直角坐标系中，如图 6-4（a）所示。从中可以看出，无法通过一条直线将两类分开。

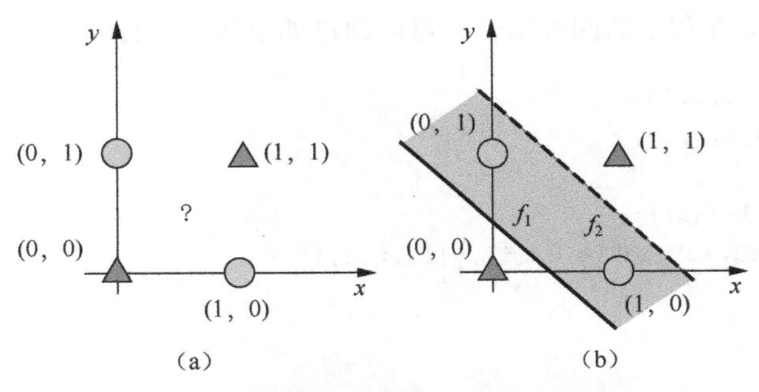

图 6-4　利用感知机解决“异或”问题

实际上，“异或”问题的解决办法如图 6-4（b）所示。通过两条直线（两个感知机）将平面分为两部分，其中，直线地 f_1 为“或”功能感知机分类模型，直线 f_2 为“与”功能感知机分类模型。之后，用一个“与”感知机将直线 f_1 的右上部分和直线 f_2 的左下部分取交集得到的即为结果为 1 的类（圆圈），其他区域为结果为 0 的类（三角形）。至此，通过三个感知机就解决了“异或”问题，这三个感知机组成的模型结构如图 6-5 所示。

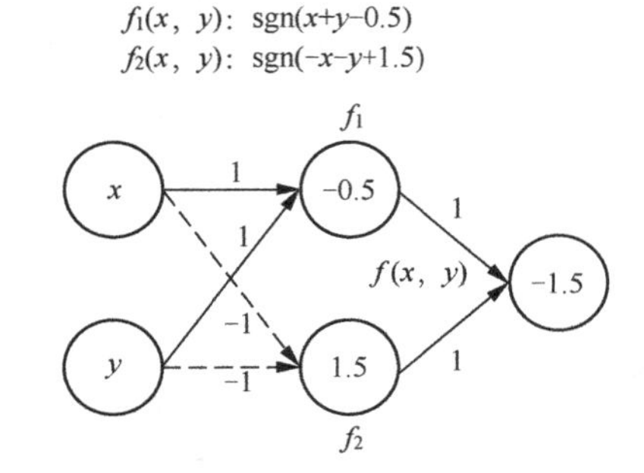

图 6-5　利用感知机解决“异或”问题

从这里我们可以看出，利用感知机解决“异或”问题的方法是将前两个感知机的结果输入另一个感知机，这样通过级联生成了一个两层神经网络。实际上，可以通过如下代码对该网络的功能进行验证，这个从输入到输出的计算过程即为神经网络的**前向传播**过程。

首先定义激活函数为符号函数 sign，这里借助 np.sign 函数直接通过计算得到。可以验证，若 x 为正值，sign(x)为 1，否则为 0，代码如下：

```
import numpy as np
def sign(x):
    return (np.sign(x)+1)/2
def f1(x,y):
    return sign(x+y-0.5)
def f2(x,y):
    return sign(-x-y+1.5)
def xor(x,y):
    return sign(f1(x,y)+f2(x,y)-1.5)
```

输入 x 和 y 分别为 0 和 1 的四种组合，可以通过如下代码进行验证：

```
x = np.array([0,0,1,1])
y = np.array([0,1,0,1])
z = xor(x,y)
for i in range(len(x)):
    print("xor(%d,%d)=%d" % (x[i],y[i],z[i]))
xor(0,0)=0
xor(0,1)=1
xor(1,0)=1
xor(1,1)=0
```

通过上面的输出结果可以验证该神经网络模型可以解决“异或”逻辑问题，通过下面代码可以将两个感知机模型可视化在二维平面上：

```
import matplotlib.pyplot as plt
plt.figure(figsize=(8,6))
index0=(z==0)
index1=(z==1)
ct0 = ['r' for i in range(sum(index0))]
ct1 = ['g' for i in range(sum(index1))]
plt.scatter(x[index0], y[index0], c=ct0, s=400, cmap='autumn',marker='^')
plt.scatter(x[index1], y[index1], c=ct1, s=400, cmap='autumn',marker='o')
plt.xticks([0,1], [0,1])
plt.yticks([0,1], [0,1])
plt.text(0.5,0.05,"f1(x,y)=x+y-0.5 = 0", weight="bold", color="r")
plt.text(0.16,0.9,"f2(x,y)=x+y-1.5 = 0", weight="bold", color="g")
plt.tick_params(labelsize=18)
plt.plot(x,0.5-x,'r')
plt.plot(x,1.5-x,'g')
plt.show()
```

程序的输出结果见图 6-6，两条直线方程的“与”运算刚好将平面分为两部分。且 xor（异或）函数的输入输出关系与真值表完全对应。

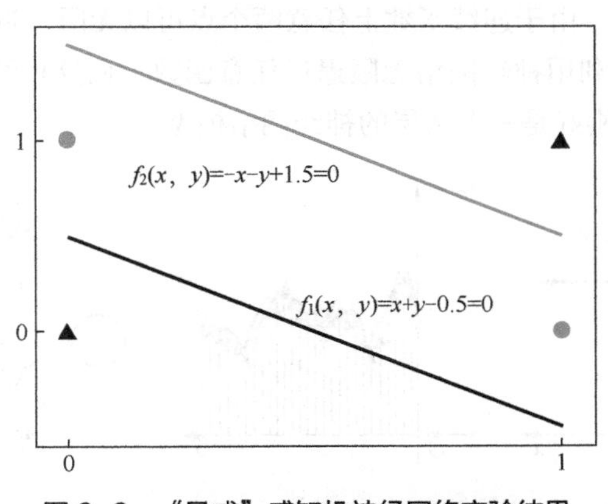

图 6-6　“异或”感知机神经网络实验结果

实际上，这三个感知机节点组成的模型就是一个两层神经网络模型，而输入 x，y 得出分类结果的过程就是神经网络的**前向传播过程**。在此，我们发现单层感知机解决不了的问题可以通过两层感知机解决，因此我们得到关于神经网络的第二个知识点：**深层网络比浅层网络拥有更强的表达能力**。

我们再次把图 6-7（a）中线性不可分的四个点坐标代入图 6-5 的感知机中，计算出中间非线性映射之后的值，并在坐标系中画出来，如图 6-7（b）所示。经过非线性映射的四个点在新的坐标空间可以很容易通过一条直线方程完成分类。这种思想与支持向量机非常相似（设置更多隐藏层节点就相当于升维），因此非线性支持向量机也可以看作浅层神经网络模型。

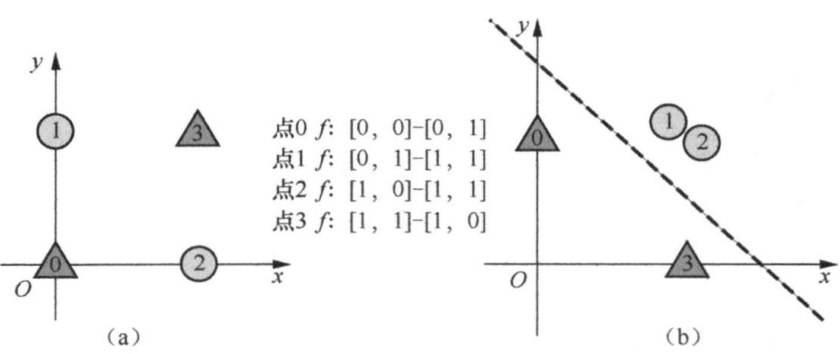

图 6-7　感知机神经网络非线性映射的作用

6.4　万能的神经网络——通用函数拟合

上面我们发现，通过加深网络可以增强神经网络的表达能力，那么神经网络的功能到底有多强呢，它到底可以完成什么样的工作？为什么被广泛应用于分类、识别甚至各种人工智能问题？我们可以简单地从图 6-8 看出来。对于单个感知机模型，假如采用阶跃函数作为激活函数，其激活点 s 可控，同时，其激活以后的值也可控（乘以不为 0 的系数），它能表示图 6-8（a）所示的阶跃函数。因此，对于一个一般意义的连续函数曲线，如图 6-8（b）所示，可以通过很多这样的阶跃函数去近似。由于连续函数上任意两个点可以无限接近，因此，只要用大量激活函数进行**线性组合**就可以利用神经网络无限逼近任意函数。而这种线性组合恰好相当于图 6-8（c）所示的线性组合，这刚好是一个两层的神经网络模型。

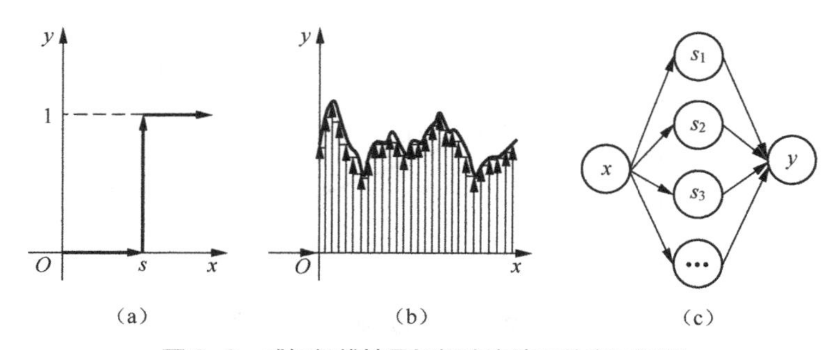

图 6-8　感知机线性叠加解决连续函数表示问题

对于不连续函数，该如何解决呢？实际上，可以参考我们前面对“异或”问题的解决方法。如图 6-9 所示，假设一个连续函数中间被挖去一个点 A，则此函数可以被分为左右两个连续函数。因此，左右函数均可以通过一个两层神经网络模型表达出来。实际上，整个函数可以通过左右函数求“并”集得到，这实际上相当于做“或操作”。所以，将左右两个函数的输出连接到表示“或操作”的感知机上就可以表达整个函数，而这相当于一个三层神经网络。将此结论推广可知：**在神经元节点足够多的情况下，两层神经网络可以表达任意连续函数，而三层神经网络可以表达任意函数。**

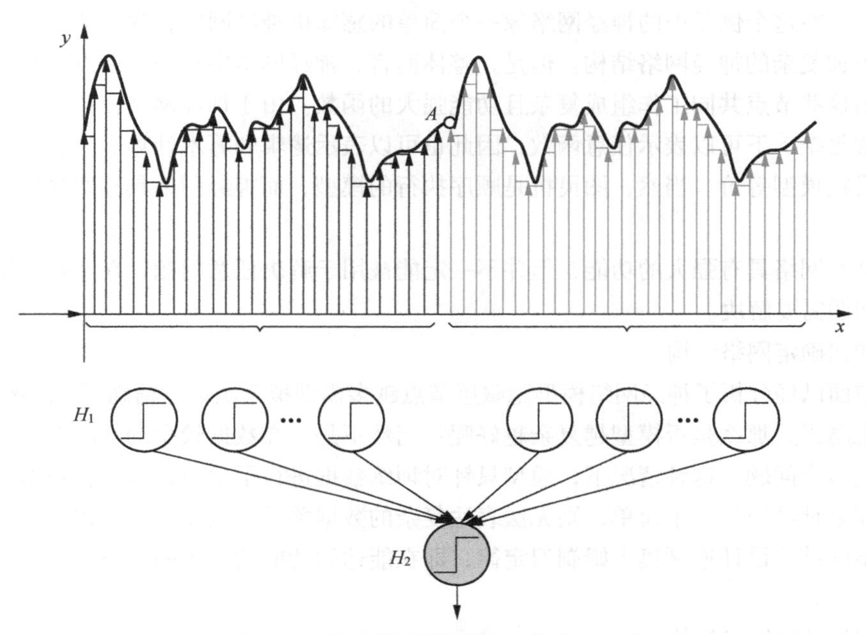

图 6-9　非连续函数的神经网络表示方法

该结论实际上回答了“神经网络到底可以解决什么”的问题。因为日常生活中关于预测都可以描述为一个函数：给定一组输入特征，给出一组输出预测。在知道神经网络可以表达任意函数的情况下，我们可以推断神经网络可以作为任何人工智能预测的函数。

至此，对于神经网络的工作原理，我们也可以做一个简单的比喻。如图 6-10 所示，假如有 100 个同学要去吃饭，大家只能一起去同一家饭馆，在选择上也只有牛肉面和胡辣汤两种选择，这相当于两个标签。这时候大家如何做决定呢？通常的做法是大家举手投票表决，最后发现有 60 位同学想去吃牛肉面，有 40 位同学想喝胡辣汤，所以少数服从多数，大家决定去吃牛肉面。这个过程就是一个神经网络工作的过程。整体来看，神经网络的工作过程是个整体协同的过程，每一个节点只做一个决策（选择牛肉面或胡辣汤），所有节点投票的结果即为网络最终的结果。

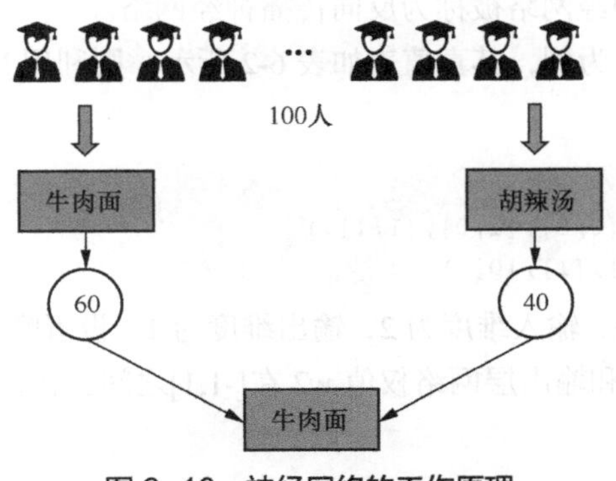

图 6-10　神经网络的工作原理

实际上，在这个例子中的神经网络像一个简单的感知机神经网络，为了适应复杂的函数学习，需要更加复杂的神经网络结构。但是，整体而言，神经网络中每一个节点的基本功能都是相似的，由这些节点共同工作组成复杂且功能强大的函数。由于神经网络在特定条件（层数、节点数足够复杂）下可以表示任意函数，因此也可以表示逻辑和算术计算。从这一点来说，其功能与图灵机模型等价。当然，图灵机是顺序执行的模型，而神经网络具有明显的并行处理信息的特点。

虽然神经网络具有强大的功能，但并不一定能被用于解决任意问题，在实际应用中，还有两个关键问题需要解决。

（1）如何确定网络结构

我们前面已经分析了神经网络模型隐藏层节点越多模型拟合函数越精确，层数越多表达（抽象）能力也越强，那么是否模型越复杂越好呢？当然不是。在数据较少的情况下，复杂的模型可能导致过拟合问题。这种情况下，模型只针对训练数据进行了学习，对于新数据的预测并不准确。而如果神经模型过于简单，则无法表达复杂的数据关系，也无法完成预测。实际上，神经网络模型的结构设计遵循奥卡姆剃刀定律，即在能达到功能的神经网络模型里，要选择相对最简单的模型。

（2）如何训练网络权值

在确定网络结构之后，网络的功能就由其中的参数决定，不同的参数对应着不同的网络功能。实际上，网络结构设计相当于选工具，而训练网络权值相当于调整工具参数，完成了这两步就设计出了适用于特定目的的模型。因此，训练设计好的神经网络模型就成了最后一个环节，一般采用梯度下降算法实现。

6.5 魔方缺了一面——利用反向传播求解神经网络

理论上讲，复杂的神经网络可以模拟任何函数，自然也可以用于解决任何应用问题。但是遗憾的是如何寻找网络的权值却没有完美的解法，就像拼接一个三阶魔方唯独缺了最后一面（层）。针对神经网络模型，目前一般还是利用梯度下降算法求解，求解梯度的算法一般被称为反向传播算法，而这样的神经网络被称为反向传播神经网络。

在这里以“异或问题”为例，其真值表如表 6-2 所示，则利用 NumPy 库可以定义神经网络的输入输出：

```
import numpy as np
x = np.array([[0,0],[0,1],[1,0],[1,1]])
y = np.array([[0],[1],[1],[0]])
```

假定采用三层神经网络，输入维度为 2，输出维度为 1，设置隐藏层节点数 NH 为 20，随机初始化输入层网络权值 $w1$ 和输出层网络权值 $w2$ 在[-1,1]之间，代码如下：

```
NH = 20
w1 = 2*np.random.random((2,NH))-1
```

```
w2 = 2*np.random.random((NH,1))-1
```

神经网络的激活函数采用 Sigmoid 函数，用参数 deriv 控制激活运算还是求导运算，如下所示：

```
def act(x, deriv=False):
   if(deriv==True):
      return x*(1-x)
   return 1/(1+np.exp(-x))
```

定义前向传播函数 feedfoward 实现从输入到输出的神经网络前向传播计算，因为是三层神经网络，所以需要两次矩阵乘法，且每次矩阵乘法后面采用 Sigmoid 激活函数进行非线性映射，代码如下：

```
def feedfoward(x):
    l0 = x;
    l1 = act(np.dot(l0,w1))
    l2 = act(np.dot(l1,w2))
    return (l0,l1,l2)
```

在一次迭代中，反向传播算法可以分为两个阶段。第一个阶段为前向传播阶段，将特征向量 x 输入 feedfoward 函数计算神经网络模型的预测输出。第二个阶段为反向传播阶段，通过求解误差函数对各个权值的导数（梯度），然后利用梯度下降更新网络权值。设定网络一共有 L 层，$z^{(l)}$为第 l 层网络节点加权和输入，$a^{(l)}$为第 l 层网络激活输出（输入层为 $a^{(0)}$），且有 $z^{(l)}=f(w^{(l)}a^{(l-1)})$，$a^{(l)}=f(z^{(l)})$。则 $z^{(L)}$为最后一层加权和输入，$a^{(L)}$为最后一层网络输出。假设采用误差平方和作为损失函数，y 代表真实值，则损失函数 J 如下所示：

$$J=\frac{1}{2}(a^{(L)}-y)^2$$

在这里引入**残差**的概念，定义为第l层残差 $\delta^{(l)}$ 为损失函数对l层第i个节点的输入加权和 $z^{(l)}$ 的偏导数，残差作为反向传播求解梯度的一个中间变量，其表达式如下：

$$\delta^{(l)}=\frac{\partial J}{\partial z^{(l)}}$$

对于输出层，残差公式为：

$$\delta^{(L)}=\frac{\partial J}{\partial z^{(L)}}=(a^{(L)}-y)\bullet\frac{\partial a^{(L)}}{\partial z^{(L)}}=(a^{(L)}-y)\bullet f'(z^{(L)})$$

给定了输出层，对于其他层的残差 $\delta^{(l)}$ 可以按照递推公式由后一层残差 $\delta^{(l+1)}$ 逐层往前计算得出，递推公式如下：

$$\delta^{(l)}=\frac{\partial J}{\partial z^{(l)}}=\frac{\partial J}{\partial z^{(l+1)}}\frac{\partial z^{(l+1)}}{\partial z^{(l)}}=((w(l))^T\delta^{(l+1)})\bullet f'(z^{(l)})$$

而每一层的权值梯度可以由残差与前一层激活值 $a^{(l-1)}$ 相乘得到：

$$\frac{\partial J}{\partial w^{(l)}}=\frac{\partial J}{\partial z^{(l)}}\frac{\partial z^{(l)}}{\partial w^{(l)}}=\frac{\partial J}{\partial z^{(l)}}\frac{\partial(w^{(l)}a^{(l-1)})}{\partial w^{(l)}}=\delta^{(l)}\bullet a^{(l-1)}$$

可以看出，反向传播算法的残差计算过程为从后向前依次计算，其梯度值也依次由后向前计算。采用这种计算方法，前层的计算可以基于后一层的计算结果，这样可以极大地简化计算量。

在本例中，由真实值减去前向传播的结果即为输出层误差 l2_error。由 l2_error 与输出层的导数相乘得到输出层的残差 l2_delta。输出层的权值 *w*2 的更新量通过第一层的输出 l1 与残差 l2_delta 相乘，再乘以学习率 0.1 得到。输入层权值 *w*1 的更新量通过输入层 l0（即输入特征 *x*）与输入层的残差 l1_delta 相乘再乘以学习率 0.1 得到。需要注意的是，输入层残差 l1_delta 由输出层残差 l2_delta 与输出权重 *w*2 以及输出层激活函数的偏导数相乘得到，参照上面的残差递推式。

```
n_epochs = 1000000
for i in range(n_epochs):
    a0,a1,a2 = feedfoward(x)
    l2_delta = (a2 - y)*act(a2, deriv=True)
    l1_delta = l2_delta.dot(w2.T) * act(a1,deriv=True)
    w2 = w2 - a1.T.dot(l2_delta)*0.1
    w1 = w1 - a0.T.dot(l1_delta)*0.1
    if(i % 10000) ==0:
        loss =np.mean(np.abs(y - a2))
        print("epochs %d/%d loss = %f" % (i/1e4+1, n_epochs/1e4, loss))
```

在异或问题中，迭代次数 n_epochs 设置为 100 万，其误差函数变化如图 6-11 所示（本书中，代码中的英文标签在图中均翻译为中文标签，下同）。可以发现，当迭代到 60 万次时，误差基本不再变化，读者可以根据情况减少迭代次数。从而更快完成反向传播训练。

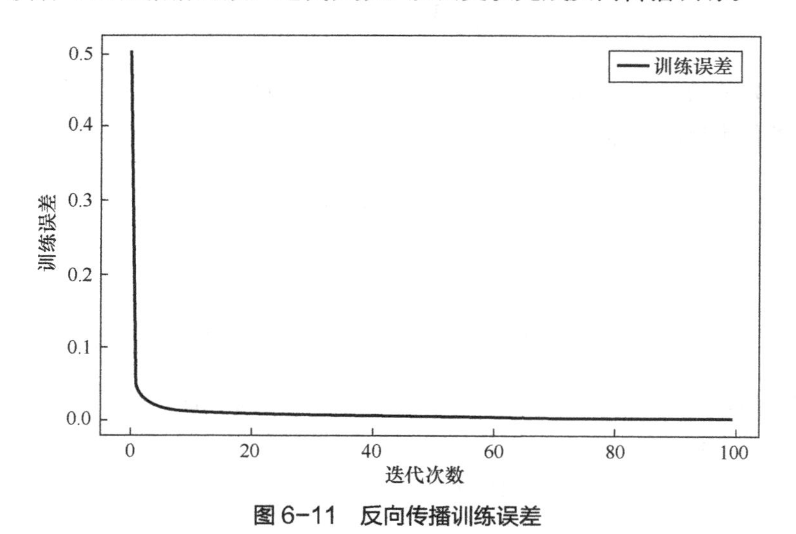

图 6-11 反向传播训练误差

通过 feedfoward 函数可以将四种“异或”情况输入网络进行检验，其代码如下：

```
a0,a1,a2 = feedfoward(x)
print ("xor(",x,") = ",a2)
```

执行上面代码以后的输出结果如下所示。可以发现，神经网络已经学习到了异或函数的功能。

```
xor( [[0 0]
 [0 1]
 [1 0]
 [1 1]] ) =  [[0.00669911]
 [0.98000611]
 [0.98000611]
 [0.02690318]]
```

需要注意的是，为了方便，在这里我们采用了 20 个隐藏层神经元节点。读者可以尝试仅采用 2 个隐藏层节点的情况（设置 NH=2），经过几次尝试也可以实现“异或函数”，这与我们前面的分析一致。而如果仅采用 1 个隐藏层节点（设置 NH=1），实际上相当于单个感知机，训练模型时很难收敛，无法实现“异或”功能。

在本节的分析中，为了简化问题，我们没有刻意设置网络偏置节点就达到了想要的效果。一般情况下，可以设置偏置提升网络性能。因为偏置也是权值，在本节可以简单在四个输入值后面分别加上 1 来表示偏置，即输入特征改为[0,0,1], [0,1,1], [1,0,1], [1,1,1]。

6.6　构建神经网络的积木——Keras API 函数

在实际应用中，如果每次都重新定义神经网络，设计反向传播训练算法是件非常麻烦的事，尤其对于复杂的神经网络模型。因此，可以借助一些深度学习框架实现神经网络模型的构建和训练。常见的深度学习框架包括 TensorFlow、Caffe、Theano、PyTorch、Keras 等，其中，Keras 是一个高级深度学习库，其底层可以由 TensorFlow 实现。相比而言，Keras 的 API 更加简洁易用。利用 Keras 构建神经网络的常用函数如图 6-12 所示。

一般而言，利用 Keras 构建和训练全连接神经网络模型需要如下五步。

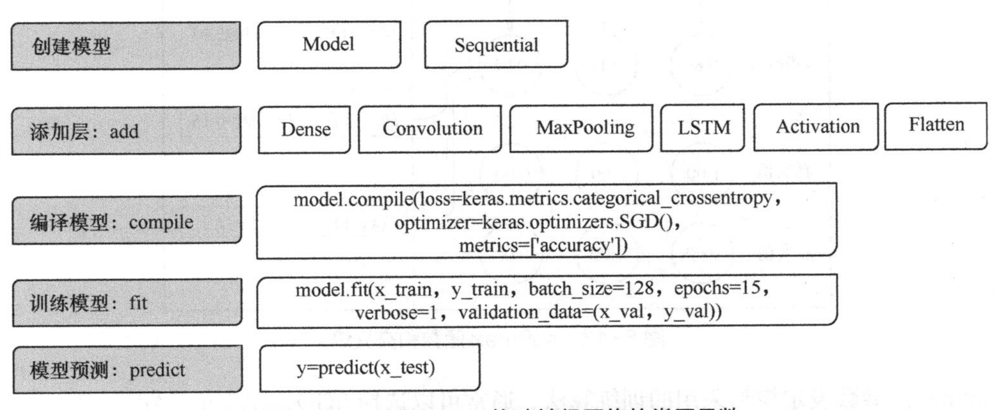

图 6-12　利用 Keras 构建神经网络的常用函数

（1）实例化 Sequential 模型

该模型为串行模型，可以通过 add 函数添加不同的层，也可以通过 Model 函数自定义模型。

（2）通过 add 函数添加不同的网络层

常见的有全连接层（dense）、卷积层（convolution）、最大池化层（maxpooling）、长短期记忆网络层（LSTM）、激活层（activation）、展平层（flatten）、丢弃层（dropout）等。

（3）通过 compile 编译神经网络模型

这里需要指定两个重要参数 loss 和 optimizer。loss 参数设定采用的误差函数，可以从 keras.metrics 下面查看。对于回归问题可以采用均方误差函数（mean square error，MSE），如下式：

$$MSE = \frac{1}{N}\sum_{i=1}^{N}(y_i - \hat{y}_i)^2$$

而对于分类问题，一般会通过 softmax 函数将输出节点转化为概率值，其表达式如下：

$$softmax = \frac{e^i}{\sum e^i}$$

可知，应用 softmax 函数以后，神经网络的每一个输出节点范围为[0,1]，可以看成一个概率值，而所有节点的概率值之和为 1。此时，可以选用交叉熵作为误差函数，交叉熵的计算方法为真实值与预测值对数的乘积，其表达式如下：

$$H(x,y) = -\sum_{i=1}^{N}x_i\log(y_i)$$

如图 6-13 所示，当预测值[0.86, 0.11, 0.01]与真实值[1.00, 0.00, 0.00]一致时，交叉熵为 0.15，比较小；而当预测值[0.86, 0.11, 0.01] 与真实值[0.00, 1.00, 0.00]不一致时，交叉熵为 2.2，比较大。可以看出，当预测值与真实值完全一致时，交叉熵最小，为 0。

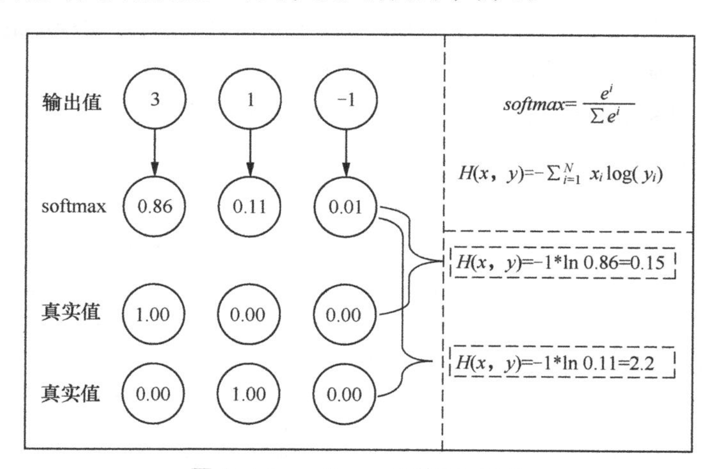

图 6-13 softmax 函数和交叉熵

optimizer 参数设定模型采用的训练算法，通常可以选择 SGD、 Adam、Adagrad、RMSprop 等训练算法。

（4）通过 fit 函数训练神经网络模型

训练时需要指定训练集特征 x_train 和标签 y_train；还需要设定一次训练选定的样本数 batch_size，在 GPU 环境下一般选择 2 的指数以达到最优性能，例如 128、256 或 512；epochs 参数指定需要的迭代次数；verbose 参数设为 1 表示显示训练日志；通过 validation_data 可以指定一个较小的数据为验证数据，通过观察验证数据的预测效果可以知道何时停止模型训练。

（5）通过 predict 函数得到特定输入特征的预测值

最后，可以通过 predict 函数得到特定输入特征的预测值，也可以通过 evaluate 函数之间返回模型在特定数据集上的测试效果。

针对前面解决“异或”问题的神经网络，可以通过 Keras 库方便地构建训练模型。模型中采用 2 个隐藏层节点，即 Dense 函数第一个参数设为 2。输入 2 个变量可以在首次添加 Dense 层时通过 input_shape=(2,)设置，这里括号里的逗号需要保留表明这是个表示输入数据维度的元组（去掉逗号则会做四则运算，结果为 2）。通过 activation 参数设置 Sigmoid 为激活函数，误差函数采用 mse，优化器采用随机梯度下降（stochastic gradient descent, SGD）且学习率 lr 设置为 0.1，迭代次数为 10000，整体代码和输出如下所示：

```
import keras
from keras.models import Sequential
from keras.layers import Dense
import numpy as np
import matplotlib.pyplot as plt
x=np.array([[0,0],[0,1],[1,0],[1,1]])
y=np.array([0,1,1,0])
model=Sequential()
model.add(Dense(2,activation='sigmoid',input_shape=(2,)))
model.add(Dense(1))
model.compile(loss='mse',optimizer=keras.optimizers.SGD(lr=0.1))
history = model.fit(x,y, epochs=10000)
print(model.predict(x))
[[4.76837158e-06]
 [9.99993086e-01]
 [9.99993086e-01]
 [1.04904175e-05]]
```

可以看出，Keras 构建神经网络非常简洁，可通过代码显示误差变化，如图 6-14 所示。

```
epochs = len(history.history['loss'])
plt.plot(range(epochs), history.history['loss'], label='loss')
plt.legend()
plt.xlabel('epochs')
plt.ylabel('loss')
plt.show()
```

通过图 6-14 可以看出，解决“异或”问题的神经网络模型的训练误差在开始快速下降，最后达到一个接近 0 的稳定值。

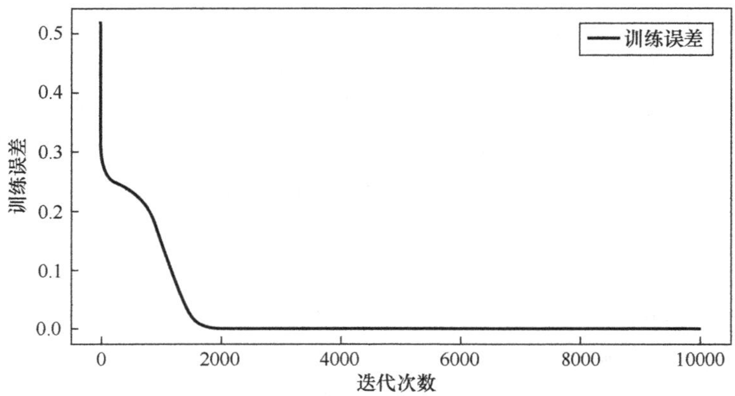

图 6-14　利用 Keras 构建和训练“异或”神经网络误差变化

6.7　开始动手——神经网络应用

前面提到，在隐藏层神经元足够多的情况下，三层神经网络可以表达任意函数，前面测试了“异或”函数。本节来测试复杂点的函数——正弦函数（sin）的神经网络拟合方法。导入实验所需的库，包括 NumPy 库，序贯模型 Sequential，全连接 dense 层和绘图库 matplotlib.pyplot，代码如下：

```
import numpy as np
from keras.models import Sequential
from keras.layers import Dense
import matplotlib.pyplot as plt
```

sin 函数拟合，可以采用 NumPy 的 linspace 函数获取一个周期内 10 个连续的点，之后通过 reshape 函数转换成(N_Sample,N_Feature)的数据格式。一般而言，训练和测试数据都应该按照此规则表示。其中 N_Sample 代表样本数，在执行 reshape 函数时可以写成负数，表示让程序自动计算多少样本数；N_Feature 代表特征数，本例仅有一个特征，通过 input_shape=(1,)指定；对应的真实标签通过 np.sin 函数生成需要预测的值。

```
x = np.linspace(-np.pi,np.pi,10).reshape((-1,1))
y = np.sin(x)
```

本例仍然采用 Sigmoid 激活函数，样本数分别选择 10 和 20 来验证样本数目对模型的影响，分别尝试 2 个隐藏层节点和 100 个隐藏层节点来验证隐藏层节点数对模型的影响，输出层为 1 个线性节点。损失函数依然采用 mse，优化器选择 Adam（adaptive moment estimation）优化器。

```
model=Sequential()
model.add(Dense(2,activation='sigmoid',input_shape=(1,)))
model.add(Dense(1))
model.compile(loss='mse',optimizer='adam')
model.fit(x,y,epochs=10000)
```

通过下面的代码可以给出预测值，并将训练样本和拟合曲线画出来，读者可以通过修改样本数和隐藏层节点数测试对模型的影响，本例中也测试了 1000 次迭代和 10000 次迭代对模型的影响。

```
yp = model.predict(x)
plt.plot(x,y,'.-',label='training data')
plt.plot(x,yp,'--',label='predicted')
plt.xticks([-3,0,3], [-3,0,3])
plt.yticks([-1,0,1], [-1,0,1])
plt.tick_params(labelsize=18)
plt.legend()
plt.title('(a) 10 samples, 2 hidden nodes, 10000 epochs',fontsize='18')
plt.show()
```

结果如图 6-15 所示。（a）图采用 10 个样本，2 个隐藏节点迭代 10000 次，拟合效果较差；（b）图增加了隐藏层节点数，设置为 100，可以看出对 10 个样本点拟合较好，但是整体函数表现不够平滑；（c）图中采用 20 个样本，100 个隐藏层节点，在训练 1000 次的情况下，拟合的效果较差，出现了明显的欠拟合情况；（d）图中采用 20 个样本，100 个隐藏层节点和 10000 次迭代，各个超参数都比较理想，因此拟合出了较好的正弦曲线。

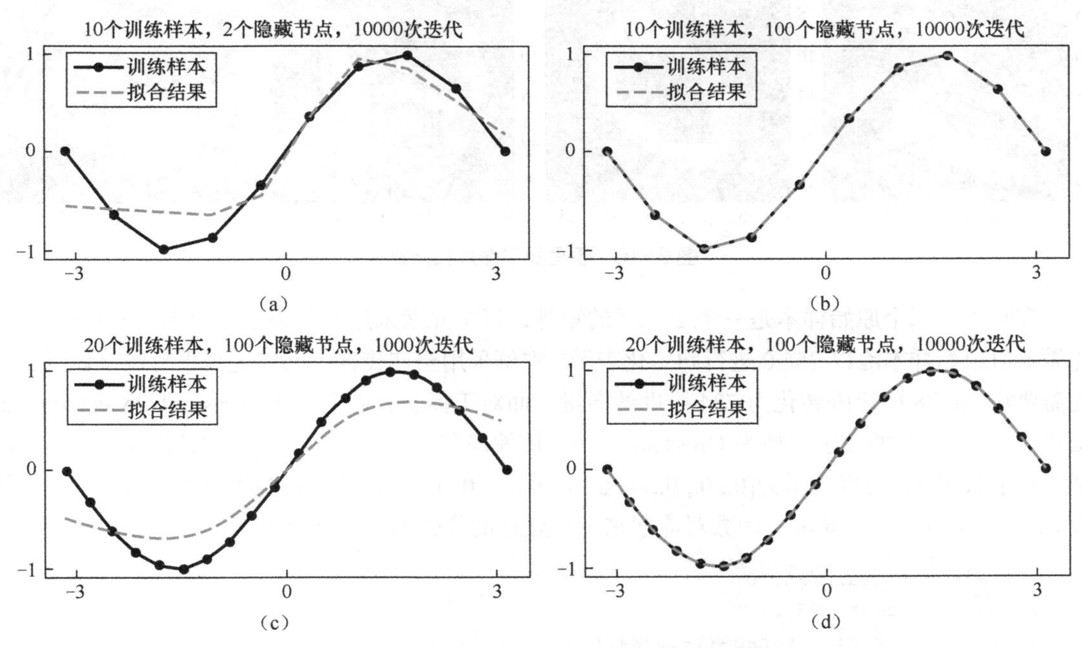

图 6-15　不同隐藏层节点和不同样本的正弦函数拟合

本章节的最后一个实现为经典的手写数字识别实验，在 keras.datasets 里包含了很多实验数据集，例如波士顿房价（boston_housing）、影评（imdb）、手写数字（mnist）、衣服（fashion_mnist）、cifar 数据集。在这里我们实验 MNIST 数据。通过下面代码可以导入加载 MNIST 数据集，并查看数据维度：

```
import keras
from keras.datasets import mnist
import matplotlib.pyplot as plt
(x_train, y_train), (x_test, y_test) = mnist.load_data()
print(x_train.shape,x_test.shape)
print(y_train.shape,y_test.shape)
(60000, 28, 28) (10000, 28, 28)
(60000,) (10000,)
```

输出结果如上,可以发现共有60000个训练样本和10000个测试样本,每个样本是一个28×28的灰度图片。标签是一个0~9之间的数字。可以通过如下代码显示前四个手写数字样本的图片和标签，结果如图6-16所示。可以发现，图片和标签被正确地对应起来。

```
for i in range(4):
    plt.subplot(141+i)
    plt.imshow(x_train[i])
    plt.title("digit "+str(y_train[i]),fontsize='18')
plt.show()
```

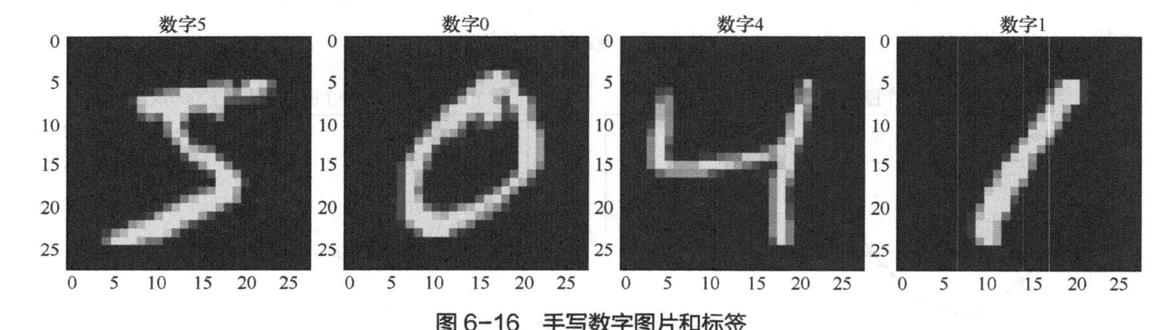

图6-16　手写数字图片和标签

实际上，每个原始样本是一个28×28的矩阵，每个元素采用8位表示，范围为0~255，因此需要对原始样本除以255.0进行归一化表示。本例采用全连接神经网络进行手写数字识别，因此需要将28×28的矩阵转化为784维度的向量。而对于标签，需要采用keras.utils.to_categorical函数将0~9之间的数字转换为One-Hot编码，该编码利用10个0或1的数字表示手写数字。例如对于数字5，可以表示为[0., 0., 0., 0., 0., 1., 0., 0., 0., 0.]，即第5位为1就表示数字5，其余为0，这刚好可以和softmax函数对应起来。预处理的代码和输出结果如下：

```
x_train = x_train/255.0
x_test = x_test/255.0
x_train = x_train.reshape((-1,784))
x_test = x_test.reshape((-1,784))
y_train = keras.utils.to_categorical(y_train, 10)
y_test = keras.utils.to_categorical(y_test, 10)
print(x_train.shape,x_test.shape)
print(y_train.shape,y_test.shape)
print(y_train[0])
(60000, 784) (10000, 784)
```

```
(60000, 10) (10000, 10)
[0. 0. 0. 0. 0. 1. 0. 0. 0. 0.]
```

在构建手写数字识别模型时，本例采用 128 个隐藏层节点且激活函数选择 ReLU 函数，输入维度为拉平以后的 784，输出为 10 个节点且转化为 softmax 函数激活。因为是分类问题，所以采用交叉熵（keras.losses.categorical_crossentropy）作为损失函数，优化器采用传统随机梯度下降 SGD，模型训练时每一次迭代选择 512 个样本，共迭代 1000 次，代码和运行结果如下：

```
from keras.models import Sequential
from keras.layers import *
model = Sequential()
model.add(Dense(128,activation='relu',input_shape=(784,)))
model.add(Dense(10,activation='softmax'))
model.compile(loss=keras.losses.categorical_crossentropy,
optimizer=keras.optimizers.SGD(),metrics=['accuracy'])
model.fit(x_train,y_train,batch_size=512, verbose=1, epochs=1000)
yp = model.predict(x_test)
print(model.evaluate(x_test,y_test))
[0.07183132604891435, 0.9787]
```

由上面输出结果可知，采用三层全连接神经网络，手写数字识别达到了 97.87%的测试精度。实际上，可以通过调整网络结构，例如增加层数来提高预测精度。按照如下代码设置：

```
model = Sequential()
model.add(Dense(256,activation='relu',input_shape=(784,)))
model.add(Dense(512,activation='relu'))
model.add(Dense(10,activation='softmax'))
```

模型的预测输出为[0.06758111715316772, 0.9801999926567078]，预测精度得到提升。读者可以按照上述方法增减隐藏层神经元节点和网络层数，从而设计出精度更高的预测模型。

本章小结

本章从感知机开始，讲述了单个感知机的局限性以及由大量神经元节点组成的复杂神经网络模型的强大功能，神经网络通过调整自身结构具有解决各种预测问题的潜能。但是，随着神经网络结构的复杂化，相应的算力需求也极大增加，深层神经网络模型的训练一般都依赖于 GPU 计算卡或计算服务器。本章分别以异或问题、函数拟合和手写数字分类问题为例介绍了 Keras 深度学习库的应用。

习题

（1）构建神经网络模型，尝试用最少的样本数拟合余弦函数。

（2）仅采用全连接模块构建手写数字识别模型，修改神经网络超参数，使得训练出模型的预测精度大于 98.1%。

第 7 章 抽象的威力——深度学习

通过之前的章节我们了解了深度学习的相关概念，本章将引入两类经典的神经网络模型——CNN 和循环神经网络（recurrent neural network，RNN）。CNN 能够提取图像不同层次的特征，因此其在计算机视觉领域应用非常广泛。RNN 及其变种——长短期记忆网络（long short-term memory，LSTM）由于具备记忆序列数据的能力而常被应用于自然语言处理（natural language processing，NLP）领域中。本章将介绍这两类神经网络的原理及实际应用。

本章学习目标：

- ❑ 了解卷积操作的基本概念和计算过程
- ❑ 理解 CNN 中浅层及深层的卷积层提取到的图像特征的层次的区别
- ❑ 掌握如何使用 Keras 编码实现 CNN 模型
- ❑ 理解 RNN 的原理
- ❑ 理解梯度消失和梯度爆炸的概念及产生原因
- ❑ 理解 LSTM 的原理
- ❑ 掌握如何使用 Keras 编码实现 LSTM 模型
- ❑ 了解 RNN 在自然语言处理领域以外的应用

7.1 被麻醉的猫——生物视觉原理

通过之前章节的介绍可以知道，神经网络模拟了生物大脑对现实世界的建模过程：神经网络中的神经元节点模拟的是生物神经元细胞，激活函数模拟生物神经元突触之间的信息传递。早在 1959 年，科学家大卫·休伯尔和托斯滕·威斯尔为了研究哺乳动物大脑如何感知周围视觉世界图像，利用猫做了一个实验。他们把猫麻醉，将电极插到它们的视觉神经上，然后连接示波器，通过给猫看不同的图像来观察猫的脑电波情况。

经过观察，他们发现：当猫观察特定图像的时候，猫的脑中只有特定的神经元负责识别图像场景中的特定区域，并且这种识别在大脑的高阶部分会变得更加精细和专业。举个例子，猫在看到公园里的树枝和飞鸟时它的大脑处理过程大概是这样的：一组神经元会对它视线内一根深色的树枝产生快速的电反应，当鸟儿飞过它的视野时，大脑其他神经元会激活。然后，它的大脑会将“树枝”神经元与“飞鸟”神经元的信息拼接起来，从而获得它周围世界的完整图像。他们的这项研究发现成为神经科学领域的一个重要转折点，两人也因此获得了诺贝尔奖项。

基于上述猫的视觉实验得知，在观察图片的时候，哺乳动物大脑并非所有神经元之间都会进行信息传递。为了模拟特定神经元只对特定区域做出响应的这个过程，科学家提出了 CNN 网络。CNN 网络通过引入滤波器（也称为卷积核）来模拟哺乳动物大脑在观察图片时只有部分神经元对特定图像区域进行响应的过程。滤波器是一个滑动窗口，每次只处理图像的部分区域。另外，CNN 层的叠加过程模拟了大脑低阶和高阶部分分别处理图片的低阶特征（纹理、角点、形状）及高阶特征（图案）的过程。

7.2 深度学习的视觉——CNN 模型

前面介绍了神经网络的基本概念后，读者可能会产生这么一个疑问：对于图片这样二维的数据有没有更好的神经网络结构可以用来直接对其进行处理，而不是把二维数据“展平”成为一维数据。答案是肯定的，CNN 就是一种可以捕获二维甚至三维结构数据特征的网络（当然，也有专门用于一维数据的 CNN）。它常应用于各类计算机视觉任务中，包括图像分类、目标检测、实例分割等。

图 7-1 展示了四种不同任务的区分（图 7-1 引用自斯坦福 cs231n 课程。其中，图片分类指的是把给定的图片划分到不同的预定义类别中，例如猫狗图片分类即给定一张图片，区分这张图片的内容是猫还是狗，如图 7-1（a）所示；目标检测指的是检测出给定图片里面预定义物体的类别及位置，如图 7-1（b）所示；语义分割即把图片中的像素按照语义（相同类型的物体算同一类）进行分类，例如把图中表示天空、树、猫、草地的像素分别划分成一类，如图 7-1（c）所示；实例分割则更进一步，需要把一张图片按照像素来分割成不同的实例区域，如图 7-1（d）所示。语义分割和实例分割的区别在于语义分割的结果只对不同类型的物体进行区分，而实例

分割的结果细化到不同的物体（实例），比如图片中有两只猫，语义分割把两只猫对应的像素都分成同一类，实例分割会对两只猫对应的像素进行区分。

（a）图像分类　（b）目标检测

（c）语义分割　（d）实例分割

图 7-1　视觉任务

7.2.1　彩色图片数据组成

图片是采用像素值来进行存储的。普通彩色图片一般由 RGB 三个通道组成。每个通道都由 0～255 数值的二维矩阵组成。也就是说，如果图片的长是 H，宽是 W，那彩色图片的尺寸大小是 $H \times W \times 3$，如果是灰度图则通道数是 1。下面给出一张猫的彩色图片中一个小方块的数据矩阵示意图，如图 7-2 所示。

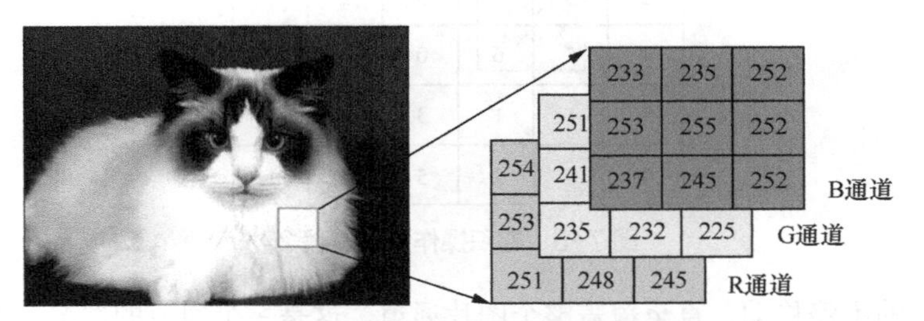

图 7-2　某图片中一个小方块的数据矩阵示意图

7.2.2　CNN 是怎么工作的

卷积这个概念最早来自信号处理，卷积操作主要用于信息的滤波。通过类比，应用于图像上的卷积也可以看成是对图像的一种“滤波”操作。CNN 之所以能广泛运用于计算机视觉领域，得益于它强大的图像特征提取能力。CNN 既然那么神奇，那我们结合一个例子来看一下它是怎么进行工作的。假设矩阵 ***S*** 代表某张图片某个区域的其中一个通道的像素值矩阵，矩阵 ***S*** 的具体数值如图 7-3 所示。

2	3	1	5	2	1
4	5	6	0	3	4
5	1	1	3	2	3
0	0	2	5	2	1

图 7-3　某张图片某个区域的某个通道的像素值矩阵 *S*

假设 ***K*** 为一个 2×2 大小的矩阵（***K*** 被称为卷积核），我们把 ***K*** 的左上角放置在 ***S*** 的坐标为（0，0）代表的位置上（第 0 行第 0 列），***K*** 正好能覆盖 ***S*** 的对应坐标为（0，0）、（0，1）、（1，0）、（1，1）位置的四个元素。我们把像素值矩阵 ***S*** 被 ***K*** 覆盖的元素和卷积核 ***K*** 对应位置元素分别进行相乘，然后相加，得到的结果作为一次卷积操作的结果。例如卷积核 ***K*** 的左上角对齐放置在像素值矩阵 ***S***（0，0）位置的卷积结果为：2×5+3×6+4×1+5×4=52，此过程如图 7-4 所示。

2 ×5	3 ×6	1	5	2	1
4 ×1	5 ×4	6	0	3	4
5	1	1	3	2	3
0	0	2	5	2	1

图 7-4　卷积操作计算过程 1

接着将卷积核往右移动 1 个格子（1 称为步长），进行相同的卷积操作，得到 3×5+1×6+5×1+6×4=50，如图 7-5 所示。

2	3 ×5	1 ×6	5	2	1
4	5 ×1	6 ×4	0	3	4
5	1	1	3	2	3
0	0	2	5	2	1

图 7-5　卷积操作计算过程 2

通过卷积核的不停移动，直至覆盖整个图片通道。这是一个通道的情况。对于单通道的灰度图片，使用一个卷积核进行计算就足够了。但是彩色图片一共有 RGB 三个通道，对于每个通道都需要单独的卷积核分别进行计算，最后的结果为三个通道单独进行卷积计算得到的结果对应位置的元素相加得到的结果。卷积层输出的结果通常被称为特征图（feature map），因此可以将卷积操作视为特征提取的过程。

通常，我们会设计多组卷积核来进行特征提取，这样能获取到更为丰富的图片特征信息。

卷积层后经常会加入池化层来缩小图片尺寸，常用的池化操作有最大池化和平均池化。池化操作是取图片某个区域内所有点的最大值或者平均值来代表整个区域的特征。如图 7-6 所示，在第一个 2×2 的小区域做最大池化操作就是把这个区域里面的最大值 6 取出来作为结果。

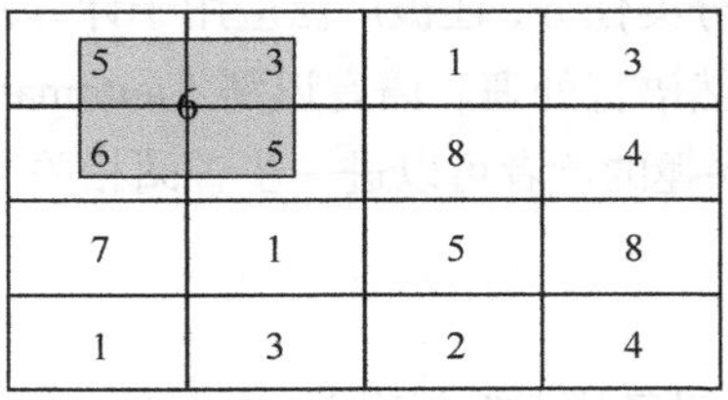

5	3	1	3
6	5	8	4
7	1	5	8
1	3	2	4

图 7–6　第一个 2×2 的小区域做最大池化操作

池化操作不仅起到了减小图片尺寸的作用，还能达到保留图片主要特征的效果。想象一下，对猫狗进行分类，猫或者狗脸的主要区别在于眼睛、嘴巴等部位，而额头则是细枝末节。池化操作一定程度上增强了模型的泛化性。

提取到图片信息以后怎么区分猫和狗呢？首先，区分一张图片是猫还是狗，这是一个分类问题，并且分类结果只有两种：猫或狗。二分类问题通常最后一个网络层使用 Sigmoid 激活函数来输出概率。一个基于 CNN 的猫狗图片分类网络结构如图 7-7 所示。

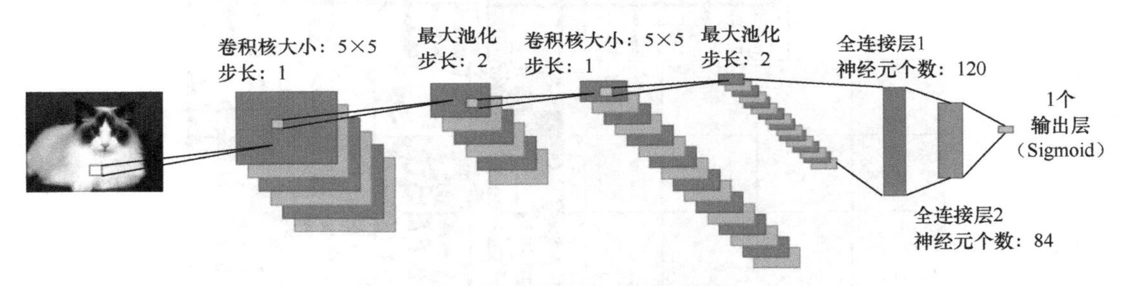

图 7–7　CNN 进行猫狗分类

这是类似 LeNet-5（一种基于 CNN 的深度学习网络）的网络结构。LeNet-5 是深度学习泰斗杨立昆在 1998 年发表的论文 *Gradient-based learning applied to document recognition* 中提出的用于手写体识别的浅层 CNN 网络。LeNet-5 的输入是图片，输入图片经过两个卷积层连接池化层组成的单元（block）进行特征提取，接着将卷积 Block 提取的特征“展平”成一维，输入两个全连接层，最后进入输出层。值得注意的是，LeNet-5 的池化并非当下 CNN 网络常用的最大或平均池化，作为输出层的全连接层也并非采用常见的分类任务使用的 Sigmoid 或 softmax 作为激活函数。LeNet-5 网络结构虽然简单，却能在 MNIST 手写体数据集上获得相当不错的效果。为了进行猫狗分类任务，本文对 LeNet-5 进行了改造，改造后的网络依然使用两个卷积层连接最大池化层组成的卷积 Block 作为特征提取，接着将“展平”的卷积 Block 提取到的特征输入两个全连接层。由于猫狗分类是一个二分类任务，所以输出层使用一个神经元即可。对应的，激活函数使用 Sigmoid 函数来输出图片的标签是 1（标签 1 代表图片为猫）的概率。这样一来，如果输出概率大于 0.5，则认为对应的图片表示的是猫，否则是狗。

当然，猫狗分类是一个比较简单的任务，使用较少的卷积层就可以获得不错的精度。如果遇到复杂的任务，比如图片背景多样，再比如分类的类别总数较多等，则需要设计层数比较多的、结构比较复杂的网络来拟合数据，比如 AlexNet、GoogLeNet、VGGNet 等。这也就是深度学习的魅力所在。

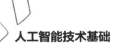

CNN 不仅可以应用于图像分类任务，还被广泛应用于计算机视觉的其他任务，如目标检测、图像分割等。同时，CNN 在自然语言处理、语音识别（automatic speech recognition，ASR）等领域也取得了不错的效果，感兴趣的读者可以进一步查阅相关文献。

7.2.3 CNN 学到了什么

CNN 如此神奇，它究竟学到了什么呢？论文 *Visualizing and Understanding Convolutional Networks* 的作者马修·泽勒和罗布·弗格斯通过反卷积（deconvolution）的方式可视化了 AlexNet，可视化结果如图 7-8 所示。

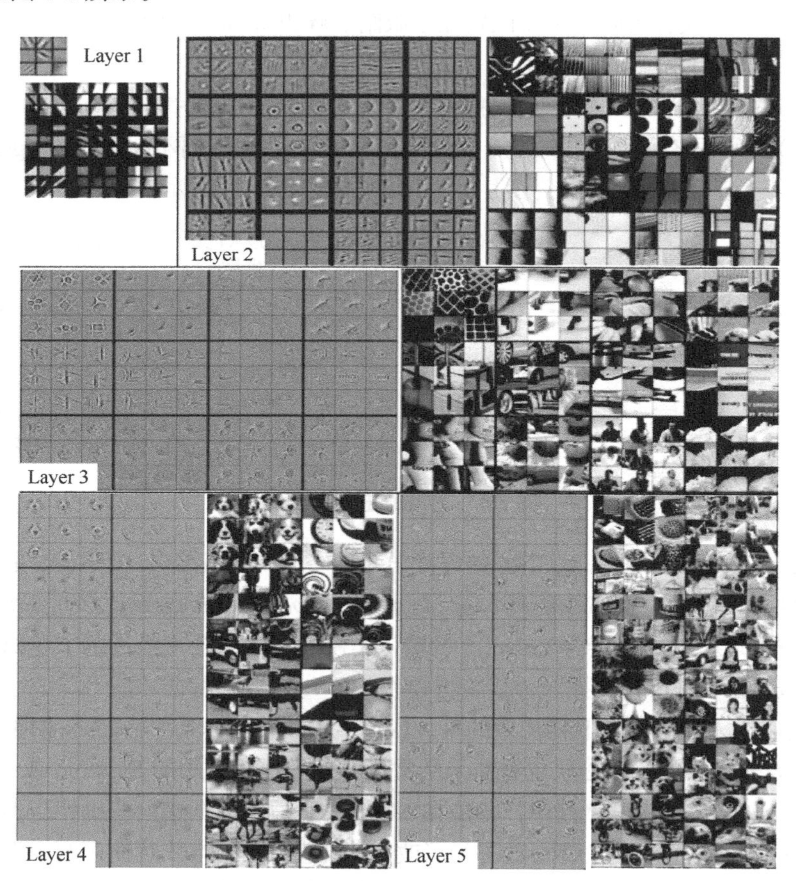

图 7-8 通过反卷积可视化 AlexNet 的结果

从 AlexNet 可视化结果可知，较浅层的卷积核学到的是一些边缘、纹理、角点等方面的特征，深层的卷积核学到更为抽象的内容，比如 Layer 1、Layer 2 学到的是一些边缘及形状等特征，Layer 4、Layer 5 学到了一些狗的脸、鸟的眼睛等特征。

通过可视化结果能得到结论：CNN 学习的特征是从简单到复杂的，浅层的卷积层学到较为简单的特征，后续的卷积层在前面卷积层学习到的结果上抽象组成出更为复杂的特征，这也就是为什么越复杂的任务需要越多卷积层的原因之一，因为更多的卷积层往往能表示出更复杂的图片特征。

7.2.4 CNN 应用实例——猫狗大战

本小节将使用 CNN 的相关知识实现一个基于 Keras 框架的猫狗分类应用例子。数据集来自 Kaggle 的猫狗大战比赛。

训练集一共有 25000 张图片，其中 12500 张是猫图片（文件命名为 cat.X.jpg），12500 张是狗图片（文件命名为 dog.X.jpg），其中猫的图片作为正样本，label 设置为 1，狗的图片作为负样本，label 设置为 0，正负样本比例为 1：1。测试集一共有 12500 张图片，没有标签（文件命名为 X.jpg）。图片大小不固定，背景也比较多样。训练集和测试集部分图片样例如图 7-9 和图 7-10 所示。

图 7-9 Kaggle 猫狗大战数据集的训练集图片部分样例 1

图 7-10 Kaggle 猫狗大战数据集的测试集图片部分样例 2

下面介绍如何使用 Keras 框架来搭建如图 7-7 所示的 CNN 网络。我们可以使用 Sequential 来将网络的每个层像“搭积木”一样串联起来，所以 Sequential 叫作“序贯模型”。

首先，需要从 keras.models 里导入 Sequential 类，从 keras.layers 里导入 Keras 框架实现好的二维卷积层 Conv2D、二维最大池化层 MaxPooling2D 以及全连接层 Dense。下面代码实现了如图 7-7 所示的网络。

```
    from keras.models import Sequential
    from keras.layers import Dense,Conv2D,MaxPooling2D,Flatten
    import keras.metrics
    import keras.optimizers
    def build_model():
        model = Sequential()
        # 添加第一个卷积层
        model.add(Conv2D(filters=6,kernel_size=5,strides=1,input_shape=(150,150, 3)))
        model.add(MaxPooling2D(pool_size=(2, 2))) # 添加最大池化层
        model.add(Conv2D(filters=16, kernel_size=5, strides=1)) # 添加第二个卷积层
        model.add(MaxPooling2D(pool_size=(2, 2))) # 添加最大池化层
        model.add(Flatten()) # 把矩阵展平成为向量
        model.add(Dense(units=120,activation='relu')) # 全连接层 1
        model.add(Dense(units=84,activation='relu')) # 全连接层 2
        model.add(Dense(units=1,activation='sigmoid')) # 二分类使用 sigmoid 函数
        # 编译模型，指定损失函数和优化器
        model.compile(loss=keras.metrics.binary_crossentropy, optimizer=keras.optimizers.
Adam(lr=1e-4), metrics=['accuracy'])
        return model
```

这里用 Keras 实现几种比较重要且常用的层，分别是二维卷积层 Conv2D、二维最大池化层 MaxPooling2D、全连接层 Dense 和展平层 Flatten。

Conv2D 的接口为：

```
    keras.layers.Conv2D(filters, kernel_size,strides=(1, 1),padding='valid', data_format=
None, dilation_rate=(1, 1), activation=None, use_bias=True, kernel_initializer='glorot_
uniform', bias_initializer='zeros', kernel_regularizer=None, bias_regularizer=None, activity_
regularizer=None, kernel_constraint=None, bias_constraint=None)
```

这里面有几个重要的参数需要注意，如 filters 为卷积核个数。如图 7-7 所示，第一个卷积层使用了 6 个卷积核，所以将 filters 设置为 6，类似地，第二个卷积层使用了 16 个卷积核，所以设置 filters=16。kernel_size 表示的是卷积核的大小，即扫过图像进行特征提取的“窗口”大小，越大的卷积核拥有更大的感受野（感受野指的是 CNN 每一层输出的特征图上每个像素点在输入图片上对应到的区域的大小）。由于我们使用的是二维卷积层，所以对应的卷积核也是二维的，拥有高度和宽度两个维度的尺寸，如图 7-7 所示，第一、第二个卷积层都使用 5×5 大小的卷积核，所以两个卷积层的 kernel_size=5。kernel_size 参数可以接受两个元素的元组（或列表）和整数，当接受元组（或列表）时，元组（或列表）的两个元素分别代表 kernel_size 的高和宽；当接受整数时，代表高和宽都取同样的数值。strides 是步长，指的是每次卷积核往右、往下移动多少个像素。padding 也是一个比较重要的参数，可以翻译为补全。padding 的默认设置是 valid，

valid 代表不补全，使用原始图片输入。假设输入图片的高为 h，图片没有经过补全处理，经过 kernel_size=k、strides=1 的卷积核后，输出的特征图的高变为 h−s+1。同理能推导出输出的特征图的宽度的计算方式。可以看出，不进行补全操作时，特征图会越来越小，有些场景下为了保证输出特征图的尺寸和输入图片一样，会对输入图片四周进行补全操作。

每个卷积层后都连接了最大池化层以提取图片特定区域内的像素最大值。Keras 里的二维最大池化层是 MaxPooling2D，MaxPooling2D 的接口为：

```
keras.layers.MaxPooling2D(pool_size=(2, 2), strides=None, padding='valid', data_format=None)
```

MaxPooling2D 有个重要的参数是 pool_size，该参数和 kernel_size 一样可以接受两个元素的元组/列表或者单个整数，表示以多大的窗口来进行池化，strides、padding 的含义都和 Conv2D 里类似。

如图 7-7 所示，我们每次经过卷积层以后都使用 2×2 窗口大小的最大池化层将图片的尺寸减半，所以 pool_size=(2, 2)或者 pool_size=2 都是符合要求的设置方式。

经过二维卷积层和最大池化层以后得到的特征图还是二维的，而对于全连接层而言，需要输入的特征是一维向量，所以需要使用 Flatten 层将二维矩阵展平，压成一维向量，展平可视为将二维矩阵的每一行取出来进行拼接得到一维向量的过程。展平后的向量即可输入全连接层。

全连接层 Dense 的接口为：

```
keras.layers.Dense(units,activation=None,use_bias=True,kernel_initializer='glorot_uniform',bias_initializer='zeros',kernel_regularizer=None,bias_regularizer=None, activity_regularizer=None, kernel_constraint=None,bias_constraint=None)
```

其中 units 指定的是全连接层神经元个数，如图 7-7 所示，经过两层卷积层和最大池化层后的图像特征需要经过两个全连接层，神经元个数分别是 120 和 84，需要将两个全连接层的 units 参数分别设置成 120 和 84。

因为图片分为猫和狗两个类别，输出层的神经元个数设置为 1，使用 Sigmoid 激活函数输出图片判定为正类的概率。

使用序贯模型将模型不同层按照顺序串联起来后，还需要使用模型的 compile 方法来编译模型，compile 的接口为：

```
compile(optimizer, loss=None, metrics=None, loss_weights=None, sample_weight_mode=None, weighted_metrics=None, target_tensors=None)
```

optimizer 用于设定优化器，可以接受字符串或者优化器实例。如果使用默认参数的优化器可以使用字符串简单表示，比如'sgd'表示默认参数的随机梯度下降优化器，如果需要设置优化器参数，可以使用优化器类实例，比如 keras.optimizers.Adam(lr=1e-4)表示学习率设置为 0.0001 的 Adam 优化器。

loss 用于指定损失函数，分类问题最常用的损失函数是交叉熵，在 Keras 中二分类交叉熵可以设定为 keras.metrics.binary_crossentropy，或者用字符串“binary_crossentropy”表示。多分类则用 keras.metrics.categorical_crossentropy 或者字符串“categorical_crossentropy”表示。

metrics 用于设定训练和测试期间的输出的模型评估标准。分类模型通常可以使用准确率

"accuracy"。

模型搭建好以后需要读取数据和实施训练。keras.preprocessing.image.ImageDataGenerator 能够读取指定目录下的图片生成数据集迭代器。ImageDataGenerator 要求的目录结构大致如下：

```
|--trainset
    |--dog
        |--dog.1.jpg
        |--dog.2.jpg
        ...
    |--cat
        |--cat.1.jpg
        |--cat.2.jpg
        ...
```

即 ImageDataGenerator 要求指定目录下按照类别划分子文件夹，比如猫类别的图片都存放在子文件夹 cat 下面。类似的，所有狗类别的图片都存放于子文件夹 dog 下面。为了验证模型训练的效果，我们还需要划分出验证集，可以从训练集中划分出部分数据作为验证集。由于训练集图片数量较多，我们从 12500 张猫类别的图片中划分出 2500 张图片作为验证集，同时，从 12500 张狗类别的图片也划分出 2500 张作为验证集。验证集目录结构和测试集类似。

使用 ImageDataGenerator 读取训练集和验证集的代码如下：

```
from keras.preprocessing.image import ImageDataGenerator
train_datagen = ImageDataGenerator(rescale=1./255)
validation_datagen = ImageDataGenerator(rescale=1./255)
# 设置训练集与验证集路径
train_dir = r"D:\kaggle\dataset\train"
val_dir = r"D:\BaiduNetdiskDownload\kaggle\dataset\val"
batch_size = 64 #批大小，即每个批次包含 16 个样本
train_generator = train_datagen.flow_from_directory(
    train_dir,                    # 训练集路径
    target_size=(150, 150),       # 训练集每张图片缩放成 150×150 大小
    batch_size=batch_size,        # 设置训练集批大小
    class_mode='binary')          # 由于是二分类，此处设置为 'binary'
val_generator = validation_datagen.flow_from_directory(
    val_dir,
    target_size=(150, 150),
    batch_size=batch_size,
class_mode='binary')
```

首先使用 ImageDataGenerator 分别构造了训练集数据生成器 train_datagen 和验证集数据生成器 validation_datagen，迭代器的参数 rescale 表示对图片中的每个像素乘以参数 rescale 的值，因为图片像素值范围为 0 ~ 255，乘以 1./255 可以缩放到 0 ~ 1 之间，完成像素值的归一化操作，使得训练更为稳定。接着 flow_from_directory 方法能够生成数据集迭代器，其中接受参数有数据集路径，图片缩放的目标大小、批大小、分类模式等。

接着我们调用之前定义的 build_model 函数将模型构建出来并且编译模型，在这之后使用模型的 fit_generator 的方法可以接受训练集、验证集的数据集生成器进行模型训练。代码如下：

```
model = build_model() # 调用build_model方法构建模型，并且编译模型
epochs = 50 # 设置训练轮数
steps_per_epoch = 10000/batch_size # 设置每轮训练的步数
his = model.fit_generator(train_generator, # 使用fit_generator来训练模型
                 steps_per_epoch=steps_per_epoch,
                 epochs=epochs,
                 verbose=1,
                 validation_data=val_generator,
            validation_steps=500)
```

模型的 fit_generator 方法用于接受数据集的迭代器来进行模型训练，用数据集迭代器的好处在于不用一次性把所有数据都读入内存，而是在实际训练的时候再把数据进行读入。所以需要设置参数 steps_per_epoch，steps_per_epoch 表示每轮训练的步数，即表示经过多少个批结束本轮训练。steps_per_epoch=训练集样本总量/批大小。

开始运行的时候首先会显示出训练集和验证集的样本总数。

```
Found 20000 images belonging to 2 classes.
Found 5000 images belonging to 2 classes.
```

利用该信息我们得知训练集和验证集分别有 20000、5000 条样本，说明我们设置的数据集路径无误，数据正常读入。

训练开始的时候 Keras 会给出训练过程的训练集的损失函数值 loss 和准确率 accuracy，以及验证集的 loss 和 accuracy。同时，还会给出本轮预估剩余训练时间，如图 7-11 所示。

```
Epoch 44/50
157/156 [==============================] - 101s 645ms/step - loss: 0.0011 - accuracy: 1.0000 - val_loss: 1.3511 - val_accuracy: 0.7398
Epoch 45/50
 81/156 [==============>...............] - ETA: 11s - loss: 8.7471e-04 - accuracy: 1.0000
```

图 7-11　Keras 训练过程的显示结果

为了更好地分析模型训练的效果，可以绘制出训练集、验证集的 loss 曲线和 accuracy 曲线。绘制曲线图可以使用 Matplotlib 工具包。另外，tensorboard 也是 Keras 框架可视化的一大利器。下面给出了使用 Matplotlib 绘制 loss 曲线和 accuracy 曲线的代码:

```
import matplotlib.pyplot as plt
plt.figure()
plt.plot(range(epochs), .history['accuracy'], label='training accuracy')
plt.plot(range(epochs), his.history['val_accuracy'], label='val accuracy')
plt.ylabel('accuracy')
plt.xlabel('epoch')
plt.legend(loc="upper right")
plt.title('training /val accuracy')
plt.show()
plt.figure()
plt.plot(range(epochs), his.history['loss'],  label='training loss')
plt.plot(range(epochs), his.history['val_loss'], label='val loss')
plt.ylabel('loss')
plt.xlabel('epoch')
plt.legend(loc="upper right")
```

```
plt.title('training /val loss')
plt.show()
```

his 是 fit_generator 返回的对象，his 的 history 对象包含了训练集和验证集的 loss 及 accuracy 信息，用 Matplotlib 绘制曲线图即可。

训练过程的训练集、验证集 loss 曲线和 accuracy 曲线如图 7-12、图 7-13 所示。

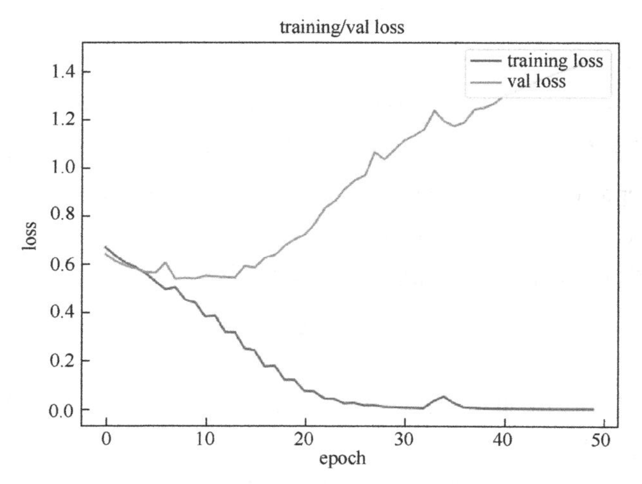

图 7-12 训练过程的训练集/验证集 loss 曲线

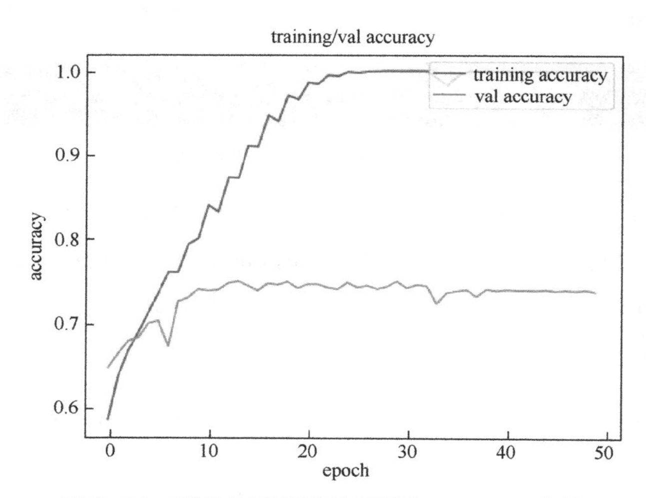

图 7-13 训练过程的训练集/验证集 accuracy 曲线

从 loss 曲线可以看到训练集的 loss 值一直在下降，最后趋近于 0，而验证集的 loss 在 0 ~ 10 个 epoch 的时候呈现下降趋势，而后呈现上升趋势。同时，训练集的 accuracy 一直在上升，10 个 epoch 之后验证集的 accuracy 稳定在 0.74 左右震荡。从这些信息我们可以推断出增加 epoch 已经无法提升验证集的准确率，模型发生了过拟合。使用一些防止过拟合的技巧可以进一步提升模型的泛化能力，比如随机失活（dropout）和批归一化（batch normalization），读者可以查阅相关资料修改代码进行实验。

7.3 瞻前顾后的深度模型——RNN

CNN 常用于计算机视觉领域，用于提取图片像素之间的空间信息。CNN 可否用于自然语言处理呢？答案是肯定的。在统计语言模型中，通过滑动窗口的方式每次提取 *n* 个词作为一个整体来进行统计，这样的语言模型称之为 n-gram 模型，其中 *n* 就是窗口的大小。假设句子“我喜欢人工智能”的分词结果为“我”“喜欢”“人工智能”。现在需要使用 bi-gram（n=2）来进行语言模型建模，那么第一个统计单位是“我”“喜欢”这两个词语的组合，类似的，通过窗口的滑动，第二个统计单位是词语“喜欢”“人工智能”的组合。采用 n-gram 是因为自然语言上下文具有连贯性，相邻的词语之间拥有一定的语义关系。类似地，一维卷积可用于提取句子里窗口大小的信息，其中窗口大小就是卷积核大小，这就类似于语言模型的 n-gram，代表的模型有 TextCNN。感兴趣的读者可以查阅论文 *Convolutional Neural Networks for Sentence Classification* 及其他相关资料。

如果说 CNN 是为了模拟人类大脑在观察图片时只关注局部信息的特点，那 RNN 的出现即是为了模拟人类在处理前后文信息的过程。比如在阅读《笑傲江湖》这本小说的时候，读者总是按照前后顺序进行阅读。只有了解了“令狐冲和小师妹的美好两小无猜，在华山度过了一段美好的时光”和“小师妹因为林平之的身世对林平之心生怜爱”，或许才能更好地理解为什么令狐冲对小师妹一往情深，但小师妹还是心系林平之。这也是很多热播电视剧会在每集之前播放前情提要的原因。对于时间序列数据而言，历史数据对于当下时刻的预测拥有很大的帮助。这就是 RNN 的核心思想——把历史信息当作预测当前时刻输出的一部分信息。当然，RNN 不仅仅是“瞻前”，它还可能“顾后”。双向 RNN 不仅利用历史信息当作当前时刻的输入，还吸收了未来信息。这就好比如果让你回到过去，你可以拥有“预知未来”的能力，根据福利彩票开奖的结果去购买，赢取大奖（当然这不可能发生）。因为“瞻前顾后”的特性，RNN 非常擅长处理各种时间序列数据，包括自然语言文本、股票数据、视频图片序列等。

在自然语言处理中，句子中的词语是有顺序关系的（可以把这种拥有顺序关系的数据看成时序数据）。比如对于句子“我今天去学校”，“去”的后面有很大概率接一个表示地点的词语。这就说明在句子中，某个词语前后的词语和该词语有关联关系。那么，有没有网络可以刻画这种关系呢？RNN 就是刻画这种顺序关系的一种神经网络。

7.3.1 RNN 模型结构

RNN 的基本结构如图 7-14 所示，它拥有一个循环层，上一个时刻的隐含状态（hidden state）以及当前时刻的输入特征会进入循环层进行运算得到当前时刻的输出。因为当前时刻的输出依赖于上一个时刻的隐含状态，这就构成了“循环”，通过这种循环机制，建立起了数据的时序关系。

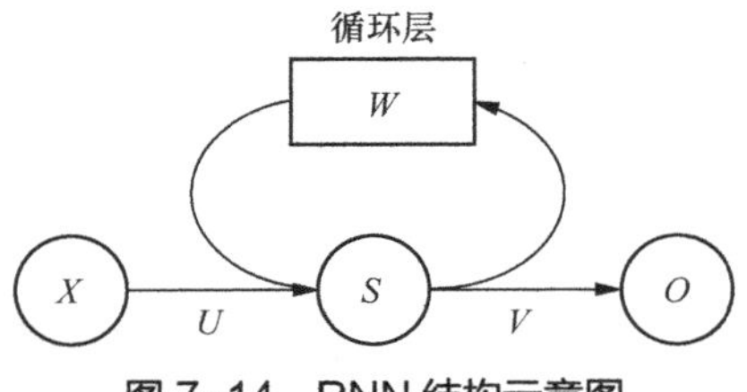

图 7-14　RNN 结构示意图

为了更好地理解这种循环机制，我们对上图的 RNN 按照时刻进行展开。展开结果如图 7-15 所示。

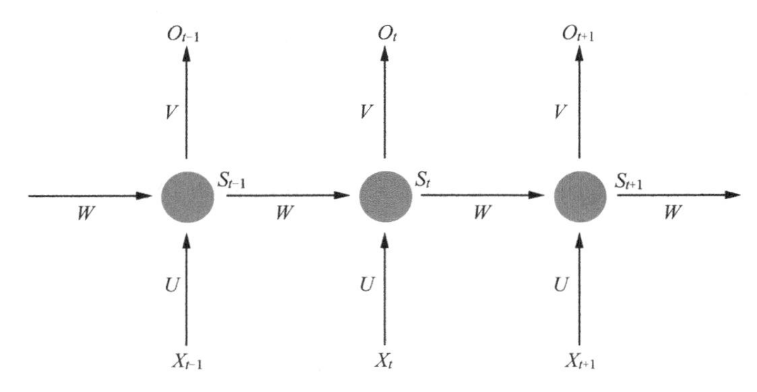

图 7-15　RNN 按照时刻展开示意图

可以看到，对于当前时刻 t，我们将该时刻的特征 x_t 和前一个时刻 RNN 的隐含状态 s_{t-1} 输入网络隐含层，计算出来的 s_t 作为 t 时刻的隐含状态。需要注意两点。

（1）对于每个时刻，循环层进行了权重共享，上图中不同时刻的网络权重都是 W、V、U，这一机制帮助减少了模型的参数。

（2）用于输入下一个时刻参与计算的是隐含状态 s_t 而不是最终该时刻的输出 o_t。

最后一个时刻的输出汇集了所有时刻的信息，可以代表整个序列。使用 RNN 来做文本分类任务可以使用最后时刻的输出来代表整个句子的语义特征，把这个特征输入分类器来进行分类，但这种方式的一个弊端是越靠后时刻的输出中包含的历史时刻信息越少。解决这种情况的方式可以采用双向 RNN，即分别建立从前往后以及从后往前的 RNN，然后进行叠加。此外，使用注意力机制计算出每个时刻输出的权重，对所有时刻的输出进行加权求和来代表整条数据的特征，而不采用最后时刻的输出作为特征，一定程度上也可以解决这个问题。

需要注意的是，第 0 时刻因为没有前一时刻，为了保持模型输入的一致性，计算 RNN 时通常把 0 时刻的前一时刻输入设置成全 0，即没有接收到前一时刻的任何信息。

7.3.2　往前看和往后看——双向 RNN

在自然语言处理任务中，一个句子中的某个单词不仅仅与其前面的单词有关，也和其后面的单词有关。比如句子“我想要买一部苹果手机”中的词语“苹果”“买”“一部”表示了数量和要执行的动作，而其后续词语“手机”则一定程度上提示这个词语是雪梨的概率不大，因

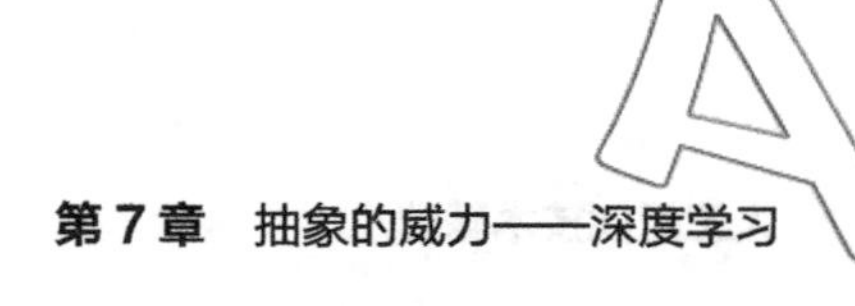

为“苹果”和“手机”可以组成短语“苹果手机”，而没有“雪梨手机”这样的搭配。

如果采用 RNN，计算词语“苹果”的输出的时候，RNN 只会考虑到它前面的词语比如“买”“一部”等，无法考虑“苹果”和“手机”的搭配关系。其实解决这个问题的方法也很简单，只需叠加两个 RNN 的输出结果作为最终的输出结果。对于某个时刻 t，我们按照从前往后的顺序，在计算时刻 t 的输出的时候，考虑前一个时刻 $t-1$ 的状态，这是正向 RNN 的输出。类似地，反向 RNN 在计算 t 的输出的时候考虑的不是 $t-1$ 时刻的状态，而是 $t+1$ 时刻的状态。在得到正向和反向 RNN 的输出以后，将两个输出进行叠加作为双向 RNN 的输出，该输出既包含了前面时刻的信息，也包含了后续时刻的信息，实现了考虑“上下文”的功能。双向 RNN 的计算过程如图 7-16 所示。

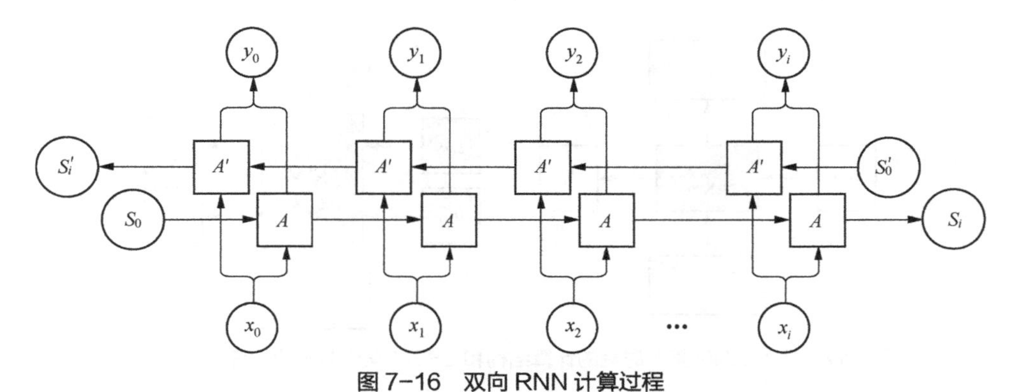

图 7-16　双向 RNN 计算过程

在实践中，对于很多的自然语言处理任务，双向 RNN 往往能获得比单向 RNN 更好的效果，因其考虑了上下文信息，但同时也增加了网络的参数数量和计算量。

7.3.3　RNN 的其他应用

前面小节对 RNN 的介绍都是围绕自然语言处理展开。其实 RNN 的应用非常广泛，不仅局限于自然语言处理领域。RNN 由于其捕获前后依赖的能力，可以用来处理各种时序数据，比如股价预测、天气预测等。一切具有先后顺序或时序关系的数据都可以尝试用 RNN 来建模。再比如 DNA 序列，其实不同的碱基对可以类比成自然语言处理中的单词。

7.4　最大的烦恼就是记性太好——长短期记忆网络

7.4.1　梯度消失和梯度爆炸问题

熟悉高等数学的读者都知道，复合函数可以通过链式法则进行求导。链式法则通过将复合函数的导数求解转化成构成复合函数有限个函数的导数的乘积，这也是神经网络中反向传播算法的基础。神经网络最终的输出是原始输入的复合函数，反向传播算法通过逐层求导，获取每层参数的梯度，完成参数的更新。因此，网络前面层的梯度由很多后面层的梯度累乘得到。而 Sigmoid 和 tanh 激活函数的导数均小于 1，随着网络层数的加深，经过多次累乘后乘积会趋向于

0，造成参数的梯度过小，参数无法更新，这种现象被称为"梯度消失"。类似地，如果很多层的导数较大，经过多次累乘，梯度将接近无穷大，这也会造成参数的更新失败，这就是所谓的"梯度爆炸"。无论是梯度消失还是梯度爆炸，都会导致网络的参数无法更新，训练失败。将 RNN 沿着时刻进行展开，会得到一个"多层"神经网络，如果序列比较长，对应的时刻将比较多，展开得到的网络也较深，这时候很容易产生梯度消失或者梯度爆炸，造成 RNN 的训练失败。为了解决这一问题，LSTM 应运而生。那么，LSTM 是如何解决梯度消失或梯度爆炸的呢？

LSTM 对 RNN 进行了改进，它的关键在于加入了"门"机制。

如图 7-17 所示，图片展示了普通 RNN 和 LSTM 在某个时刻的计算结构的对比。

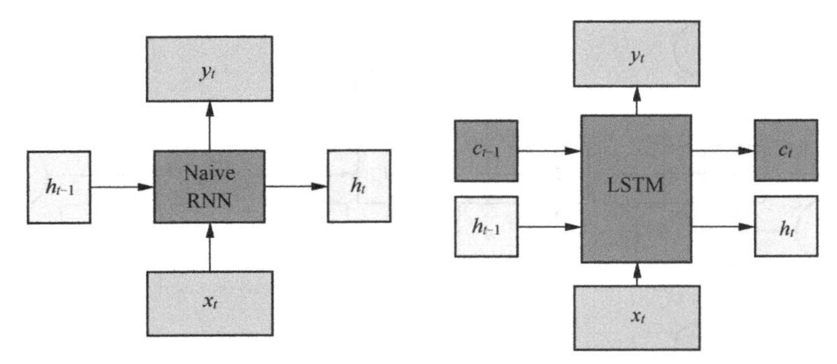

图 7-17　普通 RNN 某个时刻的计算结构和 LSTM 某个时刻的计算结构对比图

通过观察，我们可以看到，除了隐含状态 h_t，LSTM 比 RNN 还多了一个细胞状态 C_t。C_t 是怎么来的呢？又有什么作用呢？我们先给出某个时刻 t 下 LSTM 输出的计算公式，然后再拆开进行逐一分析。

$$f_t = \sigma(W_f[h_{t-1}, x_t] + b_f)$$
$$i_t = \sigma(W_i[h_{t-1}, x_t] + b_i)$$
$$\tilde{C}_t = \tanh(W_C[h_{t-1}, x_t] + b_C)$$

首先，我们将 h_{t-1} 和 x_t 进行拼接，得到的新向量既包含了上个时刻的信息 h_{t-1}，又包含了当前时刻的信息 x_t。LSTM 的计算过程如下。

（1）计算遗忘门 f_t。

$$f_t = \sigma(W_f[h_{t-1}, x_t] + b_f)$$

其中 σ 表示的是 Sigmoid 函数，这使得 f_t 的输出在 0 和 1 之间。从后续的计算公式可知，遗忘门通过和前一个时刻的细胞状态 C_{t-1} 相乘来控制遗忘程度。越接近 1，保留得越多。

（2）计算新的输出候选值 $\tilde{C}_t$。$\tilde{C}_t$ 用于代表希望增添的新的信息。

$$\tilde{C}_t = \tanh(W_C[h_{t-1}, x_t] + b_C)$$

（3）计算输入门 i_t。

$$i_t = \sigma(W_i[h_{t-1}, x_t] + b_i)$$

通过应用 Sigmoid 激活函数，输入门的取值也是 0 ~ 1。输出门将和 $\tilde{C}_t$ 相乘，用以控制新信息的输出程度，越接近 1，输出的新信息越多。

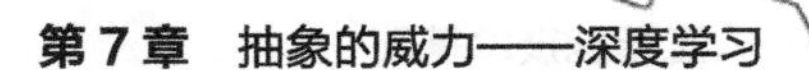

（4）通过遗忘门、输入门对旧的细胞状态和新候选信息进行加权，决定记忆多少过去的信息，吸收多少新信息，作为当前时刻的细胞状态 C_t。

$$C_t = f_t \times C_{t-1} + i_t \times \tilde{C}_t$$

（5）计算该时刻的输出 o_t 和隐含状态 h_t。

和 RNN 类似，LSTM 使用 h_{t-1} 和 x_t 来计算输出 o_t。

$$o_t = \sigma(W_o[h_{t-1}, x_t] + b_o)$$

不同的是 h_t 的计算方式，LSTM 使用如下公式计算 h_t。

$$h_t = o_t \times \tanh(C_t)$$

LSTM 通过将当前时刻的细胞状态使用 tanh 激活函数进行缩放，然后与输出 o_t 进行相乘得到。这样一来，LSTM 实现了通过当前时刻细胞状态 C_t 对隐含状态 h_t 的输出控制，而 C_t 又是经过遗忘门和输入门对前面时刻的信息 C_{t-1} 和当前时刻新信息 $\tilde{C}_t$ 进行加权后得到，这样一来，LSTM 通过使用门机制很好地控制了该遗忘多少旧的信息，该吸纳多少新信息，从而能够更好地捕捉长依赖关系。

同时，由于引进了门机制，LSTM 相比 RNN 增加了参数数量，使得模型变得更为复杂。GRU（gated recurrent unit）也是解决长距离依赖的一种改进的 RNN，相比于 LSTM 其参数量更少，计算量更小，但很多情况下能获得和 LSTM 相近的结果。感兴趣的读者可以进一步查阅相关资料。

7.4.2　LSTM 应用实例——微博情感分析

本小节通过微博情感分析的具体实例来展示如何使用 RNN 的变种——LSTM 进行中文文本分类，通过本小节的学习，读者能够掌握使用 jieba 中文而非分词工具进行分词，使用 gensim 工具包训练自己的词向量使用预训练词向量进行迁移学习和使用 Keras 实现 LSTM、GRU 模型等知识点。

图 7-18 是一个微博情感分析数据集的部分样本，该数据集共 10 万条文本，共分为正负评论两类。

	label	review
62050	0	太过分了@Rexzhenghao //@Janie_Zhang:招行最近负面新闻越来越多呀...
68263	0	希望你?得好?我本＂?肥血?史＂[晕][哈哈]@Pete三姑父
81472	0	有点想参加????[偷?]想安排下时间再决定[抓狂]//@黑晶晶crystal: @细腿大羽...
42021	1	[给力]感谢所有支持雯婕的芝麻！[爱你]
7777	1	2013最后一天，在新加坡开心度过，向所有的朋友们问声：新年快乐！2014年，我们会更好[调...
100399	0	大中午出门办事找错路，曝晒中。要多杯具有多杯具。[泪][泪][汗]
82398	0	马航还会否认吗？到底在隐瞒啥呢？[抓狂]//@头条新闻: 转发微博
106423	0	克罗地亚球迷很爱放烟火！球又没进，就硝烟四起。[晕]

图 7-18　weibo_senti_100k 数据集部分样本

本任务的目标在于预测文本的情感倾向，本小节介绍如何基于 Keras 实现一个 LSTM 文本分类模型。中文自然语言处理任务的常见处理流程如图 7-19 所示。

图 7-19　中文自然语言处理常见处理流程

其中文本预处理可以包括去除特殊符号、中文分词、停用词等一系列操作，具体进行什么操作可以根据任务来选择，比如微博数据有较多特殊符号，可以先进行特殊符号去除，清洗数据集，但是如果特殊符号对任务是有帮助的，比如代表微博表情的文本“晕”“抓狂”等，一定程度上表达了该条文本内容的情感倾向，故本任务不进行特殊符号去除操作，只进行中文分词。

训练词向量是一个可选的操作，可使用 Word2Vec、Glove 等技术来训练自己的语料库获取词向量，当然，也可以下载大规模预训练的词向量来使用。此外，还可以随机初始化词向量，把词向量设置为可训练的，参与更新即可。下面的代码实现了使用 jieba 进行中文分词及 gensim 来训练和保存 Word2Vec 词向量的功能。

```
import jieba
from gensim.models import word2vec
sentences = []
with open('weibo_senti_100k.csv','r',encoding='utf-8') as data_file:
    line = data_file.readline()
    while line.strip()!='':
        content = line.strip().split(',')[-1] # 读取每行文本
        words = list(jieba.cut(content)) # 利用jieba进行中文分词
        sentences.append(words)
        line = data_file.readline()
```

使用 Word2Vec 技术训练词向量如下：

```
model = word2vec.Word2Vec(sentences, size=200, min_count=1 ,workers=4) model.save
('w2v.model') # 保存词向量文件
```

word2vec.Word2Vec 可以接受一个元素为列表的列表作为参数用以表示分词后的文本，即上面代码中的 sentences 变量，sentences 是一个列表，其中每个元素是每个句子分词后的词语组成的列表。比如两个句子“我喜欢自然语言处理”“我爱深度学习”经过分词后得到的 sentences=[['我','喜欢','自然','语言','处理'], ['我','爱','深度学习']]。size 参数表示要输出的词向量的维度，设置成 200 则使用 200 维的向量来代表一个词，min_count 表示保留词语的最小词频，如果语料库较大，词语较多，可以通过设置 min_count 来实现过滤低频词。由于本实例的文本数量较少，所以设置 min_count 为 1，表示不过滤低频词，以保留更多词语。workers 表示使用多少个 CPU 核心来进行词向量训练，不设置则使用单核。将词向量文件保存下来以后可以进行加载，反复利用，节约重新训练时间。

下面的函数实现了 Word2Vec 词向量文件的加载和词语到编码的映射及编码到词语的映射的功能。

```
import jieba
from gensim.models import word2vec
import numpy as np
def load_w2v(model_path):
    model = word2vec.Word2Vec.load(model_path) # 加载 Word2Vec 词向量文件
    word_count = len(model.wv.index2word) # 获取词语的个数
    emb_size = model.wv.vector_size # 获取词向量的维度
    word2id = {} # 定义词语到编码的映射关系，用于生成词语的 token id
    id2word = {} # 定义编码到词语的映射关系
    embedding_matrix = np.zeros((word_count + 1, emb_size)) # 词向量矩阵
    word_id = 1 # 词语编码从 1 开始，0 保留用于 padding
    ind2word = model.wv.index2word
    for word in ind2word: # 读取 Word2Vec 词向量的每个词语
        word2id[word] = word_id # 设置词语到编码的映射关系
        id2word[word_id] = word # 设置编码到词语的映射关系
        embedding_matrix[word_id] = model[word] # 设置词向量矩阵
        word_id += 1 # 词语编码加一
        return embedding_matrix,word2id,id2word
```

读取文本转换成 token id 的过程就是把分词结果对应到相应编码，比如对于句子“我喜欢自然语言处理”，首先找到“我”字在词典中对应的编码，比如是 15，以此类推，找到“喜欢”“自然”“语言”对应的编码分别为 20、100、99，而“处理”在词典中查找不到，这样的词称为“未登录词”，通常用符号“<UNK>”（英文单词 Unknown 的缩写）表示，假设“<UNK>”对应的编码为 1000，那么“我喜欢自然语言处理”这个句子转换成 token id 的结果为[15,20,100,99,1000]。因为每句话的长度不一样，而以批（batch）为单位来训练数据的时候需要输入矩阵，所以必须对超过最大长度的句子进行截断，不足最大长度的句子进行补全，这个过程可以用 keras.preprocessing.sequence.pad_sequences 函数来实现。截取补全及 LSTM 层的定义都需要输入一个文本的最大长度 max_len，如果 max_len 设置过小，保留的内容过少，势必会影响分类效果，如果 max_len 设置过大，会浪费内存空间和计算资源。为此，可以利用数据集的文本的平均长度和标准差等统计信息（更全面的可以利用文本长度分布直方图）来合理设置 max_len。

下面的代码实现了数据集文本长度的统计功能。

```
import numpy as np
length = [] ## 保存每个样本的文本长度
with open('weibo_senti_100k.csv','r',encoding='utf-8') as data_file:
    line = data_file.readline()
line = data_file.readline()
    while line.strip()!='':
        content = line.strip().split(',')[-1]
        words = list(jieba.cut(content))
        length.append(len(words))
        line = data_file.readline()
    length = np.asarray(length)
    print('最小长度:',np.min(length))
    print('最大长度:' , np.max(length))
```

```
    print('平均长度:' , np.mean(length))
        print('长度标准差:' , np.std(length))
程序的输出为:
最小长度: 1
最大长度: 202
平均长度: 43.714896489648964
长度标准差: 29.549781466906442
据此，可以选取 max_len=80。
```

下面的函数实现了数据的读取、截断补全功能。

```
import random
from keras.preprocessing.sequence import pad_sequences
def load_data(data_path,word2id,maxlen):
    data = [] # 存放文本对应的 token id 结果
    label = [] # 存放文本标签
    with open(data_path,'r',encoding='utf-8') as data_file:
        line = data_file.readline() # 忽略第一行
        line = data_file.readline()
        while line.strip()!='':
            l = line.strip().split(',')
            content = l[-1]
            words = list(jieba.cut(content))
            words_id = [word2id[word] for word in words] # 将分词转换成 token id
            data.append(words_id)
            label.append(l[0])
            line = data_file.readline()
        data = pad_sequences(data, maxlen=maxlen, padding='post', truncating='post')
# 使用 pad_sequences 进行截取和补全
        data = np.asarray(data,dtype=np.int)
        label = np.asarray(label,dtype=np.int)
        indices = list(range(len(data)))
        random.shuffle(indices) # 随机打乱训练样本
    return data[indices],label[indices]
```

值得说明的是 pad_sequences 的用法，pad_sequences 接受截断补全之前的双层列表（和 Word2Vec 训练时接受的 sentences 类似），maxlen 参数指定最大长度，超过 maxlen 的截取，不足的补全，truncating 和 padding 参数指定的是截取和补全方式，可选的参数是“pre”和“post”，分别代表截取补全位置在文本前端及末端。

接下来介绍如何定义网络结构。下面的代码给出了基于 LSTM 的文本分类模型的定义。

```
def build_model(max_len,vocab_number,embedding_matrix=None,trainable=True):
    # Input 的 shape 指定的时候不需要包含批的样本个数这个维度
    inputs = Input(name='inputs', shape=[max_len])
    # 如果传入 embedding_matrix，则使用 embedding_matrix 初始化 Embedding 层的权重
    # 设置 trainable=True 则 Embedding 层的权重可训练，否则冻结
    if embedding_matrix  is not  None:
        layer = Embedding(vocab_number,200,weights=[embedding_matrix], trainable=
```

```
trainable, input_length=max_len,name='embedding')(inputs)
        else:
            layer = Embedding(vocab_number , 200,input_length=max_len,name='embedding')
(inputs)
        layer = LSTM(150,name='lstm')(layer) # LSTM 层，输出的特征维度是 150
        # 第一个全连接层，激活函数使用 relu
        layer = Dense(128, activation="relu", name="fc1")(layer)
        # 使用随机失活 Dropout
        layer = Dropout(0.5,name='dropout')(layer)
        # 二分类问题，激活函数用 sigmoid 函数
        layer = Dense(1, activation="sigmoid", name="fc2")(layer)
        model = Model(inputs=inputs, outputs=layer)  model.compile(loss="binary_crossentropy",
optimizer='adam', metrics=["accuracy"])
        return model
```

值得说明的是，上述代码使用的是 Model 的方式来定义模型，而没有采用 Sequential。这是 Keras 定义模型的另外一种方式，读者可以查阅 Keras 文档获取详细信息。

接着进行网络的训练，一次性读入数据可以使用模型的 fit 函数来训练，其中 validation_split 能够指定一个比例，用以从训练集随机划分出对应比例的验证集。代码如下：

```
maxlen=80
epochs = 50
embedding_matrix,word2id,id2word = load_w2v('w2v.model')
data,label = load_data(r'weibo_senti_100k.csv',word2id,maxlen=maxlen)
model = build_model(max_len=maxlen,vocab_number=embedding_matrix.shape[0])
his = model.fit(data,label,batch_size=64,epochs=epochs,validation_split=0.2)
```

为了观察训练效果，项目实现了训练集、验证集的 loss 和 accuracy 曲线的绘制，对应曲线如图 7-20、图 7-21 所示。

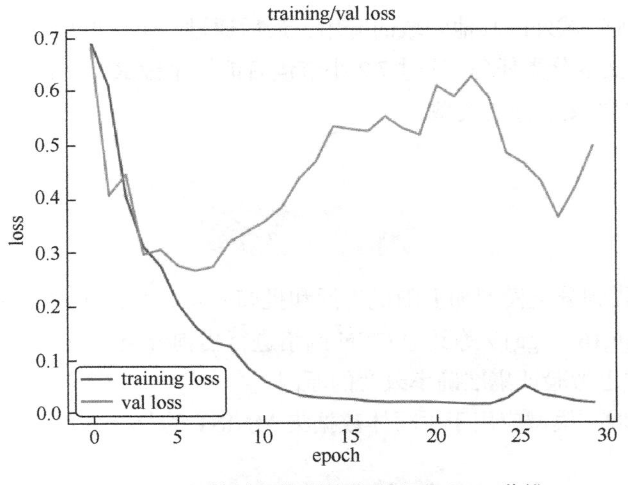

图 7-20 训练过程的训练集/验证集 loss 曲线

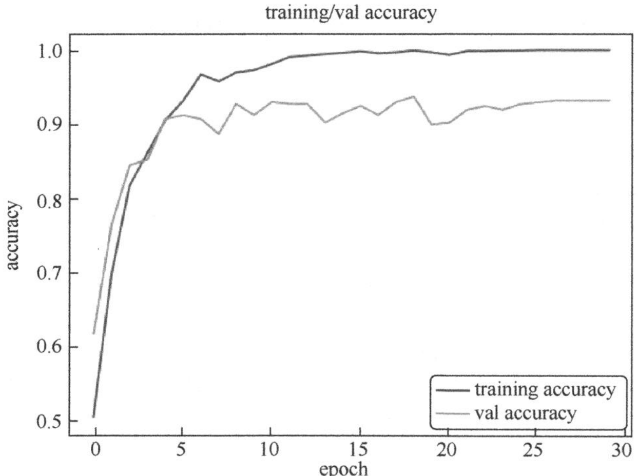

图 7-21 训练过程的训练集/验证集 accuracy 曲线

验证集的 loss 曲线大约在 epoch=5 作为转折点呈现先降后升的趋势，而验证集的准确率在 epoch=5 以后稳定在 90%左右，说明 epoch 为 5 的时候模型已经基本收敛。提高验证集准确率可以进一步加入其他手段，比如增加 LSTM 的层数、改成双向 LSTM 等。

本章小结

本章第 7.1 小节首先从猫的视觉引入了 CNN，然后结合实际例子展示了 CNN 中卷积操作的计算过程，并给出 CNN 实现猫狗分类的一个具体应用。最后结合卷积核和卷积操作输出的特征图的可视化结果来分析 CNN 为什么有效，对比了浅层和深层的卷积层得到的图片特征有何不同。通过 7.1 小节的学习，读者能够熟练地掌握 CNN 的原理及应用。

本章 7.2 小节结合自然语言处理对 RNN 及其变种 LSTM 的原理进行了介绍，接着展示了 RNN 在自然语言处理领域外的其他领域的应用，最后通过一个微博情感分析的实例说明如何用 Keras 实现 LSTM 的文本分类任务。通过 7.2 小节读者能够掌握 RNN、LSTM 的原理，使用 Keras 框架实现一个 LSTM 的文本分类模型。

习题

（1）给 7.2.4 的猫狗分类模型加上随机失活和批归一化，对比改进前后的验证集准确率。

（2）尝试使用 vgg16、vgg19 等其他 CNN 网络进行猫狗分类，和 7.2.4 给出的模型进行验证集准确率的对比，并思考验证集准确率改变的原因。

（3）设计一个 CNN 模型应用于手写体数据集 MNIST 的分类，并与猫狗分类进行对比，说出两者有什么不同。

（4）将 7.4.2 的实例改写成双向 LSTM、两层 LSTM 及单层 GRU，分别对比不同模型的验证集准确率。

拓展阅读

（1）阅读论文 *Visualizing and Understanding Convolutional Networks*，理解浅层和深层的卷积核分别学到图像什么方面的特征。

（2）阅读论文 *Convolutional Neural Networks for Sentence Classification*，思考怎么将 CNN 应用于自然语言处理任务。

第 8 章 深度学习的集市

第 7 章介绍了深度学习的理论和相关技术，本章对这些技术在实际问题中的应用进行介绍。图像分类、目标检测和语义分割是经典的计算机视觉问题，本章将介绍如何使用深度学习技术解决这些问题。

本章学习目标：

- ❑ 了解图像分类、检测和分割的基本概念
- ❑ 了解常用的图像分类、检测和分割数据集
- ❑ 掌握利用 Keras 搭建、训练及评估深度神经网络模型的编程实现
- ❑ 了解知名的图像分类、检测和分割模型

8.1 学会识别不同的图像——图像分类

图像分类是计算机视觉中的基本任务之一，它是指使用某些技术将图像自动分到一组预定义类别中的过程。在深度学习技术发展起来之前，传统的图像分类技术主要包含三个步骤，分别是基于滑动窗口进行区域选择，然后使用 SIFT 等算法进行特征提取，最后使用 SVM 等算法进行分类。传统的方法泛化性低，难以落地。深度学习技术发展起来之后，图像分类在各大数据集上的精度均大幅提升，甚至超越了人类的分类水平。本节首先介绍图像分类问题中常用的数据集，然后使用一个具体的案例来让读者感受深度学习的魅力，最后介绍一些知名的分类模型。

8.1.1 数据集

在图像分类领域，比较知名的数据集有 MNIST、CIFAR-10 和 ImageNet 等，它们的规模和难度是依次递增的。

MNIST 数据集是一个手写体数据集，它由美国国家标准与技术研究院收集整理。MNIST 数据集的部分图片如图 8-1 所示，每张图片上均只有一个数字。MNIST 数据集总共包含了大约 70000 张大小为 28 像素×28 像素的灰度图，其中训练集包含 55000 张图片，验证集包含 5000 张图片，测试集包含 10000 张图片。当我们开始学习编程的时候，第一件事往往是学习打印“Hello World”。MNIST 相当于是深度学习中的“Hello World”。

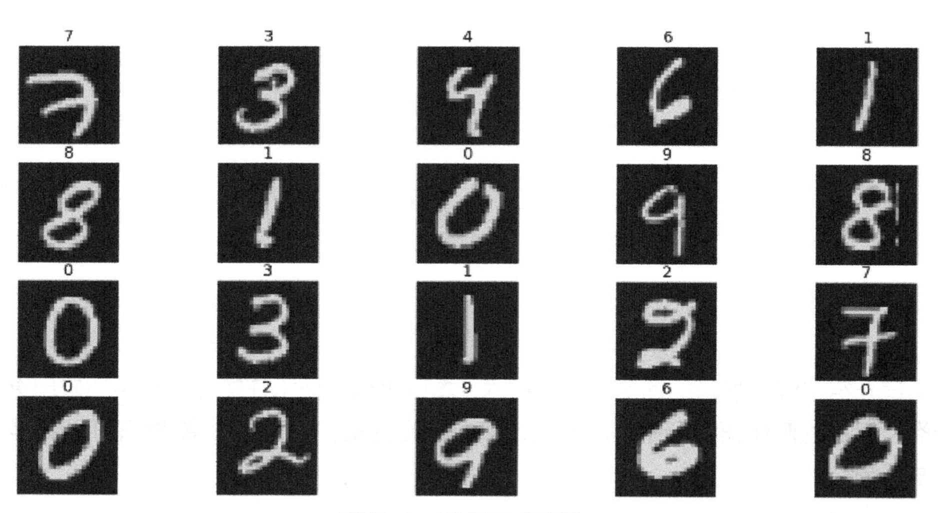

图 8-1 MNIST 数据集

本节中的入门案例使用 MNIST 进行实验，在 TensorFlow 中有很多方式都可以用来使用 MNIST 数据集，下面的两行代码是其中一种：

```
from tensorflow.examples.tutorials.mnist import input_data
```

```
mnist = input_data.read_data_sets("MNIST_DIR/", one_hot=True)
```

代码中的参数“MNIST_DIR/”用于设置数据集的保存路径，One_Hot 参数为 True 时返回的标签是独热编码格式。通过 mnist 变量可以获得该数据集的所有信息，例如，可以通过下面的代码显示数据集中图片的数量：

```
print(mnist.train.num_examples)
print(mnist.validation.num_examples)
print(mnist.test.num_examples)
```

CIFAR-10 数据集总共包含 60000 张大小为 32 像素×32 像素的彩色图像，其中 50000 张图像用于训练，剩下的 10000 张用于测试。图 8-2 是 CIFAR-10 中的部分图像。该数据集中一共包含 10 类，分别是飞机、汽车、鸟、猫、鹿、狗、青蛙、马、船和卡车。这些类完全相互排斥。例如，汽车和卡车之间没有重叠，“汽车”包括轿车和 SUV 等，“卡车”只包括大卡车，它们都不包括皮卡车。CIFAR-10 目前已不再被普遍使用，但还是可以用它来进行合理性检验。

图 8-2　CIFAR-10 数据集

ImageNet 是一个用于视觉对象识别软件研究的大型可视化数据库。其中包含手工注释的图片超过 1400 万张，整个数据集中包含 2 万多个类别，图 8-3 是 ImageNet 中的部分图片。从 2010 年到 2017 年，ImageNet 项目每年都会举办一次全球性的比赛，即 ImageNet 大规模视觉识别挑战赛（ILSVRC）。2012 年，深度学习技术在 ILSVRC 中取得了巨大的突破。2016 年 ILSVRC 的图像识别错误率已经降低到约 2.9%，远远低于人类识别的错误率 5.1%，因此 ILSVRC 在 2017 年之后不再举办。这标志着一个时代的结束，但也是新征程的开始。

图 8-3　ImageNet 数据集

8.1.2　入门案例

本小节介绍如何使用 Keras 搭建并训练一个神经网络模型来解决手写数字识别的问题。首先导入 Keras 和 MNIST：

```
from tensorflow import keras
```

然后使用 Keras 导入 MNIST 的训练集和测试集：

```
(x_train, y_train), (x_test, y_test) = mnist.load_data()
```

代码中的 x_train 是训练集中的图片，y_train 是训练集中的标签，x_test 是测试集中的图片，y_test 是测试集中的标签。然后对 MNIST 中的所有图片进行预处理，包括设置形状格式和归一化：

```
img_x, img_y = 28, 28
x_train = x_train.reshape(x_train.shape[0], img_x, img_y, 1)
x_test = x_test.reshape(x_test.shape[0], img_x, img_y, 1)
x_train, x_test = x_train / 255.0, x_test / 255.0
```

图片的形状被设置为（图片数量，高，宽，通道数量）的格式，归一化后的图片中任一像素的值均处于区间[0,1]。

接下来是模型搭建：

```
model = keras.models.Sequential()
model.add(keras.layers.Conv2D(32, kernel_size=3, activation='relu', input_shape=
(img_x, img_y, 1)))
model.add(keras.layers.MaxPool2D(pool_size=2, strides=(2,2)))
model.add(keras.layers.Conv2D(64, kernel_size=3, activation='relu'))
model.add(keras.layers.MaxPool2D(pool_size=(2,2), strides=(2,2)))
model.add(keras.layers.Flatten())
model.add(keras.layers.Dense(1000, activation='relu'))
model.add(keras.layers.Dense(10, activation='softmax'))
```

上面的代码搭建了一个包含两个卷积层、两个最大池化层和两个全连接层的神经网络模型。

卷积层用于特征提取。conv2D 函数的第一个参数用于设置输出特征图的通道数量，即卷积核的数量；参数 kernel_size 用于设置卷积核的大小；activation 用于设置激活函数，激活函数位于卷积操作之后；在 Keras 模型的第一层需要使用 input_shape 参数指明输入数据的形状。

最大池化层用于降低分辨率和增加模型的鲁棒性。使用池化层后，特征图的分辨率会降低，从而提升模型的运行速度。此外，最大池化层会保留 2×2 区域中的最大值，最大值可以看作是主要特征，因此可以缓解过拟合。

第一个全连接层用于增加模型的深度，其输出层的神经元的数量为 1000，激活函数为 ReLU；第二个全连接层用于分类，其输出层的神经元的数量为 10，正好对应手写数字中 0 ~ 9 这 10 个类别，激活函数为 softmax。softmax 可以将长度为 10 的输入向量中的所有值映射为 0 ~ 1 之间的实数，并且和为 1，如果第 i 个值最大（从 0 开始编号），则该图片中的数字最可能是 i。

Flatten()用于将二维的多通道特征图展平为一维向量。

然后通过调用 compile 方法来配置该模型的学习流程：

```
model.compile(optimizer='adam',
        loss='sparse_categorical_crossentropy',
        metrics=['accuracy'])
```

上面的代码配置了三个参数，分别是优化器、损失和评估指标。

优化器根据梯度对模型中的参数进行调整，常见的优化器有批量梯度下降（batch gradient descent，BGD）、随机梯度下降（stochastic gradient descent，SGD）、自适应梯度算法（adaptive gradient algorithm，Adagrad）和自适应矩估计（adaptive moment estimation，Adam）等，本案例中使用的是 Adam 优化器。

损失函数是用来估量模型的预测值与真实值之间的差距，给模型的优化指引方向，常见的损失函数包括均方差（mean squared error，MSE）、平均绝对误差（mean absolute error loss，MAE）和交叉熵损失（cross entropy loss，CE）等，本案例中使用的是交叉熵损失。

在分类问题中，评估指标包括精度（accuracy）、查准率（precision）、查全率（recall）和 F1-score 等，本案例中使用的是精度，即类正确的样本数占样本总数的比例。

最后对模型进行训练和评估：

```
model.fit(x_train, y_train, epochs=6, batch_size=32)
model.evaluate(x_test, y_test, verbose=2)
```

上面的第 1 行代码中，fit 参数执行训练，其第一个参数为训练集中的图像；第二个参数为训练集中的标签；epoch 用于设置训练轮数，如果整个数据集中所有数据刚好被使用了一遍，则表示已经训练了一个 epoch；batch_size 用于设置批量的大小，由于内存大小等的限制，往往无法一次性将整个数据集送入模型中进行训练，因此只能一次性选择一小批数据送入模型进行训练，batch_size 可以指定一次性选择多少张图片进行训练。

第 2 行代码中，evaluate 用于评估模型预测性能，其第一个参数为测试集中的图像特征；第二个参数为测试集中的标签；verbose 设置为 2 时终端上会打印评估结果。本案例在训练和评估结束后，模型的精度大概是 99.1%。需要注意的是，每次训练的结果通常会不一样，这是由于网络随机初始化权值，且每轮训练的时候，通常会将数据打乱，然后再分成若干个批次进行训练，这样可以缓解过拟合。

8.1.3 知名分类模型

在 2012 年举办的 ILSVRC 上，亚历克斯·克里热夫斯克等人提出的 CNN 模型 AlexNet 以显著的优势获得了冠军，该模型将 ImageNet 上的图像分类 Top 5 误差率降低到了 15.4%，当年第二名的 Top 5 误差率为 26.2%。这个表现震惊了整个计算机视觉界。从那时起，CNN 成了家喻户晓的名字。Top 5 误差是指对一张图像同时预测 5 个类别，只要其中有一个类别和标签相同就算预测正确，否则为预测错误。

AlexNet 中使用了一系列的策略来提升模型的精度。在 AlexNet 之前，标准的激活函数是 tanh 函数，该激活函数存在计算复杂、梯度下降慢等问题。AlexNet 模型使用 ReLU 函数作为激活函数，在 CIFAR-10 上的研究表明，在一个包含 4 个层的 CNN 中使用 ReLU 激活函数达到 25%的训练误差率要比在相同条件下使用 tanh 激活函数快 6 倍。

AlexNet 在 ReLU 后面使用局部响应归一化（local response normalization，LRN）技术对特征图进行归一化。在神经生物学中有一个名为“侧抑制”的概念，它是指如果某个神经元被激活，则该神经元会抑制其周围的神经元，LRN 的思想则是来源于此。

此外，AlexNet 还使用数据增强（data augmentation）和随机失活（dropout）技术来缓解过拟合。数据增强包括镜像反射和随机剪裁。随机失活是指在训练神经网络模型的过程中，随机地让一部分神经元失活，即将它们的输出修改为 0。

2014 年，牛津大学的 VGG（visual geometry group）组在 AlexNet 的基础上提出了 VGG 网络，VGG 模型使用更小的卷积核，达到了更好的效果，在当年的 ILSVRC 上获得了第二名。VGG 模型的主要创新点是将所有卷积核的大小都设置成 3×3，因为 VGG 认为 5×5 以及 7×7 等大卷积核均可由多个叠加的 3×3 卷积核替代，可替代的主要依据是感受野的大小，例如一个 5×5 的卷积和两个 3×3 的卷积的感受野大小一样，如图 8-4 所示。

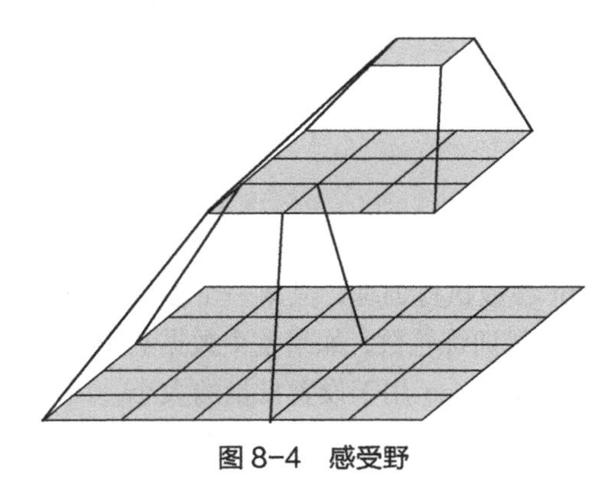

图 8-4 感受野

在 Keras 中已经预置了 VGG 模型，可以很容易地使用预置好的 VGG 模型进行分类实验，代码如下：

```
from keras.applications.vgg16 import VGG16, preprocess_input, decode_predictions
```

```
from keras.preprocessing.image import load_img, img_to_array
model = VGG16(weights='imagenet', include_top=True)
image = load_img('/Users/apple/Desktop/cat.jpeg', target_size=(224, 224))
image_data = img_to_array(image)
image_data = image_data.reshape((1,) + image_data.shape)
image_data = preprocess_input(image_data)
prediction = model.predict(image_data)
results = decode_predictions(prediction, top=2)
print(results)
```

第一次运行上面的代码时会自动下载 VGG 的权重文件，整个文件较大，因此需要等待几分钟。代码中第 4 行用来加载需要预测的图片，它的第一个参数用来指定图片的路径，第二个参数指定将输入图片缩放成指定的大小。第 5 行将 image 转换成 NumPy 的格式。第 6 行将 image_data 的形状由（224, 224, 3）转换成（1, 224, 224, 3）的形式，表示一共有一张图片，每张图片的大小为 224×224×3。因为神经网络一次会处理一批图片，如果只有一张图片，则批的大小为 1。第 7 行对图像进行与训练时一样的预处理，此处为减去均值。第 8 行调用 VGG 模型进行预测。第 9 行将预测结果转换成便于阅读的格式，其中的 top 参数指定保留预测结果中可能性最高的若干个类别，此处为 2。第 10 行打印预测结果，结果类似于：

```
[[('n02123045', 'tabby', 0.4538897), ('n02124075', 'Egyptian_cat', 0.37239507)]]
```

上面的结果中，一共有两个预测的类别，第一个类别编号是 n02123045，对应的名称为 tabby，可能性为 0.4538897。第二个类别编号是 n02124075，对应的名称为 Egyptian_cat，可能性为 0.37239507。

同年，谷歌提出了 GoogLeNet 模型，该模型主要的创新点是提出了 Inception 结构，该结构也是在卷积核的大小上进行研究。它的核心思想是：既然不知道卷积核的大小应该选择 3×3 还是 5×5，或者其他尺寸，那就让模型自己选择。于是 Inception 将多个不同尺寸的卷积核并联。Inception 有多个不同的版本，图 8-5 是其中的一个版本。

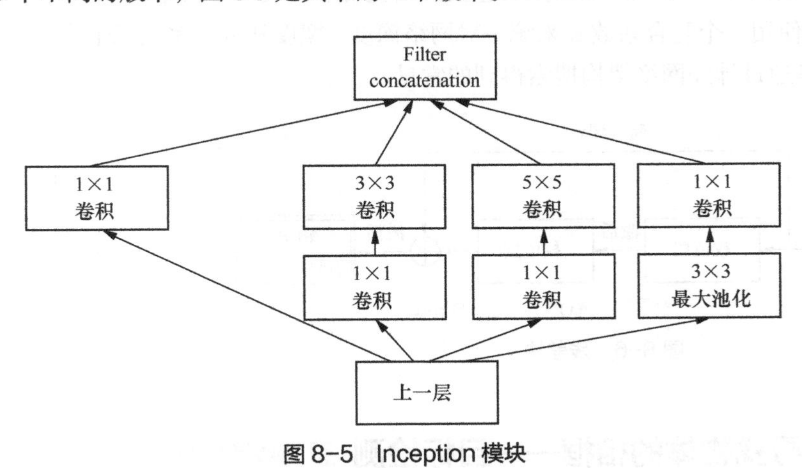

图 8-5　Inception 模块

图中的 1×1 卷积核常常用来改变特征图的通道数量，它可以看作是一个特殊的 3×3 卷积核，即除了正中心的值外，其他值均为 0。3×3 的卷积核也可以用来改变特征图的通道数量，但是使用 3×3 的卷积核来改变特征图的通道数量会增加模型的计算量，导致效率降低。通过并联不同尺寸的卷积核构建的 Inception 模块拥有更强的表达能力，将多个 Inception 模块叠加使得网络变得更深。GoogLeNet 在 2014 年的 ILSVRC 中以 6.67%的 Top5 错误率获得了冠军。

2015 年，何恺明等人提出了残差网络 ResNet 模型，该模型有效地解决了深度神经网络中的退化问题。当我们将神经网络的层数增加到更深时发现模型在训练集上的准确率反而降低了，这种现象并不是由过拟合导致的，称之为模型退化。

在 ResNet 之前，神经网络的结构均是一系列卷积池化直接叠加，类似这样的网络结构在 ResNet 的论文中称为普通网络。ResNet 的作者认为普通网络无法避免退化问题，需要在结构上进行创新，于是提出了残差块（residual block）结构。

图 8-6 所示的残差块结构包含两个卷积层，输入特征图 x 经过两层卷积操作和 ReLU 激活函数后得到输出特征图 $F(x)$，这部分是典型的普通卷积网络的构成。残差块结构的不同之处在于增加了一个从输入特征图 x 到输出特征图 $F(x)$的短连接，也可称为跳跃连接。跳跃连接让输出节点的信息单元可以直接与输入节点的信息单元进行通信，此时第二个 ReLU 函数之前不再是 $F(x)$，而是 $F(x)+x$。

ResNet 由多个残差块结构组合而成，残差块让更深层的 CNN 能够进行有效的训练，从而很好地解决普通网络中的退化问题。ResNet 在 2015 年的 ILSVRC 中以 3.57%的 Top5 错误率获得了冠军。

2019 年谷歌大脑提出了 EfficientNets 系列模型，该系列模型对模型缩放进行了系统研究。EfficientNets 首先使用神经架构搜索方法 MNAS 搜索出基础骨架 EfficientNet-B0，然后使用复合缩放方法（compound scaling method）对基础骨架进行缩放得到 EfficientNet-B1 到 EfficientNet-B7。其中的 EfficientNet-B7 在 ImageNet 数据集上以 2.9%的 Top5 错误率取得了当时的最好成绩。此外，和当时其他模型中准确率最高的模型相比，EfficientNets 的效率提升了 6.1 倍。

在神经网络中，对模型的缩放主要包括网络宽度、深度和分辨率三个维度。如图 8-7 所示，EfficientNets 使用一个复合系数 φ 来统一对网络深度、宽度和分辨率这三个维度进行缩放。图中的 α，β，γ 是通过神经网络架构搜索得到的常量。

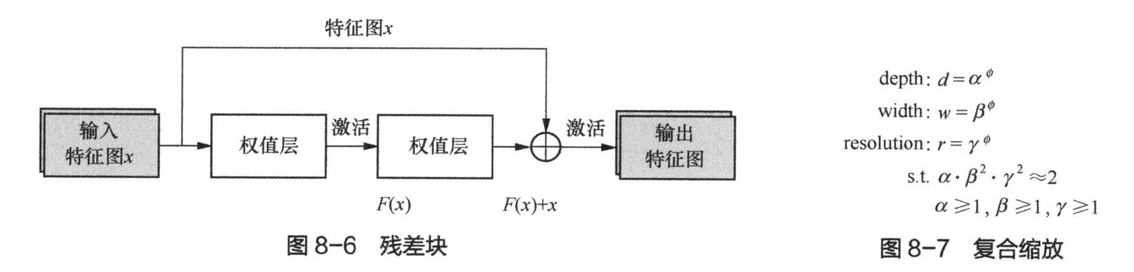

图 8-6 残差块

图 8-7 复合缩放

8.2 寻找物体的相框——目标检测

目标检测是计算机视觉中的热门方向之一，它需要找出图像中所有的感兴趣的物体，并给

出它们的类别和具体位置。类别用一个常量描述，位置用一个矩形框描述。目标检测技术已经广泛用于工业检测、视频监控、机器人导航和航空航天等领域。它可以减少人力成本的消耗，具有重要的实际应用价值和现实意义。本节首先介绍常用的目标检测数据集，然后介绍目标检测的基本原理，最后介绍一些知名的目标检测模型。

8.2.1 数据集

在目标检测领域，知名的数据集包括 Pascal VOC 和 COCO。COCO 相对于 Pascal VOC 而言，图片数量更多，包含的类别数量也更多。

PASCAL VOC 挑战赛是一个面向全世界的计算机视觉挑战赛。它诞生于 2005 年，在之后的 7 年中，每年都会举办一次。很多优秀的目标检测模型都是在 PASCAL VOC 挑战赛及其数据集上产生的，比如大名鼎鼎的 R-CNN 系列，以及之后的 YOLO 和 SSD 等模型。

2012 年是 PASCAL VOC 挑战赛的最后一届，相应的数据集 VOC 2012 中总共包含大约 23000 张图片，其中训练集、验证集和测试集分别占比 25%、25%和 50%。VOC 2012 中一共有 20 个类别，分别是人、鸟、猫、牛、狗、马、绵羊、飞机、自行车、船、巴士、汽车、摩托车、火车、瓶子、椅子、餐桌、盆栽、沙发和电视，具体分布如图 8-8 所示。整个数据集中目标数量最多的类别是人，目标数量最少的类别是巴士，除人以外各个类别的分布较为均匀。

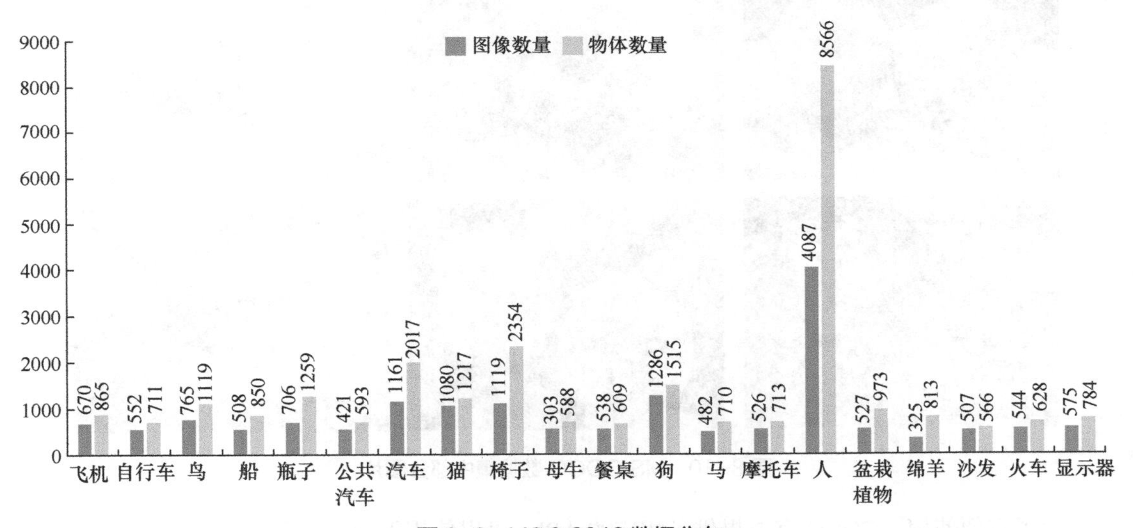

图 8-8 VOC 2012 数据分布

VOC 2012 中每张图片上平均包含 2.4 个目标，图 8-9 展示了其中的部分带标签的图片。

MS COCO 数据集是计算机视觉领域的一个大型数据集，它由微软构建，可以用于分类、检测和分割等任务。与 Pascal VOC 数据集相比，COCO 数据集中的图片包含了自然图片和生活中常见的物体的图片，并且背景复杂，物体数量更多，小目标的比例更大，因此在目标检测任务上 COCO 数据集比 Pascal VOC 数据集更难。在目标检测领域，目前大家更倾向使用 COCO 数据集来衡量模型好坏。

在目标检测任务中，2017 年版的 MS COCO 数据集总共包含 80 个类别、118000 张训练图片、5000 张验证图片以及 41000 张测试图片。图 8-10 展示了其中的部分图片。

图 8-9　VOC 2012 数据

图 8-10　MS COCO 数据集中部分图片

为了方便使用，COCO 官方提供了相应的 API，可以使用下面的命令进行安装：

```
    sudo apt-get install -y python3-tk && \
    pip3 install --user Cython matplotlib opencv-python-headless pyyaml Pillow && \
    pip3 install --user 'git+https://           /cocodataset/cocoapi#egg=pycocotools&
subdirectory=PythonAPI'
```

8.2.2　基本原理

图像分类问题中，对任意一张图片，只需要预测该图像属于什么类别即可。然而目标检测需要做的工作更多。在目标检测中，同一张图片里面可能包含多个物体，因此需要对同一张图

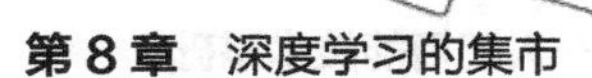

片中的所有物体进行分类，并预测相应的边界框。由于分类模型最后几层是全连接层，因此同一张图片只能给出一个类别，如图 8-11 所示。

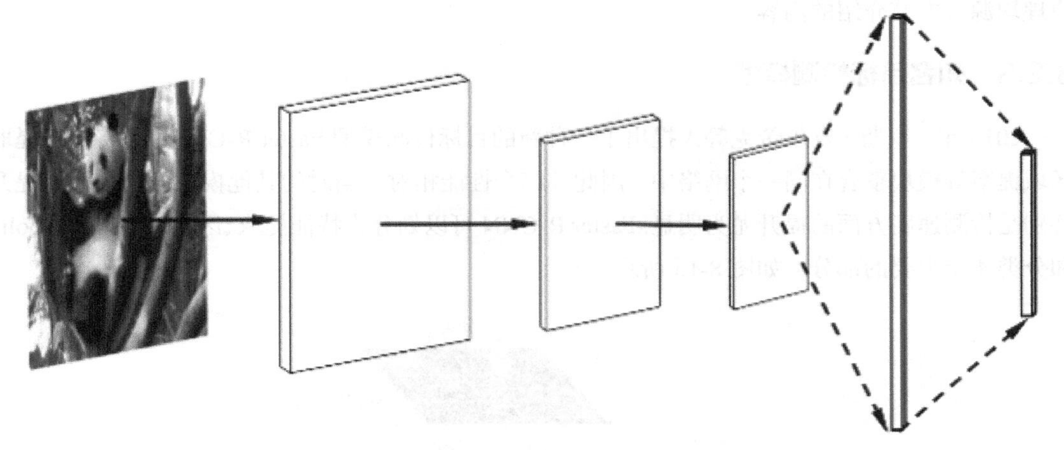

图 8-11　分类模型

为了能够同时预测多个类别，需要移除所有的全连接层，并增加一个新的卷积核大小为 1×1 的卷积层，如图 8-12 所示。图中 F_1 的形状为 $h \times w \times c_1$，其中 h、w 和 c_1 分别表示特征图 F_1 的高、宽和通道数量。F_2 的形状为 $h \times w \times c_2$。在 F_1 和 F_2 中的同一个位置的像素上，由 F_1 变为 F_2 的过程可以看作是一个全连接操作，因此可以在 F_2 中的每一个像素上进行分类操作，这样就可以在一张图片上同时得到 $h \times w$ 个分类结果。为了得到每个类别对应的目标框以及置信度，需要从 F_2 的 c_2 个通道中划分出 5 个通道来描述这些信息。

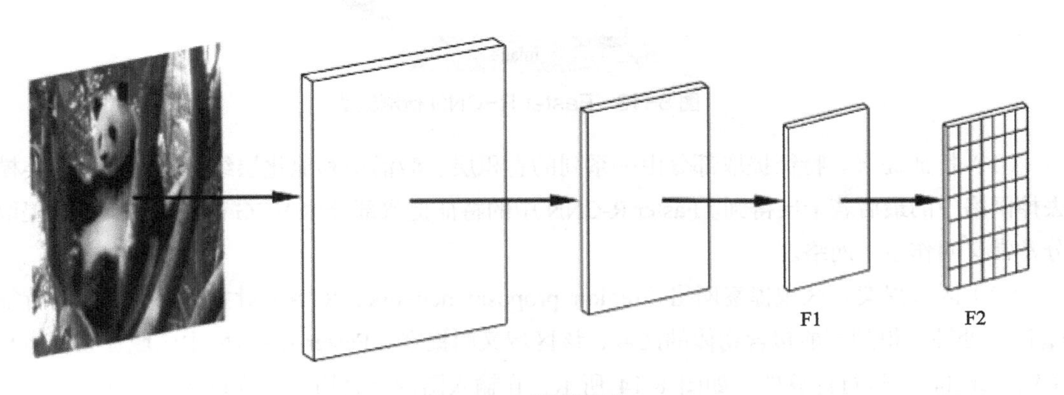

图 8-12　检测模型

假设数据集中包含 10 个类别，则 c_2 的值应为 15，因此 F_2 的任意一个像素 pix_i 均包含 15 个值。其中 10 个用于分类；4 个用于描述对应的目标框信息，具体包括目标框的中心坐标相对于像素 pix_i 的中心的偏移量，以及目标框的高和宽；剩下的 1 个用于描述置信度，即目标框中包含物体的可能性，或者说是像素 pix_i 是物体的中心的可能性。

使用卷积替换掉分类模型中的全连接层后，新的模型可以同时在一张图片上预测 $h \times w$ 个目标的信息。随着深度学习技术的发展，各种各样的目标检测模型被提了出来，但是它们的基本原理均源自本节介绍的内容。

8.2.3 知名目标检测模型

2015 年，罗斯·吉尔希克等人提出了一种新的目标检测模型 Faster R-CNN，它将特征提取、区域提案等模块整合在同一个网络中，因此其综合性能相对于当时的其他模型而言有大幅提升，特别是检测速度方面的提升尤为明显。Faster R-CNN 可以划分为特征提取、区域提案、RoI Pooling 和分类 4 个主要的部分，如图 8-13 所示。

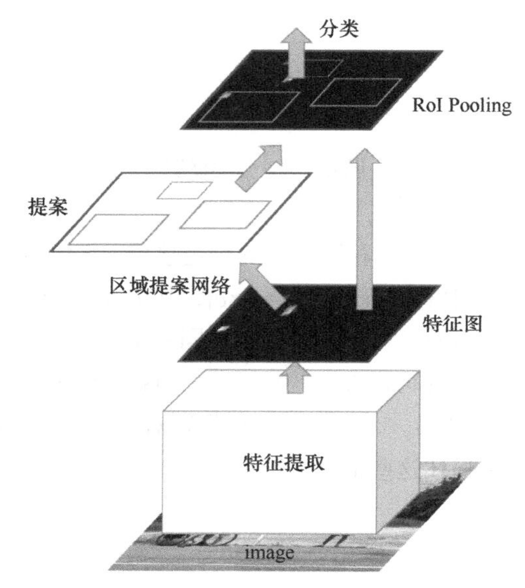

图 8-13 Faster R-CNN 检测模型

（1）特征提取。特征提取部分由一系列的卷积层、激活层和池化层组成，通常由分类模型去掉网络中的最后若干层得到。Faster R-CNN 中的特征提取部分由 VGG 改造而来。特征提取部分常常又叫作主干网络。

（2）区域提案。区域提案网络（region proposal network，RPN）对主干网络提取的特征图 F_m 进行处理，得到可能包含物体的区域，该区域又叫提案。Faster R-CNN 中区域提案网络是基于锚（anchor）进行计算的。如图 8-14 所示，在输入图像上会均匀地分布着一系列位置固定的点，称为锚点。对于任意一个锚点，会以该点为中心画若干个大小不一的矩形框，称为锚框，在 Faster R-CNN 中每个锚点对应 9 个锚框。

锚点的数量及位置与 F_m 有关，假设 F_m 的宽和高分别为 w 和 h，则锚点的数量为 $w \times h$，锚点的位置为 F_m 中每个像素的中心在原始输入图像中对应的位置。锚框的大小是事先设置好的，与输入的图像无关。

图 8-14 锚点示意图

区域提案网络会预测每个锚框中包含物体的可能性，即置信度。并根据锚框生成候选框，即提案。为了生成候选框，首先预测候选框的中心相对于锚框中心的横向偏移量 Δx 和纵向偏移量 Δy ，然后预测候选框的高宽相对于锚框的高宽的放缩比 ϕ_h 和 ϕ_w 。根据 Δx 、 Δy 、 ϕ_h 和 ϕ_w 这四个系数即可得到提案的位置信息。提案的数量可能会非常多，并且置信度低的提案大概率是无效的，因此往往只会保留置信度靠前的若干个提案，或者置信度高于某个阈值的提案。

（3）ROI Pooling。RPN 得到的提案在输入特征图上对应的区域（region of interest，ROI）往往大小不一，然而为了能够同时对一批提案进行处理，需要保证 ROI 的大小一致。于是 Faster R-CNN 提出了 ROI Pooling 来解决 ROI 大小不一致的问题。假设需要使用 RoI Pooling 将所有 ROI 的大小转换成 2×2，则首先将 ROI 尽量均等地划分为 2×2 个区域，如果无法完全均等划分，则将多余的像素分配给最左边的区域或者最下边的区域。然后找到每个均等的区域的最大值，使用这些最大值组成一个 2×2 的特征图，并替换原始的 ROI，于是，所有的 ROI 均可被变换成 2×2 大小的特征图。

（4）分类。分类包括预测提案的类别以及边框回归。假设数据集中有 80 个类别，则首先将 ROI Pooling 得到的特征图展平为一维向量，然后使用若干个全连接层进行处理，并且最后一个全连接层的神经元数量为 80。在全连接层后使用 softmax 层将全连接层的输出向量的值映射到 0 ~ 1 之间，并且和为 1。输出向量中最大值的索引即为提案的类别的编号，例如，假设第 10 个值为 0.921，其他 79 个值均为 0.001，则对应的提案的类别的编号为 10。

RPN 生成的提案已经可以较好地进行定位，但是为了进一步提升定位的精度，Faster R-CNN 首先将 ROI Pooling 得到的特征图展平为一维向量。然后使用若干个全连接层进行处理。且最后一个全连接层的神经元数量为 4，分别表示 Δx 、 Δy 、 ϕ_h 和 ϕ_w 。

Faster R-CNN 使用 VGG-16 作为主干网络，在 K40 GPU 上实现了 5fps 的帧率。同时在每张图片只给出 300 个提案的前提下，在 PASCAL VOC 2007、2012 和 MS COCO 数据集上实现了当时最新的目标检测精度。此外，在 ILSVRC 和 COCO 2015 竞赛中，多个排名第一的模型均是基于 Faster R-CNN 进行改进。

2016年，约瑟夫·雷德曼等人提出了一种实时目标检测模型YOLO（you only look once）。其结构如图8-15所示，整个模型包括24个卷积层和2个全连接层。

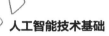

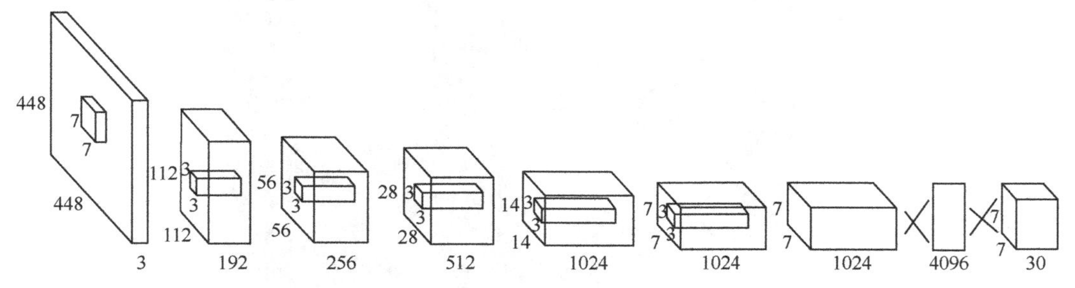

图8-15 YOLO模型

YOLO将输入图像划分成S×S个大小一样的格子，如果描述物体$object_i$的矩形框的中心坐标落入到格子$grid_i$，那么格子$grid_i$就负责检测出目标$object_i$。如图8-16所示，图中狗的中心点（原点）落入第4行、第1列的格子内（从0开始编号），因此该格子负责检测图像中的狗。

图8-16 S×S个格子

每个格子会预测B个边界框信息，以及物体的类别。边界框信息包含5个数据值，分别是x、y、w、h和*confidence*。其中x、y是指预测的边界框的中心位置的坐标。w、h是指边界框的宽度和高度。*confidence*是指边界框的置信度。预测的B个边界框最终只会保留置信度最高的边界框。物体的类别包含C个数据值，C的大小和数据集中的类别数大小一致。因此每个格子包含B×5＋C个数据值。模型最终的输出包含S×S×（B×5＋C）个数据值。

在YOLO论文中，作者将S、B和C的值分别设置为7、2和20。因此，一共有7×7个格子，每个格子包含30个数据值。由此可知，图8-15最后一层的输出形状是7×7×30。

在网络设计方面，YOLO与Faster R-CNN的主要区别是YOLO在预测置信度和候选框的同

时对候选框中物体的类别也进行了预测，而 Faster R-CNN 是先预测置信度和候选框，然后再预测候选框中物体的类别并对候选框进行优化，得到更精确的目标框。

YOLO 将检测问题视为回归问题进行求解，整个检测网络流程简单。YOLO 在 VOC 2007 的测试集上可以实现 63.4% mAP，并且速度可达 45fps（在 Titan X GPU 上测试）。

在 YOLO 之后，一系列的改进版本相继被提出，包括 YOLO-v2、YOLO-v3 和 YOLO-v4 等。YOLO-v4 的改进版 Scaled-YOLOv4 可以在 COCO 数据集上实现 55.8% mAP 的精度。

除了对网络的结构进行改进外，对数据集进行增强也可以提升目标检测的精度。例如谷歌大脑在 2020 年的最新研究 *Simple Copy-Paste is a Strong Data Augmentation Method for Instance Segmentation* 表明，数据增强可以大幅提升模型的检测精度。该研究基于“复制粘贴”等数据增强技术在 COCO 数据集上取得了 57.3%mAP 的检测精度，与之前最新的技术相比，精度提高了 1.5AP。

使用“复制粘贴”技术生成新数据的原理如图 8-17 所示。首先，从数据集中随机选择 2 张图片，并对选取的图片使用随机水平翻转和随机缩放抖动进行增强。然后从其中一张图片中随机选择若干个物体，并将它们粘贴在另一张图片上。最后对粘贴新物体的图片对应的标签进行调整，主要包括：①将完全被新物体遮挡住的物体从标签中移除；②对只有一部分区域被遮挡的物体的边界框进行更新。

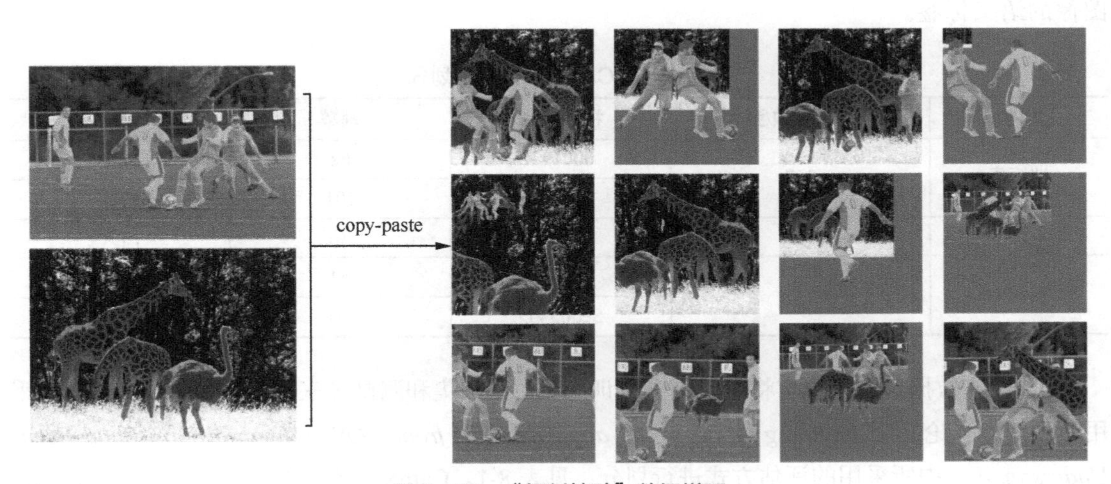

图 8-17　“复制粘贴”数据增强

使用“复制粘贴”技术进行数据增强时，没有对粘贴位置周围的环境进行建模，而是随机选择位置进行粘贴，因此，增强后的图像可能与真实图像非常不同。例如，图 8-17 中长颈鹿和不同比例的足球运动员出现在了同一个场景中。

8.3　学会区分不同的物体边界——语义分割

语义分割也是计算机视觉中的经典问题之一。它需要对输入图像中的每一个像素进行分类，分类结果用一个掩码（mask）描述。掩码是一个单通道的灰度图，其中所有值均为正整数，代表该像素所属的对象被分配的类别 ID。本节首先介绍常用的语义分割数据集，然后介绍语义分割的基本原理，最后介绍一些知名的语义分割模型。

8.3.1 数据集

在图像语义分割领域，比较知名的数据集有 CamVid、Cityscapes 和 BDD100K 等，它们的规模和难度均是依次递增的。

CamVid（cambridge-driving labeled video database）是一个街道场景理解的数据集，包含 701 张带有精确手工标注标签的图像，一共 32 个类。

该数据集在制作时，首先通过安装在车内的摄像头采集了四个视频序列，分辨率均为 960 像素×720 像素。四个视频序列分别被命名为 0006R0、0016E5、0001TP 和 Seq05VD，其中视频序列 0001TP 是在黄昏时采集的，其余三个视频序列均是在白天采集。然后以 1Hz 或 15Hz 的频率从这四个视频序列中抽取图像帧。最终在 0001TP 序列中抽取了 124 张图像，在 0016E5 序列中抽取了 204 张图像，在 Seq05VD 序列中抽取了 171 张图像，在 0006R0 序列中抽取了 202 张图像，共计 701 张，详见表 8-1。最后使用手工标注的方式得到每一帧图像的语义标签。

表 8-1　CamVid 数据集划分

组名	图像总数/张	视频序列	帧数	时间
训练集	367	0001TP	62	黄昏
		0006R0	101	白天
验证集	101	0006R0	101	白天
测试集	233	0001TP	62	黄昏
		Seq05VD	171	白天

CamVid 数据集官方没有将图像划分成训练集、验证集和测试集三个部分，研究人员常常采用菲利浦等人论文 *Combining Appearance and Structure from Motion Features for Road Scene Understanding* 中所采用的评估方式进行划分，见表 8-1。CamVid 数据集规模较小，难度较低，常用于对实时语义分割模型进行评估。

Cityscapes 数据集是目前语义分割任务中使用最多的数据集之一，它为针对城市场景理解的图像分割算法提供数据支持和性能评估。该数据集制作团队花费了几个月的时间，在白天和良好的天气条件下，收集了 50 个不同城市的街道场景数据。这些数据最初是作为视频录制的，分辨率为 1024 像素×2048 像素，由于数据量太大且部分画面重复度较高，所以后期该数据集的制作团队手动选择了 25000 张具有大量动态对象且场景布局和背景变化明显的帧进行标注。最终生成了 5000 张精细标注（finely annotated）和 20000 张粗略标注（coarsely annotated）的高分辨率图像，构成了现在的 Cityscapes 数据集，详见表 8-2。

表 8-2　Cityscapes 数据集类别及划分明细

大类（Categories）	类（Classes）	
	高频类	低频类
地面	道路、人行道	停车场、轨道
自然	植被、地带	
物体	交通标志、红绿灯、柱子	杆群
天空	天空	
建筑	建筑物、墙、围栏	隧道、桥、护栏
人类	行人、骑行者	
交通工具	汽车、卡车、公交车、火车、摩托车、自行车	拖车、大篷车
空类	性能评估时不作考虑的类	

5000 张精细标注的图像被划分成训练集、验证集和测试集三个部分，分别包含 2975 张、500 张和 1525 张图像。测试集的标签未公开，研究者需要将预测结果提交至官网，由官网给出评估结果。

Cityscapes 中的部分图片如图 8-18 所示。图中第一行的两张图片为原始图像，第二行的两张图像为标签。

图 8-18　Cityscapes 数据集

ADE20K 是 MIT 于 2017 年发布的一个用于场景感知、解析和语义分割等领域的数据集。它拥有超过 25000 张图像，其中训练集中包含 20000 张图片，验证集中包含 2000 张图片，测试集中包含 3000 张图片。ADE20K 中包含 150 种物体类型，远远高于 Cityscapes 数据集中的数量。

图 8-19 展示了 ADE20K 中的部分图片及标签。

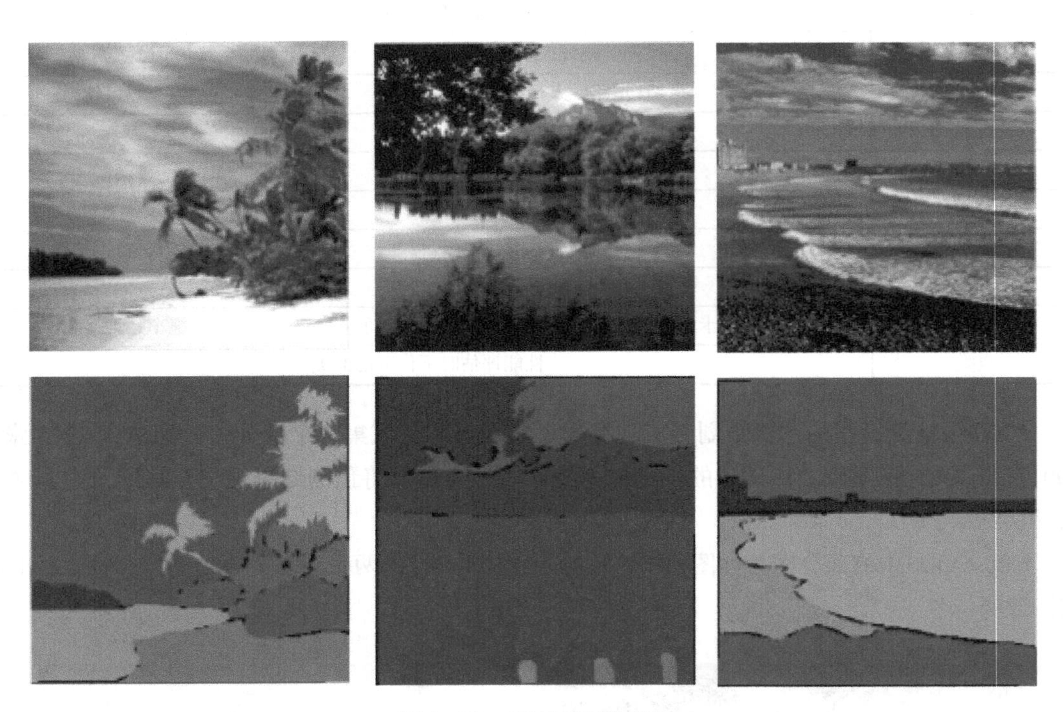

图 8-19　ADE20K 数据集

8.3.2　基本原理

图像语义分割需要对输入图像的每一个像素进行分类，因此模型最后输出的特征图的分辨率需要和输入图像的分辨率一致。图 8-12 所示的目标检测模型最后输出的特征图的分辨率比原始输入图像的分辨率低，如果想基于该模型进行语义分割，需要对其进行调整，调整后的结构如图 8-20 所示。

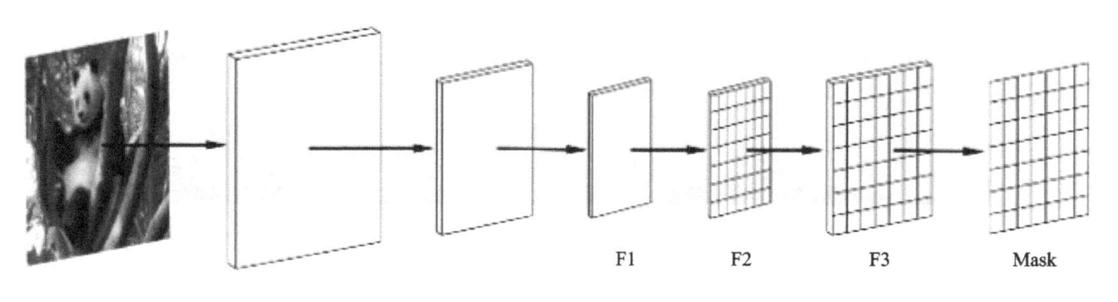

图 8-20　语义分割

图 8-20 中 F_2 的通道数量需要与数据集中类别的数量一致。然后使用双线性插值或者转置卷积对 F_2 进行上采样，上采样后的 F_3 分辨率与输入图像分辨率一致。最后对 F_3 进行逐像素分类得到一个单通道的 mask，具体方法为：对于 F_3 中第 i 行第 j 列上的所有通道值，计算通道值最大的通道的索引，并将该索引赋值给 mask 中第 i 行第 j 列上的像素。例如，假设 F_3 有 20 个通道，并且 F_3 中第 2 行第 3 列上的 20 个通道值中的第 6 个最大，则 mask 中第 2 行第 3 列上的值为 6。

本节介绍的基本原理是后续绝大多数先进语义分割模型的基础。

8.3.3　知名语义分割模型

在 2015 年之前，如何在图像上实现高精度的分割还是一个世界性难题。直到全卷积网络（fully convolutional network，FCN）的出现，这一问题才得到了很好的解决。

FCN 对图像进行像素级的分类，它可以接受任意尺寸的输入图像，并采用反卷积层对低分辨率的特征图进行上采样，使之恢复到输入图像的尺寸，因此可以对每一个像素均进行预测。

FCN 的结构如图 8-21 所示。其中 pool1 ~ pool5 是由主干网络提取的不同层次的特征，它们的分辨率依次降低。直接将 pool5 进行 32 倍上采样后进行逐像素分类得到的预测称为 FCN-32s。将 pool5 进行 2 倍上采样并与 pool4 进行融合得到融合后的特征图 $F_{5,4}$，将 $F_{5,4}$ 进行 16 倍上采样后进行逐像素分类得到的预测称为 FCN-16s。将 $F_{5,4}$ 进行 2 倍上采样并与 pool3 进行融合得到融合后的特征图 $F_{5,4,3}$，将 $F_{5,4,3}$ 进行 8 倍上采样后进行逐像素分类得到的预测称为 FCN-8s。FCN-8s 比 FCN-32s 的精度更高，但是需要的计算量也更多。

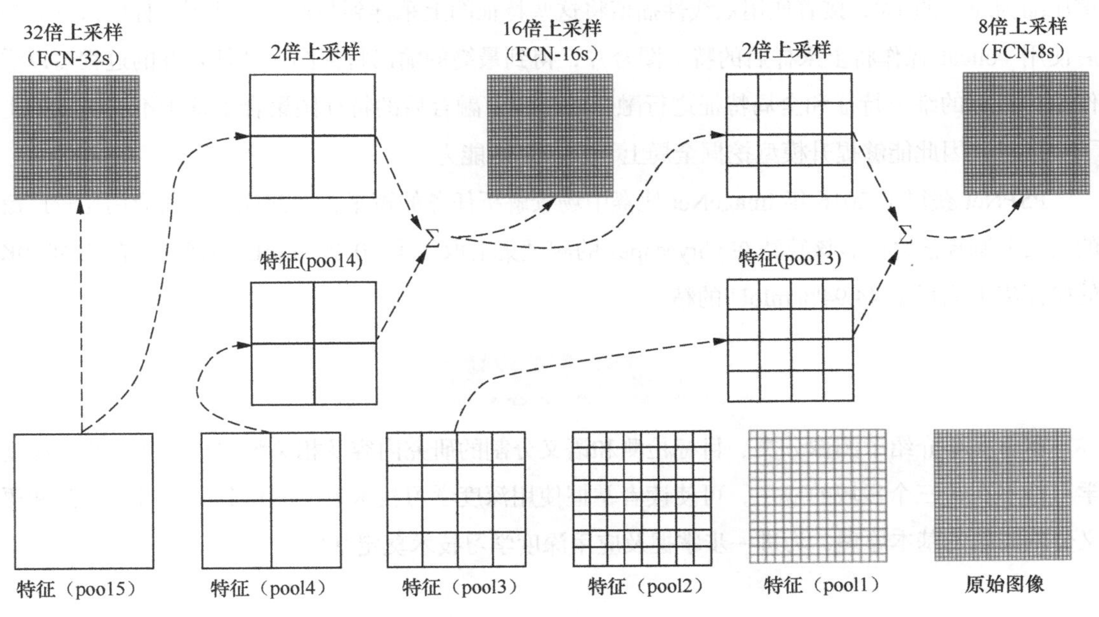

图 8-21　FCN 示意图

FCN 是用深度学习技术来解决图像语义分割问题的开山之作，在此之后，一系列新的深度神经网络模型被提了出来。

为了提升图像语义分割的精度，PSPNet 模型从特征融合方向入手，提出了一种特征金字塔池化模块，如图 8-22 所示。

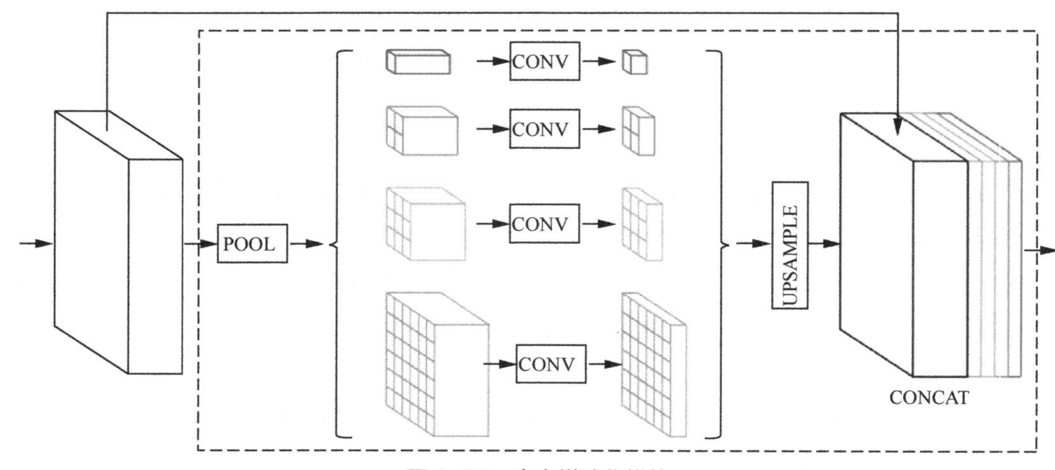

图 8-22　金字塔池化模块

PSPNet 在金字塔池化模块中构建了深度为 4 的特征金字塔，不同深度的特征是在输入特征图上使用不同尺度的池化操作得到的，池化的尺度可以根据实际情况进行调整，PSPNet 中池化后的特征图的尺寸分别是 1×1、2×2、3×3 和 6×6。然后使用 1×1 卷积将不同尺度的特征图的通道压缩为原来的 1/4，接着使用双线性插值将这些特征图上采样到与输入特征图一样的尺寸，最后使用 concat 操作将上采样后的特征图合并，得到最终的输出特征图。特征合并的过程可以看作是对目标的细节特征和全局特征进行融合的过程。融合后的特征图聚合了基于不同区域的上下文信息，因此能够提升模型挖掘全局上下文信息的能力。

PSPNet 获得了 2016 年 ImageNet 比赛中场景解析任务的冠军，因此成了目前应用比较广泛的语义分割算法之一，该算法在 Cityscapes 的测试集上取得了 80.2% mIoU 的精度，在 ADE20K 的验证集上取得了 44.94% mIoU 的精度。

本章小结

本章主要介绍了图像分类、目标检测和语义分割的研究内容及相关数据集，并介绍了深度学习技术在这三个领域的应用，可使读者掌握使用深度学习技术解决图像分类、目标检测和语义分割问题的基本原理，为进一步掌握及应用深度学习技术奠定基础。

习题

（1）查阅网上资料，尝试使用 Keras 复现 YOLO。

（2）查阅网上资料，尝试使用 Keras 复现 FCN。

（3）查阅网上资料，尝试使用 Keras 复现 PSPNet。

第 9 章

基于关系的网络——GNN

我们完善外交总体布局，积极建设覆盖全球的伙伴关系网络，推动构建新型国际关系。

——摘自党的二十大报告

深度学习在计算机视觉、自然语言处理或语音领域中的输入通常都是“形状规则”的欧式空间数据（我们可以理解为排列整齐的数据）。与此同时，现实世界中存在着一些排列“不规则”的数据，这类数据被称为非欧空间数据，包括社交网络、交通道路、化学分子结构等。非欧空间数据中每一个节点的连接关系不固定，每个节点的相邻节点个数也不固定，因此无法直接使用 CNN、LSTM 等网络来处理。本章从为何要引入图神经网络（graph neural networks，GNN）开始，向读者介绍 GNN 的相关概念和图卷积网络（graph convolutional network，GCN）、图注意力网络（graph attention network，GAT）的相关概念。GNN 进一步拓展了深度学习的应用范围。

本章学习目标：

- 了解 GNN 的基本概念和引入原因
- 掌握 GCN 的基本原理和应用
- 掌握 GAT 的基本原理及应用
- 掌握基于 Keras 的 GCN 的代码实现
- 掌握基于 Keras 的 GAT 的代码实现

9.1 关系的表述——图结构

9.1.1 灵活处理非欧数据的 GNN

社交领域有个非常著名的理论，叫作“六度空间理论”，也被称为小世界理论。“六度空间理论”指出：你和世界上任何一个陌生人之间经过最多不超过六个中间人即可建立起联系。曾经一家德国的报社接受过这么一个挑战：帮助法兰克福的一个烤肉店的老板找到他和他最喜欢的明星之间的联系。乍看之下，明星并不认识烤肉店老板，他们的职业及生活圈看上去也并无交集。这似乎是一个非常有难度的挑战。然而经过几个月的调查，报社员工发现，原来烤肉店的老板有个加州的朋友，该朋友的同事是偶像参演的一部电影的制作人的女儿在联谊会结交的姐妹的男朋友（挺拗口）。就这样经过不超过六个中间人，烤肉店老板和他的偶像建立起了联系。这种人和人之间的联系构成了一张巨大的社交网络图，每个人是图中的一个节点，人与人之间的联系则是图的边。我们每个人都身居这庞大的社交网络图之中，通过关系与其他人直接或者间接地产生关系。不仅仅是社会科学领域，自然科学中也存在许多类似的图结构数据，我们称之为非欧结构数据。比如分子和原子的关系：不同的分子由不同个数的原子组成，原子之间通过化学键相连。非欧数据每个节点的邻居节点数量是不固定的。这种空间上的关系我们很难用 RNN 来刻画。同时，因为不同分子中原子的相连关系不像图像数据那般固定，所以我们也很难用 CNN 来建模。但是，这类数据形成了一种图结构：分子中的原子为图的节点，边是原子之间的化学键。社交网络图中的每个人可以看成图的节点、人与人之间的关系可以视为图的边。这样非欧数据就转换成了图，如何在图中开展深度学习就是 GNN 研究的核心内容。

值得一提的是，与非欧数据相对应，自然语言文本和图像数据叫作欧式结构数据。欧式结构数据是非常规则的，比如图片数据，每个像素点周围有 8 个像素点（边界除外，可以通过补 0 得到固定数量的邻居像素点）。通过前面章节的学习我们了解了如何使用 CNN 来处理图片数据及使用 RNN 处理自然语言文本。本章则聚焦于如何使用 GNN 来处理非欧数据。

9.1.2 定义及概念介绍

本小节对 GNN 涉及的一些重要定义、概念进行一个简要的介绍。

图（graph）：图由边集和点集共同构成，其中边集由 E 表示，点集由 V 表示，则图表示为 G（V，E）。

根据图的节点之间的连接是否有方向可以将图分为无向图（undirected graph）和有向图（directed graph）。下面分别展示了 4 个节点的无向图和有向图，如图 9-1、图 9-2 所示。

同构图（isomorphic graph）：图中所有节点和边都是相同类型的。比如微博用户关注图中所有的节点都是微博用户。

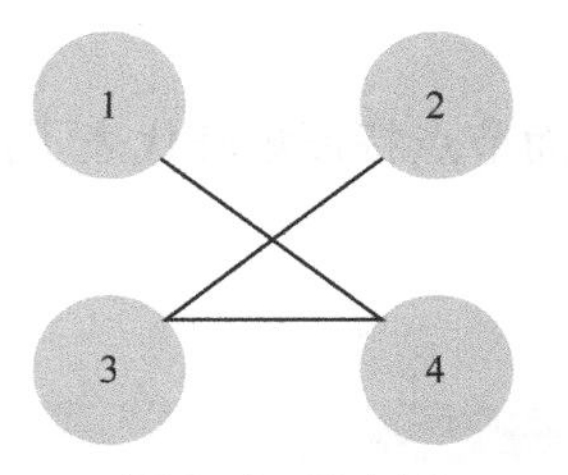

图 9-1　无向图

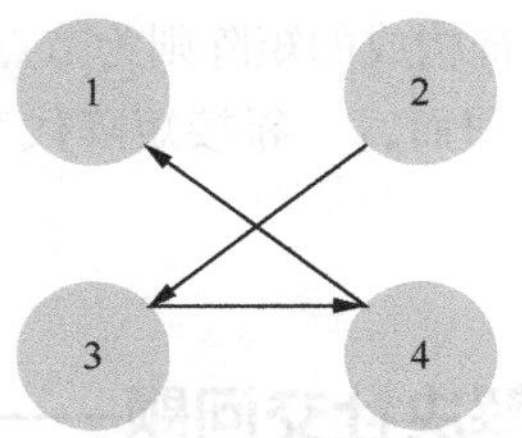

图 9-2　有向图

异构图（heterogeneous graph）：图中存在不同类型节点和边的图。比如由用户和商品的购买关系构成的图就是异构图，图中存在两类节点：用户和商品。再比如，学术论文关系图谱也可以是一个异构图，图中存在学者和学者发表的论文两类节点。通常异构图中不同的节点会拥有不同的属性特征信息。

邻接矩阵（adjacency matrix）：邻接矩阵是用来表示图结构的矩阵，一般用字母 $\boldsymbol{D}$ 表示，其行数和列数相等，都等于图中顶点的个数|V|。邻接矩阵中每个元素代表两个顶点的连接关系。对于无权图，矩阵的元素为 0 或者 1；对于加权图，矩阵的元素为两个节点连接边的权重；对于无向图，假设节点 i 和节点 j 有边相连，则邻接矩阵中第 i 行第 j 列和第 j 行第 i 列的元素是 1，此时邻接矩阵是对称矩阵；对于有向图，假设存在节点 i 指向节点 j 的边，则邻接矩阵中第 i 行第 j 列为 1，邻接矩阵通常不是对称矩阵；对于无环图，邻接矩阵的对角元素都为 0。

图 9-1、图 9-2 对应的邻接矩阵分别可以表示为图 9-3、图 9-4。

$$\begin{bmatrix} 0 & 0 & 0 & 1 \\ 0 & 0 & 1 & 0 \\ 0 & 1 & 0 & 1 \\ 1 & 0 & 1 & 0 \end{bmatrix}$$

图 9-3　图 9-1 的邻接矩阵

$$\begin{bmatrix} 0 & 0 & 0 & 0 \\ 0 & 0 & 1 & 0 \\ 0 & 0 & 0 & 1 \\ 1 & 0 & 0 & 0 \end{bmatrix}$$

图 9-4　图 9-2 的邻接矩阵

度矩阵（degree matrix）：度矩阵的对角线元素表示节点的出度，即邻接矩阵某行求和，一般用 $\boldsymbol{A}$ 表示。

图 9-5、图 9-6 分别是图 9-1、图 9-2 的度矩阵。

$$\begin{bmatrix} 1 & 0 & 0 & 0 \\ 0 & 1 & 0 & 0 \\ 0 & 0 & 2 & 0 \\ 0 & 0 & 0 & 2 \end{bmatrix}$$

图 9-5　图 9-1 的度矩阵

$$\begin{bmatrix} 0 & 0 & 0 & 0 \\ 0 & 1 & 0 & 0 \\ 0 & 0 & 1 & 0 \\ 0 & 0 & 0 & 1 \end{bmatrix}$$

图 9-6　图 9-2 的度矩阵

拉普拉斯矩阵（laplacian matrix）：通常用 $\boldsymbol{L}$ 表示，计算方式是邻接矩阵减去度矩阵，即 $\boldsymbol{L}=\boldsymbol{D}-\boldsymbol{A}$。拉普拉斯矩阵可以进行归一化，归一化方式为：

$$\boldsymbol{L}=\boldsymbol{D}^{-\frac{1}{2}}\boldsymbol{L}\boldsymbol{D}^{-\frac{1}{2}}=\boldsymbol{I}-\boldsymbol{D}^{-\frac{1}{2}}\boldsymbol{A}\boldsymbol{D}^{-\frac{1}{2}}$$

节点特征矩阵：节点通常拥有自身的特征，比如微博关注——被关注图中，每个节点是一个微博用户，每个用户都有他/她的性别、昵称、年龄、地区等，这些信息都可以视为节点特征。

而所有节点特征构成的矩阵则为节点特征矩阵。

对于一个图而言，邻接矩阵代表了图的结构信息，而节点特征矩阵代表了图的节点特征信息。

9.2 解决社交问题——原理和实践

9.2.1 GCN 原理介绍

GCN 在图结构数据（非欧结构数据）上进行了卷积操作的定义。一般可以用谱域或者空域的角度进行理解，从谱域角度来理解需要较多的前置知识，对初学者而言比较难懂，本小节从空域的角度对 GCN 进行介绍，对谱域角度的图卷积感兴趣的读者可以查阅更多资料。

首先，我们回顾一下图片上的卷积操作。图片上卷积核大小的像素点与卷积核逐元素相乘再进行求和，得到的数作为卷积结果。换言之，图片的卷积操作聚合了周围像素点（包括中心点本身）的特征作为中心点的特征。现在我们将卷积操作推广到图结构数据上。但是有一个问题需要解决：图结构数据中某个节点的邻居节点的个数是不固定的，而图片中某个像素点的周围像素点个数是固定的，故图卷积无法采用图片卷积一样的方式进行。图卷积中的卷积操作定义如下：

$$h_v^l = \sigma\left(\boldsymbol{W}^l \sum_{u \in N_i \cup v} \frac{h_u^{l-1}}{\sqrt{|N_u||N_v|}}\right)$$

第 l 层的 v 节点的特征可以视为第（$l-1$）层的 v 节点本身及其邻居节点 N_i 的特征求平均进行线性变化和非线性变化后的结果。这可以看出，第 l 层的 v 节点的特征是由第（$l-1$）层 v 节点和其邻居节点 N_i 的特征聚合的结果。这和图片上定义的卷积操作是非常类似的。

上面的公式采用矩阵乘法的形式可以写成：

$$\boldsymbol{H}^{(l)} = \sigma\left(\boldsymbol{D}^{\left(-\frac{1}{2}\right)}(\boldsymbol{A}+\boldsymbol{I})\boldsymbol{D}^{\left(-\frac{1}{2}\right)}\right)\boldsymbol{H}^{(l-1)}\boldsymbol{W}^{(l)}$$

式中，$\boldsymbol{D}$ 为度矩阵；$\boldsymbol{A}$ 为邻接矩阵；$\boldsymbol{I}$ 为单位阵；$\boldsymbol{H}$ 为节点的特征矩阵。使用（$\boldsymbol{A}+\boldsymbol{I}$）是因为下一层的节点特征中不仅聚合了某节点邻居节点的特征，也聚合了节点本身的特征。$\boldsymbol{D}^{-\frac{1}{2}}(\boldsymbol{A}+\boldsymbol{I})\boldsymbol{D}^{-\frac{1}{2}}$ 实际上是对（$\boldsymbol{A}+\boldsymbol{I}$）的结果进行对称归一化。

GCN 的改进还有 ChebNet 和 GraphSAGE 等模型。

9.2.2 GCN 的应用——微博用户性别预测（节点分类）

如图 9-7 所示，这是一个微博用户关注关系图，一共有 5 个微博用户，每个微博用户都有昵称、地区、生日等信息。同时，我们已知用户之间的关注关系：用户 1、用户 2、童虎 4 都关注了用户 3，用户 4 关注了用户 5。目前已知用户 1、2、3 的性别，任务的目标是预测用户 4、5 的性别。

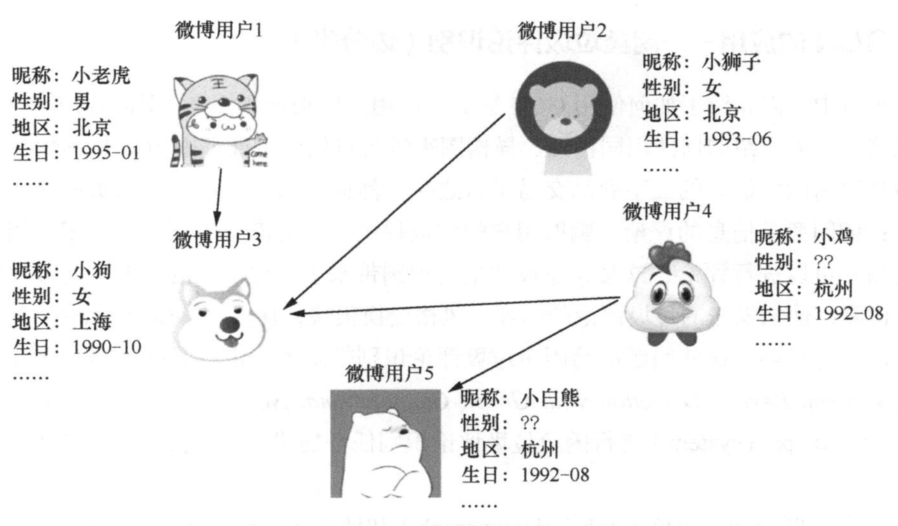

图 9-7　微博用户关注关系图

在将 GNN 应用于实际问题时，非常关键的一个步骤是如何设计好图结构，包括节点代表什么，边代表什么，使用有向图还是无向图，使用无权图还是带权图等。良好的设计能够提升解决实际问题的效果。

在微博用户性别预测这个问题上，可以把图中的每个微博用户抽象成图的一个节点，如果使用 GCN 这样的模型，需要输入邻接矩阵是无向图，可以把微博用户之间的关注和被关注关系都视为用户之间存在边相连，这样一来，图 9-7 对应的邻接矩阵如图 9-8 所示。

$$\begin{bmatrix} 0 & 0 & 1 & 0 & 0 \\ 0 & 0 & 1 & 0 & 0 \\ 1 & 1 & 0 & 1 & 0 \\ 0 & 0 & 1 & 0 & 1 \\ 0 & 0 & 0 & 1 & 0 \end{bmatrix}$$

图 9-8　图 9-7 对应的邻接矩阵（无向图）

这是一个典型的节点分类问题。可以把昵称、地区、生日编码成用户的特征，性别作为节点的标签。如果使用我们之前学过的有监督学习的方法，一个用户为一个样本，一共有 3 个已知标签的用户可以作为训练样本（为了简化说明暂时不划分验证集），训练一个分类器对未知性别的用户 4、5 进行分类。但有监督分类并没有用到用户之间的关系，比如微博用户中关注男明星的大部分是女粉丝。对于 GCN，可以将每个节点的特征抽取出来得到节点特征矩阵，再者将用户之间的关注——被关注抽象成邻接矩阵（因为需要无向图，这里关注者和被关注者设置为有边相连）。将邻接矩阵和节点特征输入 GCN 可以得到经过多层聚合后的节点特征，使用最后一层的节点特征用于分类，使用交叉熵损失函数对训练样本进行损失计算（忽略验证集和测试集样本），更新 GCN 的参数。在模型训练完毕后，使用 GCN 提取出来的测试集样本的节点特征进行节点分类即可。

因为 GCN 使用到了未标注样本（验证集、测试集）的信息，所以可以看成是半监督学习。

9.2.3 GCN 的应用——闲鱼垃圾评论识别（边分类）

上一小节中我们介绍了如何使用 GCN 解决微博用户性别预测任务，下面我们结合闲鱼垃圾评论识别这个任务介绍如何使用同构图、异构图来进行自然语言处理中的文本分类任务。

闲鱼是目前国内最大的二手商品交易平台之一。然而闲鱼上的商品展示页面充斥着各式各样的评论：询问商品信息的评论、骗取用户的垃圾评论等。与淘宝不同的是，闲鱼用户并不需要购买商品才可以进行评论，这又为垃圾评论的识别带来了一定的难度。发送垃圾评论的用户为了屏蔽检测，他们发送的垃圾评论的内容、风格变换很快，比如“+VX 号私聊”等代表让用户添加微信进行私聊。这些问题都给闲鱼垃圾评论识别带来了一定的难度。阿里在 CIKM2019 发表了论文 *Spam Review Detection with Graph Convolutional Networks*，基于 GCN 设计了 GAS（GCN-based anti-spam system）进行闲鱼垃圾评论识别任务的建模，并获得了 CIKM2019 年度最佳应用论文。

GAS 融合了两个图：闲鱼 graph（xianyu graph）和评论 graph（comment graph）。其框架结果如图 9-9 所示。如图 9-10 所示，闲鱼 graph 是一个异构图，包含用户和商品两类节点，以评论为边构建了用户和商品之间的关系，用于捕捉局部上下文信息。如图 9-11 所示，评论 graph 是一个同构图。评论 graph 引入了全局信息，它的每一个节点为某条评论的内容，节点之间的边为两条评论之间的相似性。这样，闲鱼 graph 和评论 graph 分别代表了局部信息和全局信息，GAS 分别在两个图上运行不同的 GCN 网络得到两类特征，然后对两类特征进行融合得到最后的特征，用于文本分类任务。

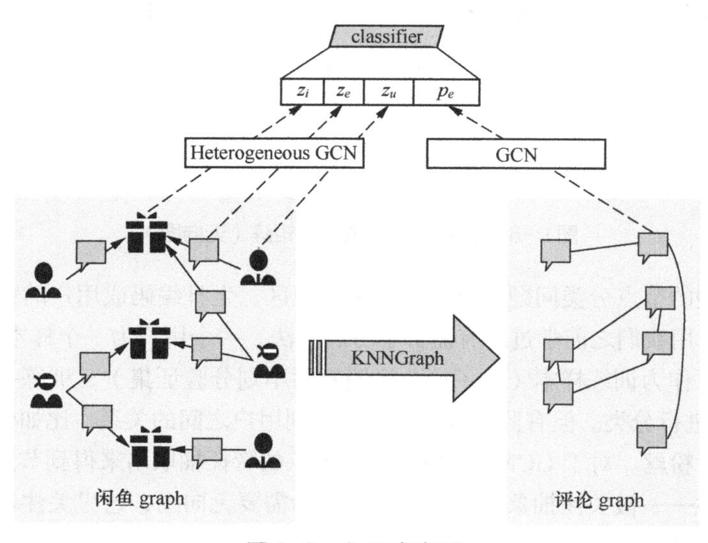

图 9-9　GAS 框架图

GAS 成功的原因之一是图结构的设计，因为采用了闲鱼 graph 和评论 graph 两种图来分别捕捉局部的用户——商品之间的关系和全局的评论之间的关系，使得 GAS 比传统的机器学习分类算法和深度学习文本分类算法能获得更好的效果。感兴趣的读者可以进一步阅读论文了解细节。

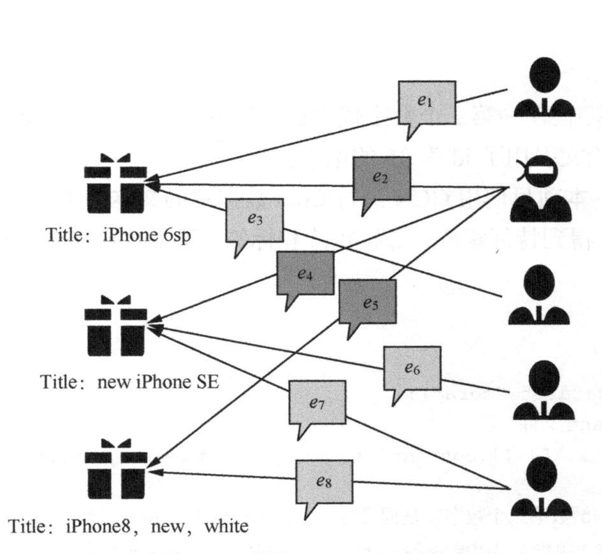
Title：iPhone 6sp
Title：new iPhone SE
Title：iPhone8，new，white
图 9-10　闲鱼 graph 示意图

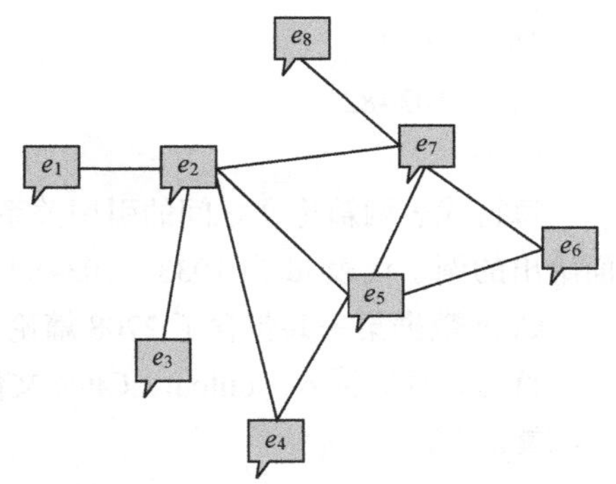
e_1：为了获取更多人认证产品，请添加#2
e_2：为了获取更多型号，请添加#3
e_3：需要更多型号和折扣，请添加#4
e_4：获取更多型号，请添加微信#2
e_5：喜欢并想购买的用户，请添加我的微信
e_6：如果你喜欢，请给我留言
e_7：我有其他型号，如果喜欢，请添加#6
e_8：您喜欢哪款，请添加#5
图 9-11　评论 graph 示意图

9.2.4　基于 Keras 的 GCN 代码解析

本节将解析论文 *Semi-Supervised Classification with Graph Convolutional Networks* 的官方代码 Keras 版本的实现，并作了简化。本项目代码蕴含了较多实现技巧和细节，值得读者深入学习。

实现 GCN 有几个重点。

（1）数据加载，构造邻接矩阵。

（2）搭建 GCN 网络。

（3）训练模型，评估模型。

下面我们就这三个重点分别展开进行代码解析。

项目使用的是 Cora 数据集。Cora 是一个机器学习领域论文数据集，每篇论文划分到一个研究方向，一共有七类研究方向。Cora 数据集包含 Content 和 Cites 文件，其中 Content 文件包含了每篇论文的词语组成，Cites 文件描述了论文之间的引用关系。

Content 文件的格式如下。

```
31336     0  0  …  1  …  0  …  0  Neural_Networks
1061127   0  0  …  1  …  0  …  0  Rule_Learning
……
```

Content 文件的每一行代表一篇论文，第一个数字代表论文的 id，接着是 1433 维特征，代表 1433 个单词的词袋特征（bag of words），某一位为 0/1 分别代表该单词未出现/出现在本篇论文中。最后一位是本篇论文研究方向所属类别，如 31336 这篇论文研究方向属于 Neural_Networks。

Cites 文件的格式如下。

35　1033
35　103482
……

每行代表两篇论文之间的引用关系，其中第一/第二个数字代表被引用/引用的论文 id。如上面给出的例子代表 id 为 1033、103482 的论文引用了 id 为 35 的论文。

Cora 数据集一共包含了 2708 篇论文，本项目使用 GCN 进行 Cora 数据集的文本分类任务。

首先，我们读入 Content、Cites 文件，得到特征矩阵、邻接矩阵和标签。下面代码实现了这一功能。

```
import scipy.sparse as sp
import numpy as np
def load_data(path="data/cora/", dataset="cora"):
    # 使用np.genfromtxt函数读取Content文件
    idx_features_labels = np.genfromtxt("{}{}.content".format(path, dataset), dtype=np.
dtype(str))
    # Content文件的每一行从第二个数字到倒数第二个数字都是词袋特征，特征转化成行稀疏矩阵
    features = sp.csr_matrix(idx_features_labels[:, 1:-1], dtype=np.float32)
    # Content文件的最后一位是标签，将标签读出并转换成one-hot编码
    labels = encode_onehot(idx_features_labels[:, -1])
    # 提取论文id
    idx = np.array(idx_features_labels[:, 0], dtype=np.int32)
    # 将论文id从0开始重新编号，得到新论文id和旧id的对应关系
    idx_map = {j: i for i, j in enumerate(idx)}
    # 读取Cites文件，获得论文之间的引用关系
    edges_unordered = np.genfromtxt("{}{}.cites".format(path, dataset), dtype=np.int32)
    # 将论文引用关系的论文id替换成新id
    edges = np.array(list(map(idx_map.get, edges_unordered.flatten())),
                     dtype=np.int32).reshape(edges_unordered.shape)
    # 构造COOrdinate格式的稀疏矩阵，用于表示邻接矩阵
    adj = sp.coo_matrix((np.ones(edges.shape[0]), (edges[:, 0], edges[:, 1])),
                        shape=(labels.shape[0], labels.shape[0]), dtype=np.float32)
    # 将邻接矩阵转换成对称矩阵
    adj = adj + adj.T.multiply(adj.T > adj) - adj.multiply(adj.T > adj)
    # 返回特征矩阵、邻接矩阵、标签
    return features.todense(), adj, labels
```

这里值得注意的有两个地方。

（1）使用 scipy.sparse 的 coo_matrix 函数将邻接矩阵转换成 COOrdinate 格式的稀疏矩阵，因为邻接矩阵是一个稀疏矩阵，使用 NumPy 读取得到的 ndarray 是使用稠密矩阵方式存储的，在矩阵比较大的时候会消耗较多的存储空间，且存储成稀疏矩阵在做运算时可采用稀疏矩阵的优化算法，加速运算。

（2）直接读取得到的邻接矩阵是非对称矩阵，是由引用论文指向被引用论文的边构成的，GCN 论文中指出，邻接矩阵应该是一个添加了自环的对称矩阵，故使用 adj = adj + adj.T.multiply(adj.T > adj) - adj.multiply(adj.T > adj)这行代码将非对称矩阵转换成对称矩阵，过程如下。

假设当前非对称邻接矩阵 adj 的取值如下。

$$\text{adj} = \begin{bmatrix} 0 & 1 & 0 \\ 0 & 0 & 1 \\ 1 & 0 & 0 \end{bmatrix} \qquad \text{adj的转置adj.T} = \begin{bmatrix} 0 & 1 & 0 \\ 0 & 0 & 1 \\ 1 & 0 & 0 \end{bmatrix}$$

adj.T>adj 比较 adj 和其转置 adj.T 每个元素的值的大小关系，获取 adj 中应当填充的位置，这一步类似求解掩码。即：

$$\text{adj.T} > \text{adj} = \begin{bmatrix} \text{False} & \text{False} & \text{True} \\ \text{True} & \text{False} & \text{False} \\ \text{False} & \text{True} & \text{False} \end{bmatrix}$$

这样一来，adj.T.multiply(adj.T > adj)就能得到邻接矩阵对称位置填充 1 以后的矩阵。

$$\text{adj.T.multiply(adj.T} > \text{adj)} = \begin{bmatrix} 0 & 0 & 1 \\ 1 & 0 & 0 \\ 0 & 1 & 0 \end{bmatrix}$$

再加上原来的 adj 即可得到补全后的对称邻接矩阵 $\boldsymbol{A}$。

$$\boldsymbol{A} = \text{adj} + \text{adj.T.multiply(adj.T} > \text{adj)} = \begin{bmatrix} 0 & 1 & 1 \\ 1 & 0 & 1 \\ 1 & 1 & 0 \end{bmatrix}$$

原式中还减去了 adj.multiply(adj.T > adj)这一项为的是处理邻接矩阵对称位置同时有元素且不相等的情况，此时取较大的元素作为对称邻接矩阵的结果。比如邻接矩阵：

$$\text{adj} = \begin{bmatrix} 0 & 5 & 4 \\ 3 & 0 & 1 \\ 2 & 0 & 0 \end{bmatrix}$$

经过对称化以后得到的对称矩阵为

$$\boldsymbol{A} = \begin{bmatrix} 0 & 5 & 4 \\ 5 & 0 & 1 \\ 4 & 1 & 0 \end{bmatrix}$$

详细的过程读者可以参照上面的例子进行推导。

接下来还需要将对称化后的邻接矩阵做归一化。由于不同节点的度的大小可能相差较大，度大的节点在聚合以后比度小的节点具有更多的特征，同时容易造成梯度消失或梯度爆炸，故需要对邻接矩阵做归一化处理。对于对称的邻接矩阵归一化操作可采用公式 $\boldsymbol{D}^{-\frac{1}{2}}\boldsymbol{A}\boldsymbol{D}^{-\frac{1}{2}}$，其中 $\boldsymbol{D}$ 是度矩阵，$\boldsymbol{A}$ 是对称的邻接矩阵。邻接矩阵归一化的代码如下。

```
def normalize_adj(adj,symmetric=True):
# 判断邻接矩阵是否是对称矩阵
if symmetric:
        d = sp.diags(np.power(np.array(adj.sum(1)), -0.5).flatten(), 0)
        a_norm = adj.dot(d).transpose().dot(d).tocsr()
    else:
        d = sp.diags(np.power(np.array(adj.sum(1)), -1).flatten(), 0)
```

```
        a_norm = d.dot(adj).tocsr()
    return a_norm
```

由于邻接矩阵没有自环（节点自身指向自身的边），所以经过图卷积操作会丢失本身信息，为此需要添加自环，即添加一个全 1 的对角矩阵即可。可以将添加自环、归一化组合在一起，写成一个邻接矩阵预处理函数。

```
def preprocess_adj(adj, symmetric=True):
    # 添加自环
    adj = adj + sp.eye(adj.shape[0])
# 邻接矩阵归一化
adj = normalize_adj(adj, symmetric)
    return adj
```

上面的代码先判断邻接矩阵是否是对称矩阵，如果是对称矩阵，则使用 $\boldsymbol{D}^{-\frac{1}{2}}\boldsymbol{A}\boldsymbol{D}^{-\frac{1}{2}}$ 来进行归一化，否则使用 $\boldsymbol{D}^{-1}\boldsymbol{A}$ 进行归一化。$\boldsymbol{D}$ 是度矩阵，可通过邻接矩阵的每行求和得到。

此外，还需要定义训练集、验证集和测试集的划分代码。训练集、验证集和测试集是共享邻接矩阵的，也就是所有节点的连接关系都是已知的，但训练过程中只使用训练集的节点进行损失函数的计算，验证集节点用于评估训练过程，测试集用于评估训练得到的模型效果。划分训练集、验证集和测试集的代码如下。

```
def sample_mask(idx, l):
    mask = np.zeros(l)
    mask[idx] = 1
    return np.array(mask, dtype=np.bool)
def get_splits(y):
# 训练集一共选取 140 个样本
idx_train = range(140)
# 验证集选取 300 个样本
idx_val = range(200, 500)
# 测试集选取 1000 个样本
    idx_test = range(500, 1500)
    y_train = np.zeros(y.shape, dtype=np.int32)
    y_val = np.zeros(y.shape, dtype=np.int32)
    y_test = np.zeros(y.shape, dtype=np.int32)
    y_train[idx_train] = y[idx_train]
    y_val[idx_val] = y[idx_val]
    y_test[idx_test] = y[idx_test]
    train_mask = sample_mask(idx_train, y.shape[0])
    return y_train, y_val, y_test, idx_train, idx_val, idx_test, train_mask
```

get_splits()函数把所有节点划分成训练集、验证集和训练集，其中调用了 sample_mask 返回一个 mask 数组，长度和数据集一样，训练集样本对应位置的元素是 1，其余位置为 0。

下面介绍如何定义 GCN 网络结构。GCN 中图卷积层的前向计算公式为 $H^{(l)}=\sigma(\boldsymbol{A}'H^{(l-1)}W^{l})$，其中 $\boldsymbol{A}'=\boldsymbol{D}^{-\frac{1}{2}}(\boldsymbol{A}+\boldsymbol{I})\boldsymbol{D}^{-\frac{1}{2}}$，即 $\boldsymbol{A}'$ 为添加了自环的归一化对称邻接矩阵。由于 Keras 中没有定义

图卷积层，故项目将它抽象成 Keras 的一个自定义层。Keras 是一个可扩展性强的框架，其自定义层只需要继承自 keras.layers.Layer 类，并实现_init_、build、call、compute_output_shape 四个方法。下面我们结合代码和相应的注释来介绍如何自定义图卷积层。

```
from keras import activations, initializers, constraints
from keras import regularizers
from keras.layers import Layer
# keras.backend 包含了 keras 的后端操作
import keras.backend as K
# 通过自定义层的方式实现图卷积层
class GraphConvolution(Layer):
# 定义__init__函数，定义层需要的一些属性
    def __init__(self, units,
                 activation=None,
                 use_bias=True,
                 kernel_initializer='glorot_uniform',
                 bias_initializer='zeros',
                 kernel_regularizer=None,
                 bias_regularizer=None,
                 activity_regularizer=None,
                 kernel_constraint=None,
                 bias_constraint=None,
                 **kwargs):
        if 'input_shape' not in kwargs and 'input_dim' in kwargs:
            kwargs['input_shape'] = (kwargs.pop('input_dim'),)
        super(GraphConvolution, self).__init__(**kwargs)
        # 图卷积层输出特征维度
        self.units = units
        # 定义激活、是否添加偏置、核和偏置的初始化方式等
        self.activation = activations.get(activation)
        self.use_bias = use_bias
        self.kernel_initializer = initializers.get(kernel_initializer)
        self.bias_initializer = initializers.get(bias_initializer)
        self.kernel_regularizer = regularizers.get(kernel_regularizer)
        self.bias_regularizer = regularizers.get(bias_regularizer)
        self.activity_regularizer = regularizers.get(activity_regularizer)
        self.kernel_constraint = constraints.get(kernel_constraint)
        self.bias_constraint = constraints.get(bias_constraint)
        self.supports_masking = True
    # 定义 compute_output_shape 函数，通过输入维度，计算输出维度
 def compute_output_shape(self, input_shapes):
    # 图卷积层一共有两个输入：节点特征和邻接矩阵。input_shapes 第一个元素获取到节点特征的维度大小
        features_shape = input_shapes[0]
        # 层的输出维度是（批大小，输出特征维度）
        output_shape = (features_shape[0], self.units)
        return output_shape
    # 定义 build 函数，定义权重的尺寸、初始化方式等信息
    def build(self, input_shapes):
        features_shape = input_shapes[0]
```

```
            assert len(features_shape) == 2
            # 获取输入节点特征的维度
            input_dim = features_shape[1]
            # 添加线性变换的权重 W，尺寸大小是(input_dim,self.units)，设置其初始化方式等
            self.kernel = self.add_weight(shape=(input_dim,self.units), initializer=self.
kernel_initializer,name='kernel',regularizer=self.kernel_regularizer,
    constraint=self.kernel_constraint)
            # 如果使用偏置，则定义偏置的尺寸和初始化方式等信息
            if self.use_bias:
                self.bias = self.add_weight(shape=(self.units,),initializer=self.bias_initializer,
                                name='bias',regularizer=self.bias_regularizer,constraint=
self.bias_constraint)
            else:
                self.bias = None
            # build 函数需要设置 built 标志位为 True，表示 build 函数已经执行过了
            self.built = True
        # 定义 call 函数,实现层的逻辑功能,即定义输入到输出的变换过程,参数 inputs 是层的输入,参数 mask
用于层的 masking 操作
    def call(self, inputs, mask=None):
            # inputs[0]是节点特征 features, inputs[1]是邻接矩阵 A'
            features = inputs[0]
            basis = inputs[1:]
            # 实现了公式中的 A'H^(l-1)
    supports = K.dot(basis[i], features)
            # 实现了公式中的 A'H^(l-1)W^l
            output = K.dot(supports, self.kernel)
            if self.bias:
                output += self.bias
            # 实现了公式中的 H^(l) = σ(A'H^(l-1)W^l)，其中σ 为激活函数
            return self.activation(output)
        # 定义 get_config 的目的是保存自定义层的参数
        def get_config(self):
            config = {'units': self.units,'support': self.support,'activation':
    activations.serialize(self.activation),'use_bias': self.use_bias,
                    'kernel_initializer': initializers.serialize(self.kernel_initializer),
                    'bias_initializer': initializers.serialize(self.bias_initializer),
                    'kernel_regularizer': regularizers.serialize(self.kernel_regularizer),
                    'bias_regularizer': regularizers.serialize(self.bias_regularizer),
                    'activity_regularizer': regularizers.serialize(self.activity_regularizer),
                    'kernel_constraint': constraints.serialize(self.kernel_constraint),
                    'bias_constraint': constraints.serialize(self.bias_constraint)
            }
            base_config = super(GraphConvolution, self).get_config()
            return dict(list(base_config.items()) + list(config.items()))
```

可以看出，层的前向计算过程定义在 call 函数里，通过 Keras 的后端，可以实现邻接矩阵、节点特征、权重矩阵相乘结果 $\boldsymbol{A'H}^{(l-1)}\boldsymbol{W}^{l}$，把结果送入激活函数即可得到图卷积层的输出。

定义好图卷积层后，可以用它来定义 GCN 模型了。下面给出定义两层 GCN 模型的代码。

```
def build_model():
    X_in = Input(shape=(X.shape[1],))
    G = [Input(batch_shape=(None, None), sparse=True)]
# 输入包含节点特征和邻接矩阵
    inputs=[X_in]+G
    H = Dropout(0.5)(X_in)
    # 第一层图卷积层，输出的特征维度是 16
    H = GraphConvolution(16, activation='relu', kernel_regularizer=l2(5e-4))([H]+G)
    H = Dropout(0.5)(H)
    # 第二层图卷积层，以第一层的输出作为节点特征进行输入，输出的特征维度是类别数
    Y = GraphConvolution(y.shape[1], activation='softmax')([H]+G)
    # 通过 Model 指定输入输出来定义模型
    model = Model(inputs=inputs, outputs=Y)
    model.compile(loss='categorical_crossentropy', optimizer=Adam(lr=0.01))
    return model
```

这里需要注意的是，输入的邻接矩阵是二维矩阵，使用 Input 指定的时候可以设置 batch_shape=(None, None)。

定义好数据加载、GCN 模型后，可以进行 GCN 模型的训练和评估，以下代码实现了这一功能。

```
# 指定数据集名称
DATASET = 'cora'
# 是否对称化邻接矩阵
SYM_NORM = True
# 训练的轮数
NB_EPOCH = 1000
# 早停的轮数
PATIENCE = 10
# 加载数据，得到节点特征、邻接矩阵、标签
X, A, y = load_data(dataset=DATASET)
# 划分训练集、验证集、测试集
y_train, y_val, y_test, idx_train, idx_val, idx_test, train_mask = get_splits(y)
# 归一化节点特征，即除以特征矩阵每行求和的结果
X /= X.sum(1).reshape(-1, 1)
# 预处理邻接矩阵：对称化（可选）、添加自环、归一化
A_ = preprocess_adj(A, SYM_NORM)
# 输入为节点特征 X 和预处理后的邻接矩阵 A_
graph = [X, A_]
model = build_model()
# Helper variables for main training loop
wait = 0
preds = None
best_val_loss = 99999
# 一共训练 NB_EPOCH 轮
for epoch in range(1, NB_EPOCH+1):
    t = time.time()
```

```
    # 传入train_mask作为sample_weight，为的是只有训练集的节点参与训练
        model.fit(graph, y_train, sample_weight=train_mask,
                  batch_size=A.shape[0], epochs=1, shuffle=False, verbose=0)
        # 所有节点进行预测
        preds = model.predict(graph, batch_size=A.shape[0])
    # 计算训练集、验证集的误差和准确率
    train_val_loss, train_val_acc = evaluate_preds(preds, [y_train, y_val],[idx_train,
idx_val])
    print("Epoch: {:04d}".format(epoch),train_loss= {:.4f}".format(train_val_loss[0]),
    train_acc= {:.4f}".format(train_val_acc[0]),val_loss= {:.4f}".format(train_val_loss[1])
    val_acc= {:.4f}".format(train_val_acc[1]),time= {:.4f}".format(time.time() - t))
    # 早停判断
    if train_val_loss[1] < best_val_loss:
            best_val_loss = train_val_loss[1]
            wait = 0
    else:
            if wait >= PATIENCE:
                print('Epoch {}: early stopping'.format(epoch))
                break
            wait += 1
    # 模型训练结束，进行测试集评估
    test_loss, test_acc = evaluate_preds(preds, [y_test], [idx_test])
    print("Test set results:",loss= {:.4f}".format(test_loss[0]),accuracy= {:.4f}".
format(test_acc[0]))
```

笔者设置训练总轮数 NB_EPOCH 为 1000，模型在 772 轮早停。最后得到的训练集、验证集、测试集的准确率分别是 79.29%、67.33%、57.10%。这里使用了两层的图卷积层，读者可以尝试增加层数观察结果的变化情况。此外，原始代码还包含了加入切比雪夫多项式的改进，感兴趣的读者可以阅读源代码进行学习。

9.3 改进 GCN 模型——GAT 原理及应用

9.3.1 GAT 原理介绍

GAT 来源于 *Graph Attention Network*，可视为 GCN 的一种改进。GAT 拥有如下优点。

（1）适用于动态图（即邻接矩阵会产生变化的图）。

（2）适用于有向图。

GAT 将注意力机制应用于 GNN 中，对每个节点使用自注意力机制，计算出节点 i 和其所有邻居节点 j 的权重系数，使用该系数对节点 i 的邻居节点特征进行聚合。下面我们结合公式进行介绍。

（1）首先，使用如下公式计算出节点 i 和其邻居节点 j 的注意力系数 e_{ij}。为了实现线性变化改变特征维度，引入一个矩阵 $\boldsymbol{W}$。

$$e_{ij} = a(\boldsymbol{W}\vec{h}_i, \boldsymbol{W}\vec{h}_j)$$

注意，a 不是一个系数，而是一个映射（变换）。

为了使得注意力系数更便于比较，使用 softmax 对注意力系数归一化。

$$\alpha_{ij} = softmax_j(e_{ij}) = \frac{exp(e_{ij})}{\sum_{k \in N_i} exp(e_{ik})}$$

N_i 是所有 i 的邻居节点。注意，节点 i 本身也被视为 N_i 中的元素。

（2）在求出注意力系数 α_{ij} 以后，使用 α_{ij} 对节点 i 的邻居节点 j 进行特征聚合，作为下一层节点 i 的特征 $\vec{h}'_i$，可以用如下公式表示：

$$\vec{h}'_i = \sigma\left(\sum_{j \in N_i} \alpha_{ij} \boldsymbol{W}\vec{h}_j\right)$$

（3）为了增加特征的表现性，通常采用多头注意力机制。什么是多头注意力机制呢？简言之，就是使用多个不同的权重，计算出多个不同的注意力系数，得到更加丰富的特征表达。

$$\vec{h}'_i = // \sigma\left(\sum_{j \in N_i} \alpha_{ij}^k \boldsymbol{W}^k \vec{h}_j\right) k = 1 \cdots K \text{（}k\text{头注意力结果进行拼接）}$$

$$\vec{h}'_i = \sigma\left(\frac{1}{K} \sum_{k=1}^{K} \sum_{j \in N_i} \alpha_{ij}^k \boldsymbol{W}^k \vec{h}_j\right) \text{（}k\text{头注意力结果进行平均）}$$

以上公式一共有 k 头注意力，每个注意力都有自己的权重矩阵 $\boldsymbol{W}_k$。通过将每个头的注意力机制聚合特征进行拼接或者平均作为 k 头注意力的结果。

结合 k 头注意力机制的 GAT 可以用图 9-12 来表示。

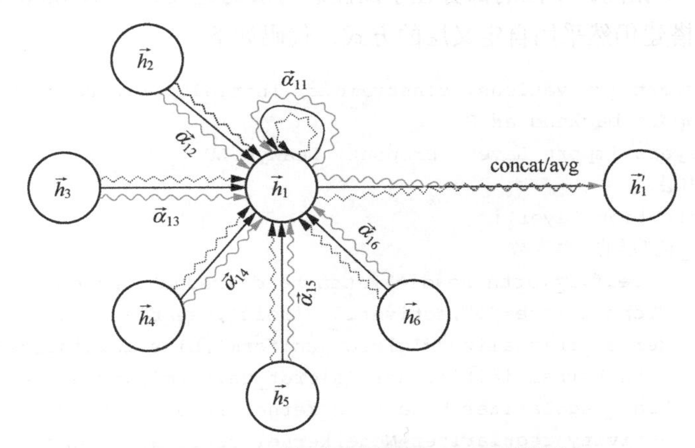

图 9-12 k 头注意力机制的 GAT 示意图

在图 9-12 中，为了计算节点 1 的聚合结果，通过节点 1 特征 $\vec{h}_1$ 和节点 2 特征 $\vec{h}_2$ 计算出注意力系数 $\vec{\alpha}_{12}$，同理，计算出节点 1 其他邻居节点的系数，包括节点 1（本身也作为邻居节点，可参考上图中的节点 1 自身的环）、节点 3、节点 4、节点 5、节点 6 的系数，进行聚合得到单头注意力结果。对于多个头注意力结果（上图每种颜色代表一个头，共 3 个头），直接使用拼接或者求平均的方式得到最后的节点 1 特征表示。

9.3.2 GAT 的应用——微博用户性别预测

与 GCN 类似，我们可以采用图注意力机制来做节点分类任务，还是采用之前的微博关注图谱，此时，由于图注意力机制网络可以使用有向图作为邻接矩阵，构建微博关注图的时候，我们将边建模成关注用户指向被关注用户。构造出来的邻接矩阵如图 9-13 所示。

$$\begin{bmatrix} 0 & 0 & 1 & 0 & 0 \\ 0 & 0 & 1 & 0 & 0 \\ 0 & 0 & 0 & 0 & 0 \\ 0 & 0 & 1 & 0 & 1 \\ 0 & 0 & 0 & 0 & 0 \end{bmatrix}$$

图 9-13　微博关注图对应的邻接矩阵（有向图）

微博用户小狗可能是一个“微博大 V”，她拥有较多的关注者。节点特征的提取方式和 9.2.2 小节相同。通过输入邻接矩阵和节点特征矩阵，我们能得到 GAT 的最后一层特征表达，用最后一层的特征表达来进行节点分类任务即可，在此不再赘述。

一般而言，由于图注意力机制在聚合邻居特征时对不同邻居节点赋予不同的权重，比 GCN 更有效地聚合了邻居节点信息，从而通常能够获得比 GCN 更好的效果。

9.3.3 基于 Keras 的 GAT 代码解析

本小节将解析基于 Keras 的 GAT 代码实现。GAT 的数据读取、邻接矩阵构造及预处理部分和基于 Keras 的 GCN 相同，不同的部分在于图注意力层的定义和 GAT 模型搭建上。

图注意力层的搭建仍然采用自定义层的方式，代码如下。

```
from keras import activations, constraints, initializers, regularizers
from keras import backend as K
from keras.layers import Layer, Dropout, LeakyReLU
# 自定义图注意力层
class GraphAttention(Layer):
    # __init__定义层的一些参数
    def __init__(self,F_,attn_heads=1,attn_heads_reduction='concat',
                 dropout_rate=0.5,activation='relu',use_bias=True,
                 kernel_initializer='glorot_uniform',bias_initializer='zeros',
                 attn_kernel_initializer='glorot_uniform',kernel_regularizer=None,
                 bias_regularizer=None,attn_kernel_regularizer=None,
                 activity_regularizer=None,kernel_constraint=None,
                 bias_constraint=None,attn_kernel_constraint=None,**kwargs):
        if attn_heads_reduction not in {'concat', 'average'}:
            raise ValueError('Possbile reduction methods: concat, average')
        self.F_ = F_  # 输出节点特征维度
        self.attn_heads = attn_heads  # 多头注意力机制头数
        # 多头注意力聚合方式，有两种：'concat'（拼接），'average'（平均）
        self.attn_heads_reduction = attn_heads_reduction
        self.dropout_rate = dropout_rate
        self.activation = activations.get(activation)
```

```
        self.use_bias = use_bias
        self.kernel_initializer = initializers.get(kernel_initializer)
        self.bias_initializer = initializers.get(bias_initializer)
        self.attn_kernel_initializer = initializers.get(attn_kernel_initializer)
        self.kernel_regularizer = regularizers.get(kernel_regularizer)
        self.bias_regularizer = regularizers.get(bias_regularizer)
        self.attn_kernel_regularizer = regularizers.get(attn_kernel_regularizer)
        self.activity_regularizer = regularizers.get(activity_regularizer)
        self.kernel_constraint = constraints.get(kernel_constraint)
        self.bias_constraint = constraints.get(bias_constraint)
        self.attn_kernel_constraint = constraints.get(attn_kernel_constraint)
        self.supports_masking = False
        self.kernels = []
        self.biases = []
        self.attn_kernels = []
        # 计算输出的维度，采用拼接方式下输出的维度是(batch_size,self.attn_heads*F_ )
        if attn_heads_reduction == 'concat':
            self.output_dim = self.F_ * self.attn_heads
        # 采用平均方式下输出的维度是(batch_size,*F_ )
    else:
            self.output_dim = self.F_
        super(GraphAttention, self).__init__(**kwargs)
    # 定义 build 函数，设置权重的尺寸、初始化方式、正则化方式等
    def build(self, input_shape):
        assert len(input_shape) >= 2
        # 输入节点特征维度
        F = input_shape[0][-1]
        #初始化多头注意力机制每个头的权重
        for head in range(self.attn_heads):
            # 权重 W，尺寸是(F,self.F_)
            kernel = self.add_weight(shape=(F, self.F_),initializer=self.kernel_initializer,
            regularizer=self.kernel_regularizer,constraint=self.kernel_constraint,
            name='kernel_{}'.format(head))
            self.kernels.append(kernel)
            if self.use_bias:
                bias = self.add_weight(shape=(self.F_, ),initializer=self.bias_initializer,
            regularizer=self.bias_regularizer,constraint=self.bias_constraint,
            name='bias_{}'.format(head))
                self.biases.append(bias)
            # 权重 a，尺寸是(self.F_,1)
            attn_kernel_self = self.add_weight(shape=(self.F_, 1),
            initializer=self.attn_kernel_initializer,regularizer=self.attn_kernel_
regularizer,
            constraint=self.attn_kernel_constraint,name='attn_kernel_self_{}'.format
(head),)
            attn_kernel_neighs = self.add_weight(shape=(self.F_, 1),
            initializer=self.attn_kernel_initializer,regularizer=self.attn_kernel_
regularizer,
            constraint=self.attn_kernel_constraint,name='attn_kernel_neigh_{}'.
```

```
format(head))
            self.attn_kernels.append([attn_kernel_self, attn_kernel_neighs])
        self.built = True
    # 定义call函数，实现图注意力层前向计算过程
    def call(self, inputs):
        X = inputs[0]  # 节点特征
        A = inputs[1]  # 邻接矩阵
        outputs = []
        # 分别计算每个头的输出
        for head in range(self.attn_heads):
            # 权重W
            kernel = self.kernels[head]
            attention_kernel = self.attn_kernels[head]
            # 计算W\vec{h}_i
            features = K.dot(X, kernel)
            # 计算\vec{a}^T W\vec{h}_i，尺寸为(N,1)
            attn_for_self = K.dot(features, attention_kernel[0])
            attn_for_neighs = K.dot(features, attention_kernel[1])
            # 使用广播机制，得到所有\vec{a}^T W\vec{h}_i、\vec{a}^T W\vec{h}_j的组合，尺寸为(N,N)
            dense = attn_for_self + K.transpose(attn_for_neighs)
            dense = LeakyReLU(alpha=0.2)(dense)
            # 使用邻接矩阵计算掩码，只聚合节点的一阶邻居节点特征
            mask = -10e9 * (1.0 - A)
            dense += mask
            # 归一化注意力系数
            dense = K.softmax(dense)
            dropout_attn = Dropout(self.dropout_rate)(dense)
            dropout_feat = Dropout(self.dropout_rate)(features)
            # 使用注意力系数对邻居节点特征进行聚合，得到输出的节点特征
            node_features = K.dot(dropout_attn, dropout_feat)
            if self.use_bias:
                node_features = K.bias_add(node_features, self.biases[head])
            outputs.append(node_features)
        # 聚合多头注意力结果
        if self.attn_heads_reduction == 'concat':
            output = K.concatenate(outputs)
        else:
            output = K.mean(K.stack(outputs), axis=0)
        output = self.activation(output)
        return output
    # 定义compute_output_shape函数，输出尺寸是(batch_size,output_dim)。其中output_dim
是根据聚合方式计算得到
    def compute_output_shape(self, input_shape):
        output_shape = input_shape[0][0], self.output_dim
        return output_shape
```

上述代码中 call 函数定义了图注意力层的前向计算过程，值得注意的是其实现和论文的实现略有差别。论文中将 $\boldsymbol{W}\vec{h}_i$ 和 $\boldsymbol{W}\vec{h}_j$ 拼接得到的结果与 $\vec{a}^T$ 相乘，上述代码对节点到自身注意力计

算和节点到其他邻居节点的计算使用了两个不同的权重 $\vec{a}_1^T$ 和 $\vec{a}_2^T$ 。

此外，mask = −10e9 * (1.0−A)这行代码是一个值得注意的技巧。邻接矩阵 $\boldsymbol{A}$ 里面为 1 的元素的 mask 矩阵对应的值是 0，$\boldsymbol{A}$ 里面元素为 0 的 mask 矩阵对应的值是−10e9，这是一个很小的值，其以 e 为底的指数非常小，接近 0，这样就起到了“屏蔽”非邻居节点的作用。

为了对比 GAT 与 GCN 的效果，在两层 GAT 模型（注意力机制头数是 4，每头输出特征维度是 8）上训练 500 轮，得到训练集、验证集、测试集的准确率分别为 77.86%、56.92%、41.80%。可以看到 GAT 的效果不如 GCN，GAT 的训练集与验证集准确率相差较大，究其原因可能是模型发生了过拟合，因为训练样本只有 140 个节点，GAT 的参数比 GCN 更多，更容易过拟合。

本章小结

本章先介绍了引入 GNN 的原因：现实世界中存在大量非欧结构数据，难以直接应用之前学习到的深度学习经典模型或应用效果不佳，因此学者提出了 GNN 相关模型。在介绍了 GNN 的基本概念以后，本章详细介绍了两种重要的 GNN：GCN 和 GAT，并通过微博用户性别分类、闲鱼垃圾评论识别的例子来介绍 GCN 在节点分类任务上的实际应用。同时，将微博用户性别分类任务迁移到 GAT 上，展示了如何使用 GAT 进行节点分类。最后，本章介绍了基于 Keras 的 GCN 和 GAT 代码实现。

学习完本章读者应能够掌握 GNN 的引入原因及基本概念、GCN 和 GAT 的原理和代码实现、Keras 自定义层等知识点。

习题

（1）尝试解决 GAT 过拟合问题（比如增加训练集样本数量）。

（2）思考 GAT 为什么能应用于有向图而 GCN 不能。

（3）仔细阅读 GCN 项目源代码和 GAT 项目源代码。

拓展阅读

（1）阅读原始论文或相关资料了解 GCN 的改进模型 ChebNet 和 GraphSAGE，并思考 GCN 存在什么不足，ChebNet 和 GraphSAGE 是怎么进行改进的。

（2）查阅相关资料了解 GNN 在谱域角度的理论基础和相关模型。

第 10 章 巴甫洛夫的狗——智能体学习

中国人民和中华民族从近代以后的深重苦难走向伟大复兴的光明前景，从来就没有教科书，更没有现成答案。党的百年奋斗成功道路是党领导人民独立自主探索开辟出来的，马克思主义的中国篇章是中国共产党人依靠自身力量实践出来的，贯穿其中的一个基本点就是中国的问题必须从中国基本国情出发，由中国人自己来解答。

——摘自党的二十大报告

20 世纪初创立的“行为主义学习理论”中，主体通过对环境不断的尝试，探索并发现一套自身适应环境的方法成为行为主体的核心，而这种能力的高低（智能水平）决定了行为主体对环境的应对能力。本章以巴甫洛夫的狗为例子，对强化学习的原理和过程、基于值函数和基于策略梯度等方法进行阐述，以此为基础对阿尔法狗的原理介绍，最后对分布式优化和高级强化学习方法进行概述。

本章学习目标：

- ❑ 理解强化学习发展、组成和基本原理
- ❑ 理解强化学习的分类、值函数和策略学习等方法
- ❑ 理解大规模分布式强化学习框架
- ❑ 了解 AlphaGo 的运行原理
- ❑ 了解智能体学习的高级强化学习方法
- ❑ 了解多智能体强化学习的基本原理

10.1 灵感来源——反射学习

在 1890 年左右，巴甫洛夫研究了狗的胃，透过唾腺来研究在不同条件下狗对食物的唾液分泌。他注意到狗在食物送进嘴里之前便开始分泌口水，当他每次给狗喂食之前，都先摇动一个铃铛，久而久之，狗学会了把铃铛当成进食的前奏。后来，只要铃铛一响，狗就会开始流口水，不管接下来有没有食物，通过实验发现狗可以通过经验或者学习获得一套反射规则，这种基于反射的学习方式被广为应用。同样地我们不断地进行考试，不断地进行模拟考试，就是为了不断地强化我们对于知识的掌握程度，这就是基于行为主义的强化学习的最初来源。

10.2 向狗学习——强化学习

10.2.1 发展历程

近代计算机学家艾伦·图灵将智能定义为：在测试者与被测试者（一个人和一台机器）隔开的情况下，通过一些装置（如键盘）向被测试者随意提问，进行多次测试后，如果机器让平均每个参与者做出超过 30%的误判，那么这台机器就通过了测试，并被认为具有人类智能。这就是著名的图灵测试（Turing test）。1954 年明斯基首次提出“强化”和“强化学习”的概念和术语。1965 年沃尔茨在控制理论中也提出了这一概念，描述了通过奖惩的手段进行学习的基本思想。他们都明确了“试错”是强化学习的核心机制。直到 1957 年，贝尔曼提出了求解最优控制问题以及最优控制问题的随机离散版本马尔可夫决策过程（markov decision process，MDP）的动态规划（dynamic programming，DP）方法；随后霍华德提出了求解 MDP 的策略迭代方法。经过一段时间的沉寂，1989 年，Watkins 提出的 Q 学习（Q-learning）进一步拓展了强化学习的应用。Q 学习使得在缺乏立即回报函数（仍然需要知道最终回报或者目标状态）和状态转换函数的知识下依然可以求出最优动作策略。此外沃特金斯还证明了当系统是确定性的 MDP，并且回报是有限的情况下，强化学习是收敛的，也即一定可以求出最优解。

此后一段时间，强化学习发展相对缓慢，而机器学习、深度学习等技术得到了快速发展，直到在 2013 年，Google DeepMind 发表了利用强化学习玩 Atari 游戏的论文，至此强化学习进入了新的发展阶段。随后 2015 年 10 月，DeepMind 公司开发的 AlphaGo 程序击败了人类高级选手樊麾，成为第一个无须让子即可在 19 路棋盘上击败围棋职业棋手的计算机围棋程序，相关论文发表在国际顶级期刊 *Nature* 上。2016 年 3 月，通过自我对弈学习的 AlphaGo 在比赛中以 4∶1 击败顶尖职业棋手李世石轰动一时。同时 DeepMind 也公布了他们的最新版 AlphaGo 论文，其中使用了蒙特卡罗树搜索与两个深度神经网络相结合的方法，一个是以估值网络来评估大量的选点，另一个是走棋网络来选择落子。随后最新版本的 AlphaGo Zero 将价值网络和策略网络

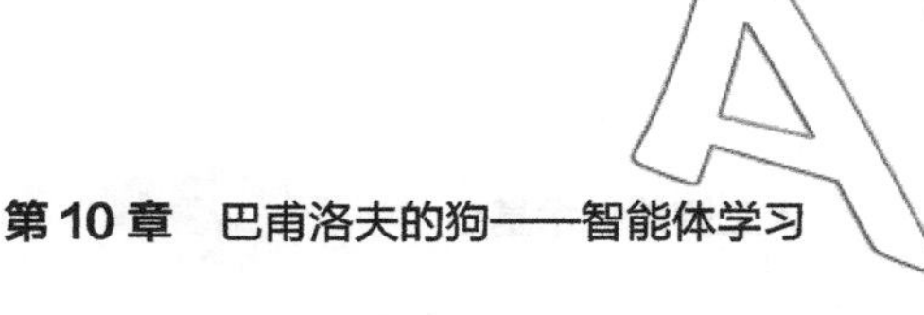

整合为一个架构，经过 3 天训练，就以 100：0 击败了上一版本的 AlphaGo，至此强化学习的发展进入快车道。

10.2.2　强化学习范式

强化学习通常由环境、奖赏和智能体三部分组成，如图 10-1 所示。

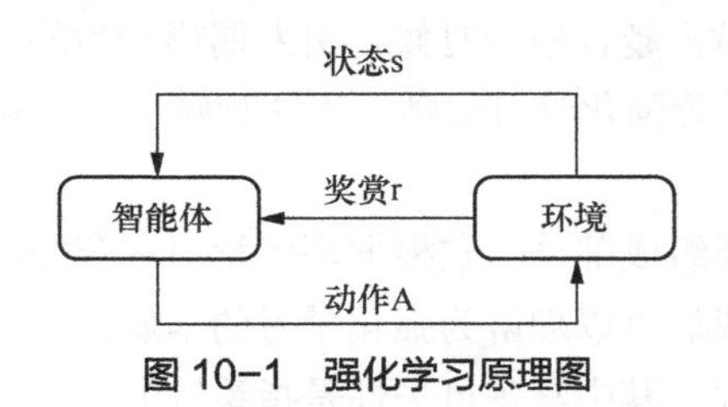

图 10-1　强化学习原理图

其中，环境是要解决问题的核心部分，是智能体学习的基础，一般包含了奖励函数工程；智能体一般可以理解为一种算法或者多种算法的集合。整个强化学习的学习范式是智能体通过获取环境的状态，自身做出一个应对当前状态的动作，环境根据动作给出与智能体对应的奖励函数，智能体与环境通过这种方式进行不断的交互学习，最终通过学习一套控制策略来使得整个学习过程的累积期望奖励最大化。

（1）强化学习环境

人类的学习是在真实的环境下，但强化学习是一种试错学习，在真实环境中具有一定的风险，因此主要在模拟环境中进行实验，目前主流的仿真环境包括以下几种。

① Gym. OpenAI 开发的 Gym 游戏包含了很多直接可以训练强化学习算法的小游戏，其包括了经典的 Atari、Box2D、Classic Control、MuJoCo、Robotics 等大类，每个类中又包含很多小游戏，例如：CartPole-V1 等。

② Dm_control. Dm_control 是由 Google DeepMind 公司开发的一套基于 MuJoCo 物理引擎的 Python 强化学习的开发环境，可以在一套标准化的架构上执行各种不同的强化学习任务，并使用可解释性奖励来评估强化学习算法的学习效果。

③ Pysc2. PySC2 是暴雪公司和 DeepMind 合作开源的“星际争霸 Ⅱ 学习环境”（SC2LE）的 Python 组件，其允许研究者较容易地使用暴雪的 feature-layer API 和自己的智能体。PySC2 提供了灵活易用的强化学习智能体界面。DeepMind 将游戏分解成了“feature layer”，其中诸如单位类型、血量、地图可见度这样的元素彼此是孤立的，同时也保留了游戏的核心视觉和空间元素。

（2）奖励工程

俗话说：“工欲善其事，必先利其器”，安装一个属于自己的强化学习仿真环境是一件非常重要的事，然而这些环境只能为我们提供一个特定的验证和提高算法、开发算法的基准。虽然这已经可以满足大多数人的需要，但对于那些想要在自己从事的领域做点事的爱好者来说还远远不够。自定义一个真正属于自己的开发环境，其中最难的一个过程便是奖励函数的设定，其直接决定实际问题中算法最终所能达到的控制性能的高度。然而目前强化学习中普遍存在奖励稀疏性（sparse reward），即大部分任务的 state-action 空间中，奖励信号都为 0，我们称之为奖励函数的稀疏（sparsity of reward），稀疏的奖励函数导致算法收敛速度缓慢，同时智能体需要和环境多次交互学习大量样本才能使得智能体算法收敛获得最优解。目前解决稀疏奖励函数普遍的做法是进行奖励函数塑形（reward shaping），即在奖励函数之外设置奖励，数学表示为：

$$R'(s,a,s') = R(s,a,s') + E(s')$$

式中，$R'(s,a,s')$为改变后的新回报函数；$E(s')$为额外奖励。此外，丹尼尔提出奖励工程原则时指出“强化学习系统变得越来越普通的时候，引发期望行为的奖励机制的设计变得更加重要和困难！”，这也是我们在设置强化学习奖励工程的时候一个非常重要的指导原则。

（3）智能体

智能体是强化学习的重要组成部分，它根据环境学习一套完整的控制策略，进而实现根据环境可以做出对应的控制。我们可以理解为强化学习的本质是解决一个序列决策问题，目前通用的方法是马尔可夫决策过程，其中马尔可夫性是指系统的下一个状态仅与当前状态有关，而与之前的状态无关，在这个过程中，从有限状态集合 A 转移到 B 的过程，其中涉及了状态转移概率（有时候为状态转移矩阵），根据此属性，强化学习根据是否已知转移概率分为基于模型（model-based）和无模型（model-free）两种方法，其中 model-based 需要知道状态之间的转移概率 P（即从 A 到 B 状态的转移概率），而无模型只需要根据历史交互数据便可学习。

强化学习的最终目标是在一个马尔可夫决策过程中，通过找到一个最优策略，使得累计期望奖励最大，那么如何找到策略呢？下面我们以 OpenAI 公司的 gym 环境中的 Pendulum-v0 为例来解释，如图 10-2 所示。

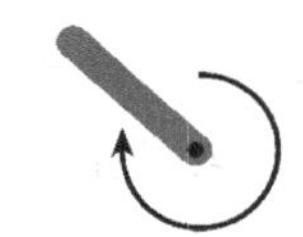
图 10-2　Pendulum-v0 摆杆环境

在使用的时候，首先试将环境导入（Gym 安装阅读官方文档）。

```
import gym
env = gym.make('Pendulum-v0')
print(env.observation_space) #状态空间维数
print(env.action_space)  #动作空间维数
```

通过打印，我们看到了环境的观察值。

```
Box(3,)
Box(1,)

Process finished with exit code 0
for i_episode in range(20):
    observation = env.reset()
    for t in range(100):
        env.render()
        print(observation)
        action = env.action_space.sample()
        observation, reward, done, info = env.step(action)
        if done:
            print("Episode finished after {} timesteps".format(t + 1))
            break
```

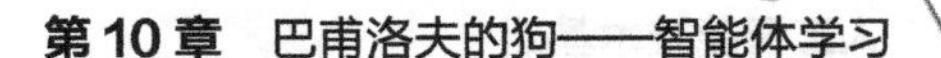

本例中 action 是通过 sample 函数采样得到的，但通常情况下，这里的 action 动作值不再是随机的，而是一个智能体的核心算法部分，一般表示为 action = learn(obervation)，其中的 learn 则是学习过程，目前有基于值函数和基于策略学习两种方式。

10.2.3　值函数与策略函数

（1）策略（policy）

当智能体处于某一个状态（state）的时候，智能体以一定的概率去选择某一个动作（action），这就是策略的最初定义，即从状态到动作的一个函数映射，一般在状态 s 时采取动作 a 的概率分布表示为策略：

$$\pi(a\mid s)=P(A_t=a\mid S_t=s)$$

策略通常又分为随机策略（π）和确定性策略（μ）。随机策略是指对于相同的状态，其输出的状态并不唯一，而是满足一定的概率分布，从而导致即使是处在相同的状态，也可能输出不同的动作，这种策略能够探索好的经验，但缺点是数据采样量大，学习速度比较慢；而确定性策略是指在相同的状态下，其输出的动作是确定的，其能够利用确定性梯度优化策略，即不需要太多的采样数据，计算效率也可以很快。

对于策略的计算，通常包含了策略评估和策略迭代两个步骤。**策略评估**指计算给定策略下状态价值函数 V_π的过程，它可以从任意一个状态价值函数开始，依据给定的策略，结合贝尔曼期望方程、状态转移概率和奖励，同步迭代更新状态价值函数直至其收敛，得到该策略下最终的状态价值函数。**策略迭代**是当给定一个策略π时，可以得到基于该策略的价值函数 V_π，基于产生的价值函数可以得到一个贪婪策略$\pi'=greedy(V_\pi)$，依据新的策略π'会得到一个新的价值函数，并产生新的贪婪策略，如此重复循环迭代将最终得到最优价值函数 V^*和最优策略π^*。

（2）值函数

值函数是用来估计一个智能体在某个状态 s 时有多好，或者在某个状态选择某个动作 a 时有多好，通常分为状态值函数 $V_\pi(s)$和状态-动作值函数 $Q_\pi(s,a)$，状态值函数通常用数学表示为：

$$V_\pi(s)\doteq\mathbb{E}_\pi[G_t\mid S_t=s]=\mathbb{E}_\pi\left[\sum_{k=0}^{\infty}\gamma^k R_{t+k+1}\mid S_t=s\right]$$

$V_\pi(s)$与策略函数π有关，可以理解为当智能体以策略π运行时状态 s 的价值是多少，同理在某个状态下，采取动作 a 所获得的值函数通常称为“状态—动作值函数”，数学表示为：

$$Q_\pi(s,a)\doteq\mathbb{E}_\pi[G_t\mid S_t=s,A_t=a]=\mathbb{E}_\pi\left[\sum_{k=0}^{\infty}\gamma^k R_{t+k+1}\mid S_t=s,A_t=a\right]$$

其中 $V_\pi(s)$和 $Q_\pi(s,a)$两个式子称为“贝尔曼方程”，它表明了当前状态的值函数与下一个状态的值函数的关系，其中状态值函数和状态—动作值函数之间存在转换关系，具体关系本文不做详述，为了进一步解决 MDP 问题，下文将对目前常见的三种解决 MDP 问题的方法进行介绍。

10.2.4 MDP 求解方法

（1）动态规划法

DP 是一种通过把原问题分解为相对简单的子问题的方式求解复杂问题的方法。它常常适用于有重叠子问题和最优子结构性质的问题，在解决子问题的时候，其结果通常需要存储起来以用来解决后续复杂问题。当问题具有下列特性时，通常可以考虑使用 DP 来求解：①一个复杂问题的最优解由数个小问题的最优解构成；②可以通过寻找子问题的最优解来得到复杂问题的最优解。

（2）蒙特卡罗法

在无法获取 MDP 状态转移概率的情况下，蒙特卡罗法（Monte Carlo，MC）直接从完整的状态序列来学习状态的真实价值，并认为某个状态的价值等于在多个状态序列中以该状态计算得到的所有奖励的平均值。其中，完整的状态序列包含开始状态、个体与环境交互过程的状态以及终止状态，且最终环境对终止状态给出一个奖励值。一般地，蒙特卡罗法包含了蒙特卡罗状态值函数估计和蒙特卡罗行为值函数估计。

（3）时序差分学习

时序差分学习（temporal-difference learning，TD）是指从采样得到的不完整的状态序列学习，该方法通过合理的自举（bootstrapping），先估计某状态在该状态序列完整后可能得到的 return 返回值，并在此基础上利用累进更新平均值的方法得到该状态的价值，再通过不断的采样来持续更新这个价值。它可以理解为是 MC 思想和 DP 的结合。TD 方法可以和 MC 一样直接从经验中学习，而不需要知道环境模型，也可以和 DP 一样基于其他学习的估计值来更新估计值，而不用等待最终的结果。对上述三个方法进行总结对比如下。

① DP 是基于模型（model-based）的方法，MC、TD 是基于无模型（model-free）的方法。

② DP 采用自举方法，MC 采用采样方法，TD 采用自举+采样。

③ DP 用后继状态的值函数估计当前值函数，MC 利用经验平均估计状态的值函数，TD 利用后继状态的值函数估计当前值函数。

④ MC 和 TD 都是利用样本估计值函数，其中 MC 为无偏估计，TD 为有偏估计。

10.3 实现强化学习——两种策略

因为强化学习的训练需要智能体与环境（仿真环境）交互进行学习，如果直接将学习获得的当前最优策略当做与环境交互获得训练样本的策略，那么这种方法就是 on-policy 的；如果目标策略与行为策略不同，则是 off-policy 的。

10.3.1 off-policy 学习

off-policy 方法是指在训练中行为策略与目标策略不相同，其利用经验样本的能力更强，诸如 DQN（deep Q-learning network）、DDPG（deep deterministic policy gradient）等优秀方法使用经验回放技术。其中 off-policy 最经典的例子就是 Q-learning 算法，Q-learning 是强化学习算法中 value-based 的算法，Q 即为 Q(s,a)就是在某一时刻的 s 状态下(s∈S)，采取动作 a(a∈A)能够获得收益的期望，环境会根据智能体的动作反馈相应的回报 r，所以算法的主要思想就是将 State 与 Action 构建成一张 Q-table 来存储 Q 值,然后根据 Q 值来选取能够获得最大收益的动作。Q-learning 算法伪代码如下：

```
初始化Q(s,a)函数
while(循环每一个 episode):
    初始化状态 S
    while(step in episode and S):
        从 Q 表中使用 Greedy 策略根据状态 S 选取动作 A
        采取动作 A，获得奖励 R 和下一个状态 S'
        Q(S,A)←Q(S,A) + α[R + max_aQ(S',a) - Q(S,A)]
        S←S'
```

10.3.2 on-policy 学习

on-policy 方法在训练中行为策略的表现与实际目标策略的表现相同，它的好处在于可以实时评估策略，以及直接在应用场景中边训练边使用，SARSA 算法是一种使用时序差分求解强化学习控制问题的 on-policy 方法，其伪代码如下：

```
初始化 Q(s,a)
while 循环每一个 episode:
    初始化状态 s
    使用策略(如 e-greedy)从 Q 中根据状态 S 选择 A
    while(step in episode and S):
        从 Q 函数中根据 S'选择动作 A'
        Q(S,A)←Q(S,A) + α[R + γQ(S',A') - Q(S,A)]
        S←S', A←A'
```

下面我们基于以 Q-learning 方法对 10.2.2 章节中的摆杆的部分核心进行改写：

```
    # Q-learning
    Q = np.zeros([env.observation_space.shape[0],env.action_space.shape[0]]) #创建一个
Q-table
    alpha = 0.5 #学习率
    for episode in range(1,200):
        done = False
        reward = 0 #瞬时 reward
        R_cum = 0 #累计 reward
        state = env.reset() #状态初始化
        while done != True:
            action = np.argmax(Q[state])
            state2,reward,done,info = env.step(action)
            Q[state,action] += alpha*(reward+np.max(Q[state2])-Q[state,action])
            R_cum +=reward
            state = state2
        if episode % 50 == 0:
            print('episode:{};累计奖励:{}'.format(episode,R_cum))
```

上述例子是对摆杆的表格解决办法，我们知道摆杆是一个状态空间为 3，动作空间为 1 的问题，算法的收敛速度也是特别快，然而对于一个现实的实际问题来说，并不是所有的都是这样，对于状态空间和动作空间特别大的问题来说，表格方式明显力不从心。

10.4 引入万能的神经网络——深度强化学习

随着计算力的提升，深度学习发展很快，也正是深度学习的发展促使了深度强化学习的发展。2013 年 DeepMind 使用了强化学习在 Atari 游戏中完成了多个游戏超越人类玩家的水平而名声大噪，其通过策略梯度和深度神经网络逼近了值函数和策略，使用了神经网络逼近一定程度上避免了表格存储序列空间大、查询慢等令人窒息的诟病，成为了强化学习发展的新的方向。

神经网络一直被视为一个黑盒模型，其通过网络权重的更新最后得到一个输出值，在深度强化学习中使用了同样的形式，结构如图 10-3 所示。

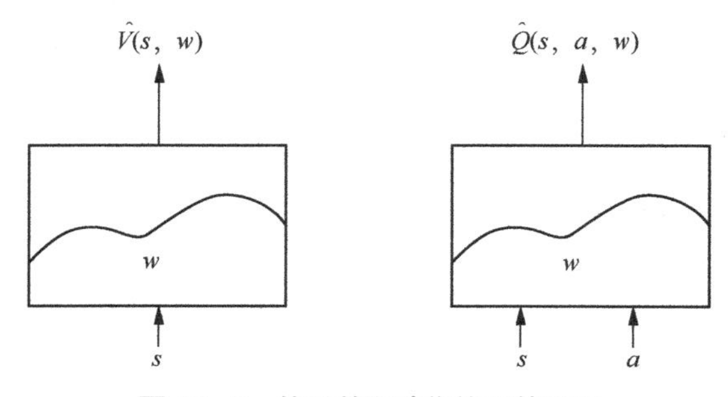

图 10-3　值函数和动作值函数逼近

当我们的智能体拿到一个状态 s 时候，智能体会将输入 s 作为神经网络的输入，随后利用参数的更新最终逼近一个 $\hat{V}(s,w)$，对于状态—动作值函数也类似，同样用神经网络的权重值 w 去逼近状态—动作值函数 $\hat{Q}(s,a,w)$。

10.4.1 基于值函数的方法

DQN 是深度强化学习的开山之作，它是将深度学习与强化学习结合起来，从而实现从感知（perception）到动作（action）的端对端（end-to-end）学习的一种全新的方法，相比于 Q-learning 改进了以下三点：①利用神经网络逼近函数；②利用经验回放训练强化学习的学习过程；③独立设置了目标网络来单独处理网络权值更新。虽然 DQN 算法非常有用，但其有一个非常重要的问题就是在求解值函数的时候进行了 max 最大化操作，导致值函数存在过估计问题，它是一个非常重要的研究问题。同时，对于离散型的动作，DQN 算法可以绰绰有余地解决问题，但是对于一些状态空间、动作空间连续的问题，DQN 类算法很难解决。

10.4.2 基于策略梯度方法

基于值函数的 DQN 系列算法主要的问题有两点：①对连续动作的处理能力不足，DQN 之类的方法一般都是只处理离散动作，很难处理连续动作；②对受限状态下的问题处理能力不足。由于上面这些原因，基于值函数的强化学习方法不能解决所有问题，我们需要新的解决方法，比如用策略梯度方法去解决。

策略梯度原理如下所述。

前文中我们对价值函数进行了近似表示，引入了一个动作价值函数 Q，这个函数由参数 w 描述，并将状态 s 与动作 a 作为输入，计算后得到近似的动作价值，即：

$$\hat{Q}(s,a,w) \approx Q_\pi(s,a)$$

同样的道理，为了能够将策略和值函数分开学习，策略是否也可以单独采用参数拟合呢？答案是肯定的：

$$\hat{\pi}_\theta(s,a,w) = \pi_\theta(s,a)$$

策略梯度方法的目标是找到一组最优的神经网络参数 θ 最大化总收益函数关于轨迹分布的期望，我们首先定义目标函数为：

$$J(\theta) = \boldsymbol{E}_{\tau \sim p_\theta(\tau)}\left[\sum_t r(\mathbf{s}_t, \boldsymbol{a}_t)\right]$$

我们假设 τ 的分布函数 $p_\theta(\tau)$是可微分的，那么根据期望的定义为：

$$J(\theta) = \int p_\theta(\tau) r(\tau) \mathrm{d}\tau$$

对此公式我们求导得到：

$$\nabla_\theta J(\theta) = \int \nabla_\theta p_\theta(\tau) r(\tau) \mathrm{d}\tau$$

最终我们得到策略梯度为：

$$\nabla_\theta J(\theta) = \boldsymbol{E}_{\tau \sim p_\theta(\tau)}\left[\left(\sum_{t=1}^{T} \nabla_\theta \log \pi_\theta(\boldsymbol{a}_t \mid \mathbf{s}_t)\right)\left(\sum_{t=1}^{T} r(\mathbf{s}_t, \boldsymbol{a}_t)\right)\right]$$

在从实际系统中抽样时，我们用下面的式子进行估算：

$$\nabla_\theta J(\theta) \approx \frac{1}{N}\sum_{i=1}^{N}\left[\left(\sum_{t=1}^{T} \nabla_\theta \log \pi_\theta(\boldsymbol{a}_{i,t} \mid \mathbf{s}_{i,t})\right)\left(\sum_{t=1}^{T} r(\mathbf{s}_{i,t}, \boldsymbol{a}_{i,t})\right)\right]$$

接下来，我们便可以使用 $\theta \leftarrow \theta + \alpha \nabla_\theta J(\theta)$ 来更新参数 θ。

目前，基于策略梯度的算法包含了 DPG、DDPG、D4PG（distributed distributional deep deterministic policy gradient）、TRPO（trust region policy optimization）、PPO（proximal policy optimization）、TD3（twin delayed deep deterministic policy gradient）等方法。

10.5　解决更复杂的问题——分布式强化学习

深度强化学习算法的发展与进步让各个行业享受了科技带来的乐趣与进步，然而一个复杂的应用场景和大规模的工业应用对算法的要求也特别高，深度强化学习试错学习的模式需要大量的探索学习，在建模方面的计算时间长、收敛速度慢导致整个模型的迭代速度慢从而抑制了行业的快速发展。传统的单机 CPU、GPU 等计算已经远远不能够满足大数据时代的要求，经典的分布式集群（多机）、GPU 集群运算开始进入了深度强化学习领域。幸运的是，诸如 RLlib、Raylib、IMPALA 等开源分布式强化学习框架让每个人都可以在云上（购买云服务）进行计算并训练自己的复杂模型。在计算力得到进一步解决后，多个智能体之间的协作与竞争是生活的直接体现，而这种竞争或者协作的直接目的就是取得最大收益，以博弈论为基础的协作与竞争对多智能体的研究起了很多的指导作用。

10.5.1 IMPALA

IMPALA 框架是谷歌公司于 2017 年提出的一个分布式强化学习框架，如图 10-4 所示，左边为单一学习者，每个参与者生成轨迹，并通过队列将其发送给学习者。在开始下一条轨迹之前，参与者会从学习者那里获取最新的策略参数。右边为多个同步学习者，策略参数分布在多个同步工作的学习器中。作者开发的 IMPALA 不仅可以在单机培训中更有效地使用资源，而且可以扩展到数千台机器，而不会牺牲数据效率或资源利用率。通过将分离的动作和学习与一种称为 V-trace 的新颖的非政策修正方法相结合，可以在高吞吐量下实现稳定的学习。图 10-5 表示了算法学习的过程，经验表明，IMPALA 能够以更少的数据获得比以前的智能体更好的性能，并且由于其多任务方法而在各个任务之间表现出了高性能。

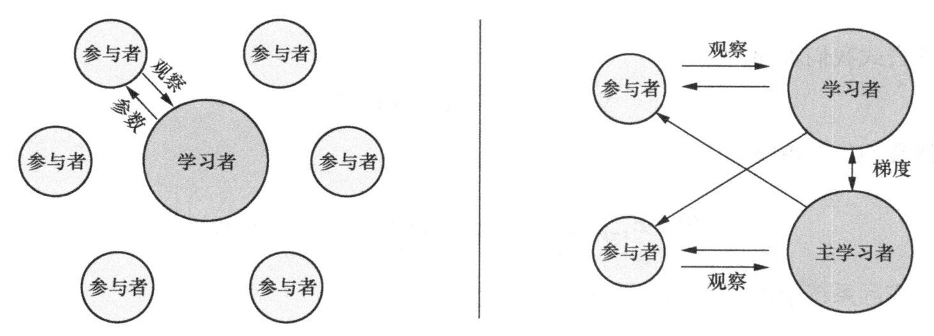

图 10-4　IMPALA 分布式强化学习框架

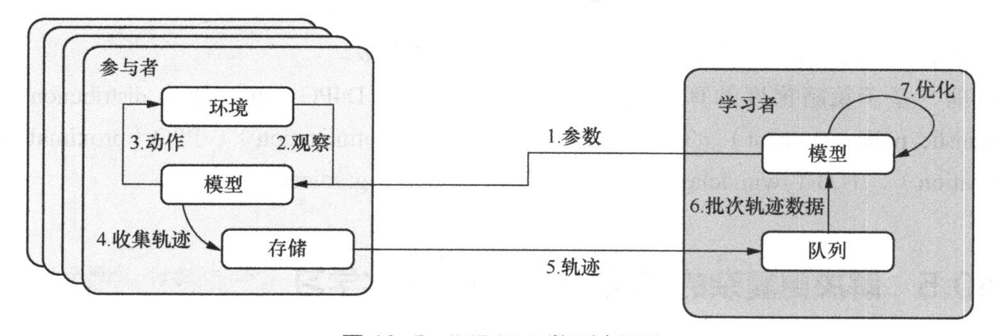

图 10-5　IMPALA 学习过程图

10.5.2 SEEDRL

然而 IMPALA 存在着资源利用率低、无法大规模扩展等问题。于是一个能够扩展到数千台机器的强化学习架构——SEEDRL（scalable and efficient Deep-RL，可扩展且高效的深度强化学习）被提出，如图 10-6 所示，该架构还能够以每秒数百万帧的速度进行训练，计算效率显著提高。

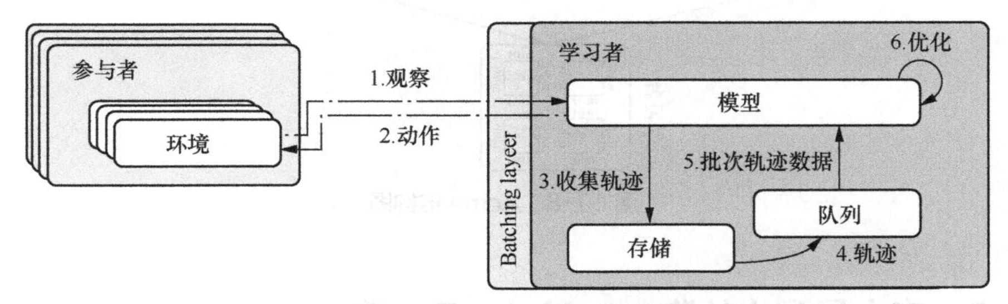

图 10-6　SeedRL 结构图

通常情况下，参与者（Actor）一般运行在 CPU 上，负责与环境的交互来获取轨迹，学习者（Learner）则根据 Actor 发送的观察和动作轨迹进行学习，从而优化模型。

10.5.3 Ape-X

Ape-X 用多个进程创建了多个 Actor 去与环境交互，然后使用收集到的数据去训练同一个 Learner，用来加快训练速度，它通过充分利用 CPU 资源，合理利用 GPU，从而加快了训练速度，如图 10-7 所示。

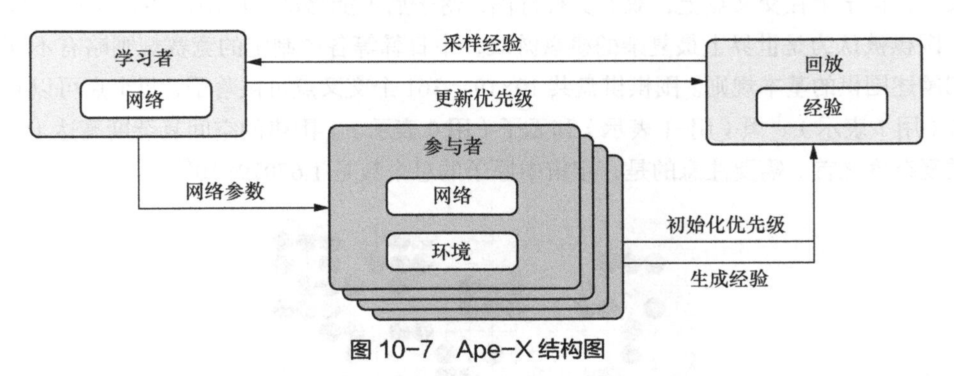

图 10-7　Ape-X 结构图

10.5.4 Acme

当前有各种各样的分布式 RL 系统，如 Ape-X 和 SEED RL，然而，这些系统往往只从一个特定角度对分布式强化学习系统进行优化。Acme（见图 10-8）是一个灵活、高效、面向研究的，并试图同时解决复杂性和规模化的轻量级强化学习框架，它从 Learner 获取模型，使每个 Actor 都进行本地推理。需要指出的是，Actor 负责与环境直接交互，收集训练数据；Learner 组件则负责定义损失函数、最优化策略及梯度参数更新工作。

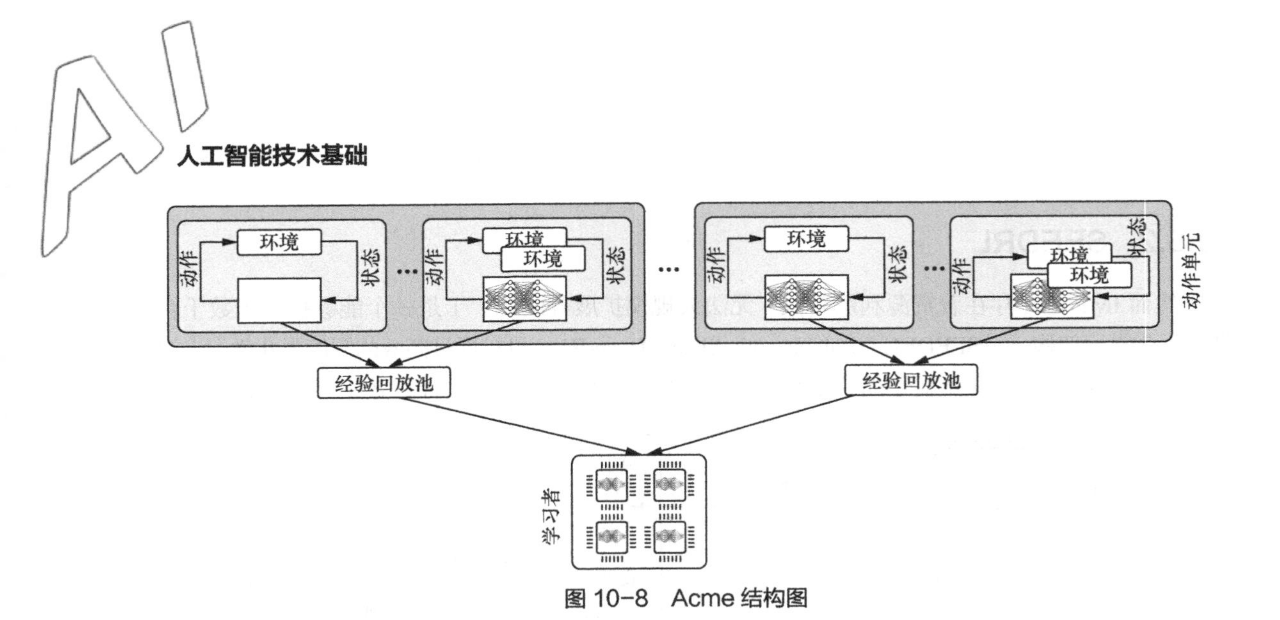

图 10-8　Acme 结构图

10.6　史上最强大的狗——AlphaGo

10.6.1　围棋简介

围棋是一种策略型两人棋类游戏，中国古时称“弈”，西方名称“Go”，它起源于中国，传为帝尧所作，春秋战国时期就有记载。隋唐时经朝鲜传入日本，流传到欧美各国。围棋蕴含着中华文化的丰富内涵，它是中国文化与文明的体现。

围棋使用正方形格状棋盘及黑白二色圆形棋子，棋盘上有纵横各 19 条线段将棋盘分成 361 个交叉点，棋子走在交叉点上，双方交替行棋，落子后不能移动，以围地多者为胜，如图 10-9 所示。围棋被认为是世界上最复杂的棋盘游戏，中日韩等各国制定的竞赛规则略有不同，本文不详细阐述围棋的基本规则。围棋棋盘共 $19 \times 19 = 361$ 个交叉点可供落子，每个点可以有三种状态：白（用 1 表示）、黑（用−1 表示）和无子（用 0 表示）。围棋的空间复杂度高达 10^{360} 次方，居棋类复杂度之首。需要注意的是，宇宙中原子的总个数是 1.67079×10^{80}。

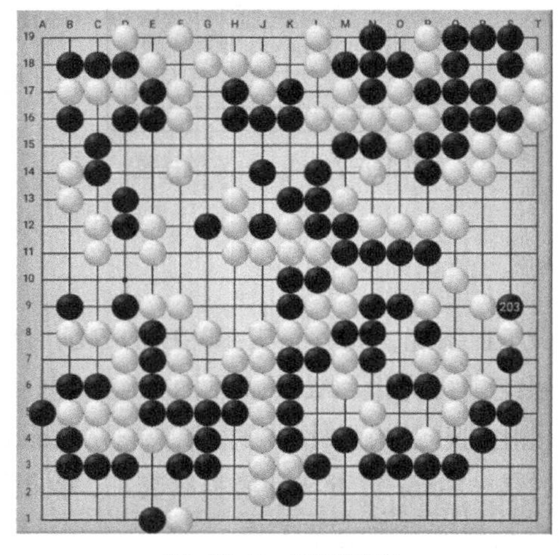

图 10-9　围棋棋盘

10.6.2　AlphaGo 算法运行原理

（1）AlphaGo 简介

AlphaGo 是一款围棋人工智能程序，由谷歌旗下 DeepMind 公司戴密斯·哈萨比斯领衔的团队开发。其主要工作原理是“深度强化学习”。阿尔法围棋系统主要由四部分组成：①策略网络（policy network），给定当前局面，预测并采样下一步的走棋；②快速走子（fast rollout），目标和策略网络一样；③价值网络（value network），给定当前局面，估计是白胜概率大还是黑胜概率大；④蒙特卡罗树搜索（Monte Carlo tree search），把以上这三个部分连起来，形成一个完整的系统。

（2）棋盘数据采集：采用 CNN 算法识别棋盘过程

通常情况下，和学习一样，首先我们需要知道棋盘的信息（图 10-10），那么在计算基础程序中是如何实现的呢？那就是经典的 CNN 来读取黑白子的信息。

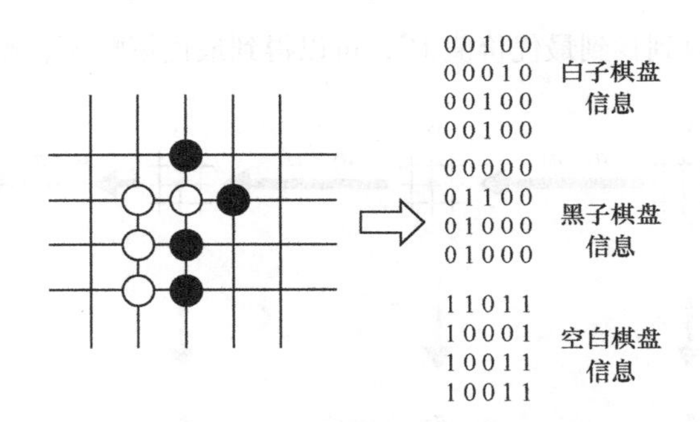

图 10-10　棋盘信息识别结果标注图

（3）蒙特卡罗树过程

蒙特卡罗树探索（Monte Carlo tree search，MCTS）将以上想法融入树搜索中，利用树结构来更加高效地进行节点值的更新和选择，如图 10-11 所示。

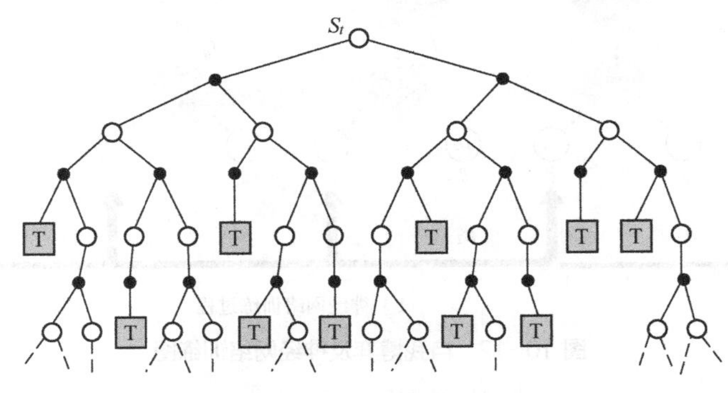

图 10-11　蒙特卡罗树搜索

搜索的流程一共分为四个步骤。

① 选择。从根节点开始，递归选择某个子节点直到达到叶子节点 L。当在一个节点 S 时，怎么选择子节点 S^* 呢？tree policy 就是选择节点（落子）的策略，它的好坏直接影响搜索的好坏，目前广泛采用的策略是上限置信区间（upper confidence bound，UCB）。

② 扩展。如果节点上围棋对弈没有结束，那么创建一个子节点。

③ 模拟。根据默认策略从扩展的位置模拟下棋到终局，计算节点的质量度，通过加上一些先验知识等方法改进这一部分，使之能够更加准确地估计落子的价值，增加程序的棋力。

④ 反向传播。根据节点的权重，沿着传递路径反向传递，更新它父节点的权重。

（4）强化学习过程

策略迭代方法从策略 π_0 开始策略评估，得到策略 π_0 的价值 V_{π_0}（对于围棋问题，即这一步棋是好棋还是臭棋）。

策略改善是根据价值 V_{π_0}，优化策略为 π_0（即人类学习的过程，加强对棋局的判断能力，做出更好的判断）。

迭代上面的步骤，直到找到最优价值 V^*，可以得到最优策略 π^*，整体如图 10-12 所示。

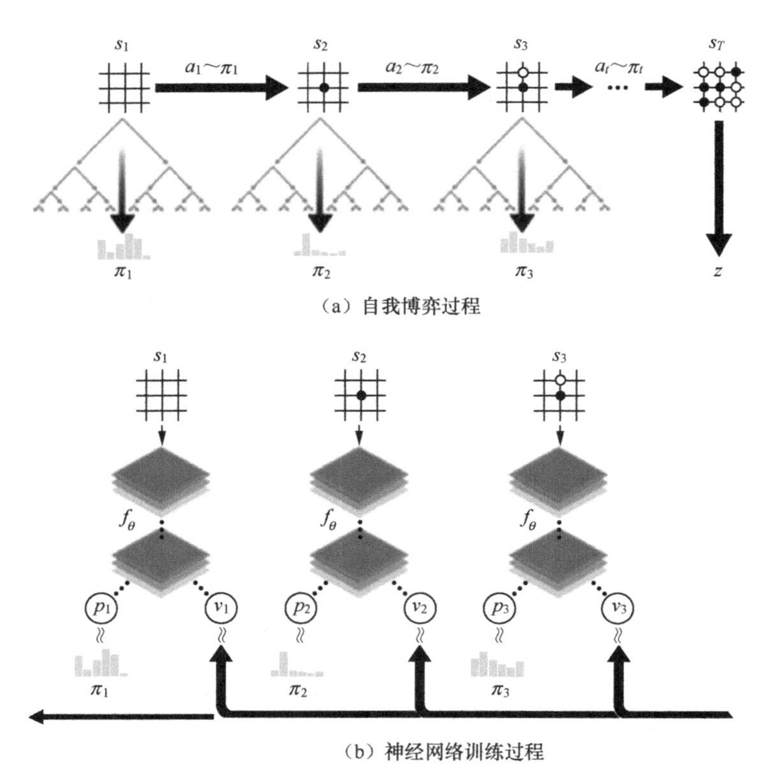

图 10-12　自我博弈及神经网络训练图

蒙特卡罗树搜索的棋盘的过程如图 10-13 所示。

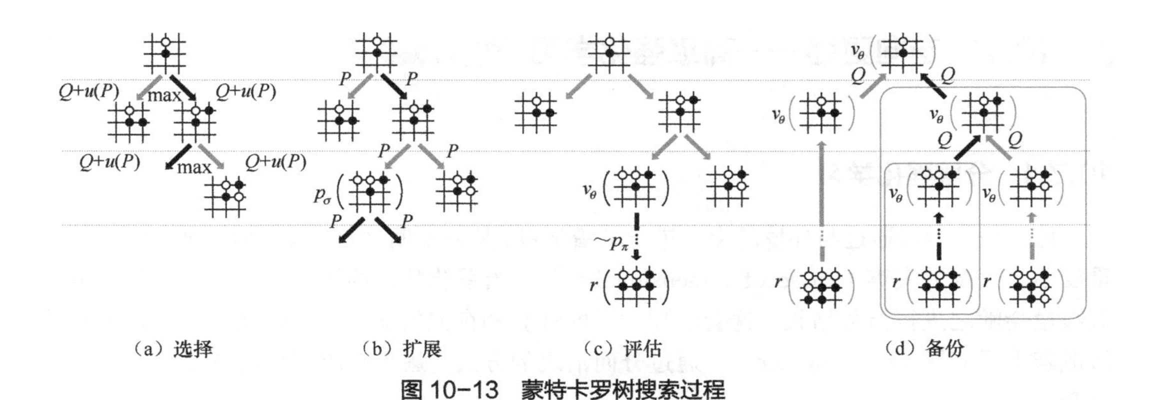

图 10-13　蒙特卡罗树搜索过程

10.6.3　与 AlphaGo 下棋小例子

本部分介绍 DeepMind 公司开源的围棋教学 Alpha Teach 程序，它基于 231000 盘人类棋手对局以及 75 盘 AlphaGo 与人类棋手对局的数据，该工具提供对围棋近代史上 6000 种开局变化的分析，图 10-14 是一个基本的落子过程。

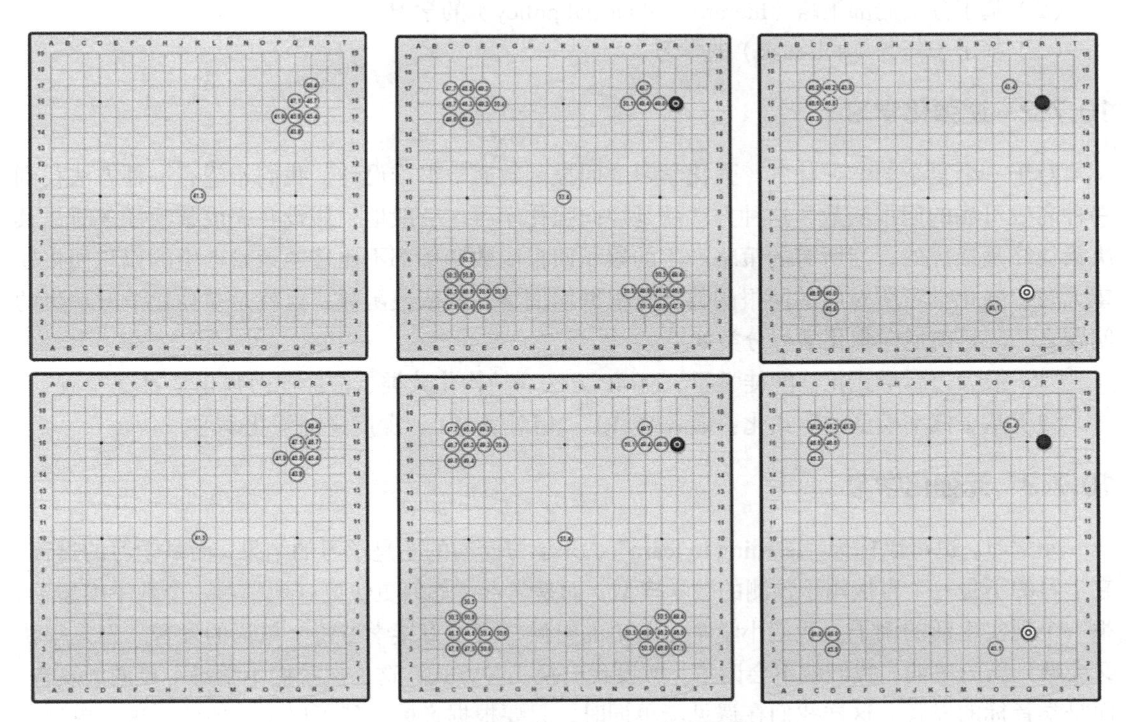

图 10-14　教学 AlphaGo 落子过程

10.7 走向更强——高级强化学习

10.7.1 分层强化学习

传统强化学习通过与环境的交互进行试错学习，从而不断优化策略。但是强化学习的一个重要不足是维数灾难（curse of dimensionality），当系统状态的维度增加时，需要训练的参数数量会随之进行指数增长，这会消耗大量的计算和存储资源。分层强化学习将复杂问题分解成若干子问题（sub-problem），通过分而治之的方法，逐个解决子问题从而最终解决一个复杂问题。

这里的子问题分解有两种方法：①所有的子问题都是共同解决被分解的任务；②不断把前一个子问题的结果加入到下一个子问题解决方案中。分层强化学习的核心思想是通过算法结构设计对策略和价值函数增加各种限制约束条件，或者使用本身就可以开发这种限制的算法。常见的分层强化学习方法可以分成以下三类。

（1）基于选项（options）的学习。

（2）基于分层局部策略（hierarchical partial policy）的学习。

（3）基于子任务（sub-task）的学习。

10.7.2 逆强化学习

对于一个复杂的学习任务，强化学习的回报函数通常很难设计，我们希望有一种方法找到一种高效可靠的回报函数，这种方法就是逆向强化学习。一般地，假设在完成某项任务时，其决策往往是最优的，当所有的策略产生的累积回报函数期望都不比普通策略产生的累积回报期望大时，强化学习所对应的回报函数就是根据示例学到的回报函数，这就是逆强化学习解决的问题之一。目前逆向强化学习分类如下。

（1）最大边际形式化：学徒学习、MMP 方法、结构化分类、神经逆向强化学习。

（2）基于概率模型的形式化：最大熵 IRL、相对熵 IRL、深度逆向强化学习。

10.7.3 元强化学习

元学习，也可以称为“learning to learn”，元学习面向的不是学习的结果，而是学习的过程，它学习的不是一个直接用于预测的数学模型，而是学习“如何更快更好地学习一个数学模型”。举一个现实生活的例子。我们小学学习英语的时候，可以直接学习每个单词的发音。但是很快又会遇到新的单词，我们就不会读了。假设我们换一种方式，这一次我们不学每个单词的发音，而是学音标的发音。这样我们在遇见新单词时，只要根据音标，就可以正确地读出这个单词。学习音标的过程就可以理解为一个元学习的过程。元学习可以解决的任务是任意一类定义好的机器学习任务，比如监督学习、强化学习等。

元强化学习时可以将前一时刻的动作和状态与当前状态作为输入进行决策。这样做的意义在于将历史记录输入模型，以便策略可以学习当前 MDP 中的状态和奖励，并相应地调整其策略。由于策略是循环的，则无须明确地将上一个状态作为输入，其训练过程大致如图 10-15 所示。

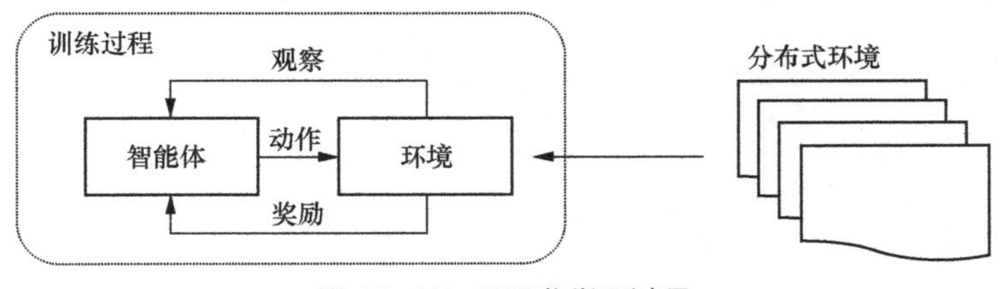

图 10-15 元强化学习过程

目前主流的元强化学习方法主要可以分为两类：基于模型的元强化学习和基于优化的元强化学习。

10.7.4 多智能体强化学习

当同时存在多个智能体与环境交互时，整个系统就变成一个多智能体系统（multi-agent system）。每个智能体仍然是遵循着强化学习的目标，也就是最大化能够获得的累积回报，而此时环境全局状态的改变就和所有智能体的联合动作（joint action）相关了。因此在智能体策略学习的过程中，需要考虑互相联合的影响，这就是多智能体强化学习需要解决的问题。

本章小结

本章以巴甫洛夫的狗为引子，介绍了基于行为学的强化学习，随后对序列决策进行了详细的阐述，并对强化学习的组成原理和学习范式，以及强化学习的分类等进行了描述，随后对深度强化学习函数逼近进行了解释，并就常见的分布式强化学习框架进行了介绍，在此基础上对阿尔法狗的原理和过程进行阐述，并就 DeepMind 开源的算法进行了实例（下棋）介绍，最后介绍了高级强化学习算法和多智能体学习技术。

习题

Gym 环境中的 CartPole-v1（参考 10.2.2 部分环境）是一个非常有意思的实验系统，该系统通过向推车施加+1 或−1 的力来控制钟摆直立，目的是防止它翻倒。杆子保持直立的每个时间步都会提供+1 的奖励。当杆子与垂直方向的夹角超过 15 度，或者小车从中心移动超过 2.4 个单位时，游戏就结束了。请尝试使用 DQN 算法实现钟摆直立，最后保存实现的模型。

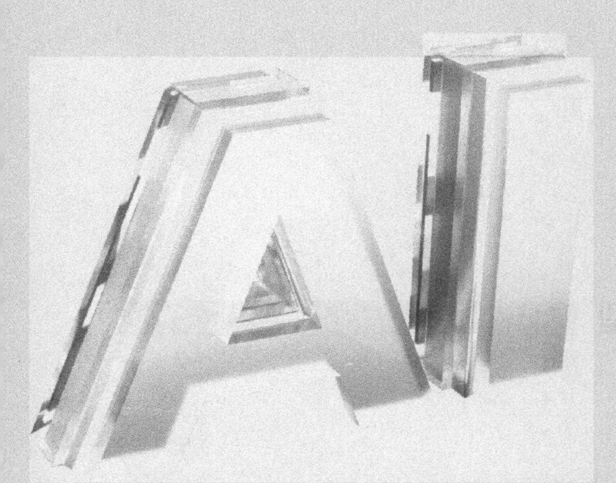

第 11 章 学会艺术创作——生成学习

激发全民族文化创新创造活力，增强实现中华民族伟大复兴的精神力量。

——摘自党的二十大报告

本章将从风格迁移、对抗生成网络（generative adversarial networks，GAN）及对抗攻击三个方面对基于深度学习的生成学习模型进行介绍。其中，风格迁移是一类非常有趣的应用：给机器输入一张风格图片和一张内容图片，机器会自动提取出风格图片的艺术风格并应用于内容图之上，生成一张具有相同艺术风格的新图片。而 GAN 的威力也不容小觑，GAN 是近几年兴起的一种基于深度学习的生成模型，已经被应用于人脸生成、衣服试穿、数据增强等有趣的生成任务中。但深度学习的“脆弱性”导致其容易受到极小扰动的对抗样本的攻击，了解对抗攻击的基本概念和对抗攻击的常见类型能够帮助读者进一步掌握对抗攻击的相关知识。深度生成模型在语言创作上也展示出了巨大的潜力，本章最后通过预训练语言模型讲述“九歌”人工智能作诗平台。

本章学习目标：

- ❑ 了解风格迁移任务的基本概念
- ❑ 理解第一个风格迁移神经网络模型和固定风格任意内容的快速风格迁移模型的原理
- ❑ 掌握如何使用 Keras 实现盖特斯风格迁移模型
- ❑ 理解 GAN 的原理及优化目标
- ❑ 了解 GAN 的部分具体应用
- ❑ 掌握如何使用 Keras 实现 DCGAN 模型完成手写体数字生成
- ❑ 了解预训练语言模型和其具体应用
- ❑ 了解对抗攻击的基本概念和深度学习“脆弱性”的原因，了解常见的对抗和攻击类型

11.1 和梵高学习画画——风格迁移模型

11.1.1 深度学习作画

自从深度学习兴起以来，开发者们不断创新，利用深度学习技术开发出了众多有趣的应用，包括自动写诗、自动创作歌词、深度学习作画等。其中，深度学习作画可谓非常神奇，就像“梵高复活了一样”。梵高是著名的后印象派画家，他的代表作《星月夜》《向日葵》被世人所熟知。可惜梵高患上了“精神病”，年仅 37 岁就结束了自己的生命。在人工智能高速发展的今天，深度学习技术使得梵高“复活”了。使用深度学习实现的风格迁移可以将一张普通的图片作为输入，输出带有梵高油画风格和原图片内容的新图片，也就是风格迁移。图 11-1 给出了风格迁移的一个示例。输入的是一张普通的城堡照片和梵高的名画《星月夜》，经过风格迁移后可以得到一张具有《星月夜》风格的城堡图片。

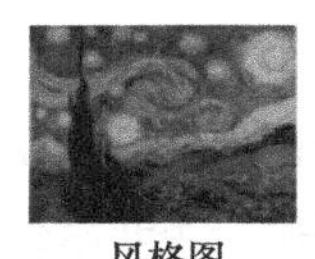

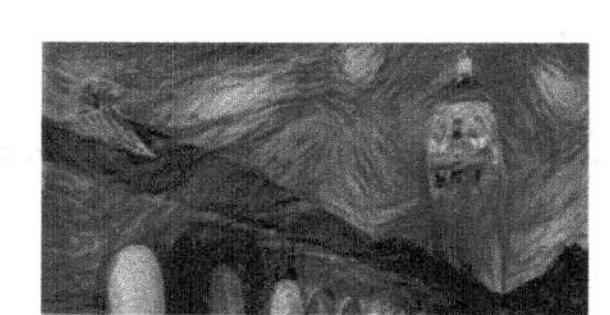

图 11-1 风格迁移示例

风格迁移需要输入两张图片，分别称为内容图和风格图。图 11-1 中的左上图是一张未经过风格迁移的图片，我们称之为内容图；左下图是一张包含艺术风格的图片，我们称之为风格图。风格迁移就是要把风格图中的艺术风格“抽取”出来，应用于内容图之上，得到一张风格和风格图类似，但保留内容图内容的图片，即右侧的风格迁移结果图。

图 11-2 中内置了 20 种不同的艺术风格供用户选择。不管你欣赏现代派还是印象派，表现主义抑或浮世绘风格，毕加索、梵高、蒙克、葛饰北斋等大师都能助你一“点”而就，秒入画魂。

图 11-3 是火遍微信朋友圈的卡通头像，它也是利用了风格迁移的原理。用户输入一张普通人物照片则可快速生成可爱的人物卡通头像。这样的小工具深受用户的喜爱。

深度学习如此神奇，它竟然能区分出图片的风格和内容，它是怎么做到的呢？相信读者一定非常好奇，下面我们将从原理上进行介绍。

图 11-2　艺术风格图片

图 11-3　生成的卡通头像

11.1.2　第一个风格迁移神经网络

第一个将神经网络应用于风格迁移的是盖特斯等人发表的论文。第 7 章我们介绍了利用 CNN 能够提取到图片的特征，例如底层的纹理、形状等。盖特斯等人通过研究发现，经过卷积操作后输出的特征图之间的协方差可以用来表示纹理特征，这种纹理特征表征了图片的风格。这个协方差被称为 Gram 矩阵。

Gram 矩阵的计算方式可以用如下公式表示：

$$G_{ij}^{l}=\sum_{k}F_{ik}^{l}F_{jk}^{l}$$

这样一来，我们可以提取到风格图的“风格”（用 Gram 矩阵表示）。至于内容图的“内容”则可以使用内容图经过卷积后得到的特征图来表示。在获取了风格图的“风格”和内容图的“内容”（即内容图卷积输出的特征图）之后，为了生成风格迁移后的图片，则需使得生成图的 Gram 矩阵和风格图的 Gram 矩阵尽可能接近，以获得生成图和风格图在风格上的相似性。同理，为了使得生成图的内容和内容图尽可能相似，应该让生成图经过卷积后的特征图和内容图经过卷积后的特征图尽可能接近。总结起来即是为了得到风格迁移后的生成图，需要最小化两种损失：风格损失和内容损失。通常在处理多种损失的时候可以把总的损失定义为每种损失的加权之和，风格迁移的总损失用公式可以表示如下：

$$L(a,f,p)=\alpha * L_{\text{style}}(p,f)+\beta L_{\text{content}}(a,f)$$

其中，内容损失定义为

$$L_{\text{content}}(p,x,l)=\frac{1}{2}\sum_{ij}(F_{ij}-P_{ij})^{2}$$

式中，F_{ij}、P_{ij} 分别为内容图和生成图经过某个卷积层后输出的特征图，用以表征图片的“内容”。

风格损失定义为：

$$L_{\text{style}}=\frac{1}{4N_l^2M_l^2}\sum_{ij}(\boldsymbol{G}_{ij}^l-\boldsymbol{A}_{ij}^l)^2$$

式中，$\boldsymbol{G}_{ij}^l$、$\boldsymbol{A}_{ij}^l$ 分别为风格图、生成图的 Gram 矩阵，Gram 矩阵用以表征“风格”。其中，$\boldsymbol{N}$ 和 $\boldsymbol{M}$ 为通道数量。

值得注意的是，与我们通常见到的神经网络不同，这个算法输入的原始生成图片是白噪声，优化的也正是输入图片的像素值本身，目标是得到一张保存内容图内容并具备风格图风格的生成图片。从这里我们也可以看出这种方式每生成一张风格迁移结果图片都需要经过训练，所以非常耗时。这就带来了后面快速风格迁移等一系列的改进。

11.1.3 固定风格任意内容的快速风格迁移

从上一小节的介绍可以看到，盖特斯等人提出的方法第一次尝试使用神经网络进行风格迁移任务，但该方法存在两个缺点：一是每次生成一张风格迁移图片都需要进行迭代优化，非常耗时；二是只能生成固定风格固定内容的迁移结果图片。

为了解决这些问题，约翰逊等人在 *Perceptual Losses for Real-Time Style Transfer and Super-Resolution* 里提出了一种使用感知损失来实现实时的风格迁移及超分图像重建的方法，该算法的框架图如图 11-4 所示。与盖特斯等人提出的方法不同的是，他们不直接优化输入的白噪声图像，而是加入一个图片转换网络实现白噪声到生成图像的运算。从前面的章节我们得知，预训练好的 CNN 是能够捕捉到图片特征的，也就是说使用一个预训练好的 CNN（论文使用 VGG-16）能够“感知”到内容以及风格之间的差异。这也就是论文标题中 Perceptual Losses 的含义所在。这个用于计算损失的预训练网络叫作损失网络。损失网络在训练过程权重是固定的，需要训练的只有转换网络的权重。当转换网络训练好了以后，输入一张新的内容图片，通过转换网络的前馈运算，即可生成对应的迁移结果图片。

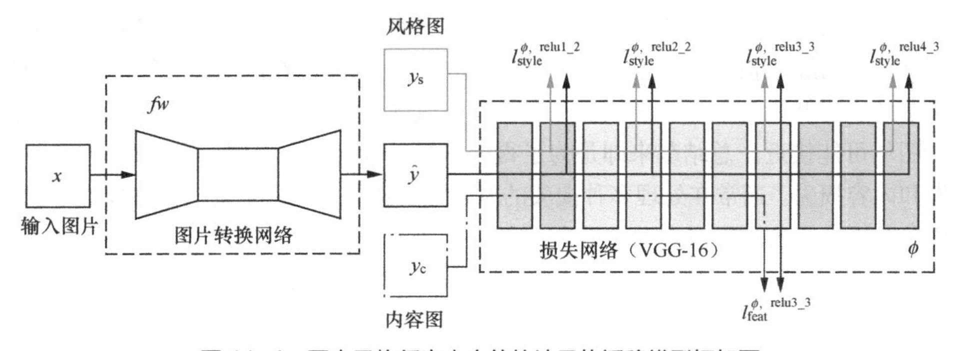

图 11-4 固定风格任意内容的快速风格迁移模型框架图

内容损失自然可以定义为内容图片经过损失网络得到的特征和生成图片经过损失网络得到特征的差距，用如下公式计算：

$$\ell_{\text{feat}}^{\varphi,j}(\hat{y},y)=\frac{1}{C_jH_jW_j}\|\varphi_j(\hat{y})-\varphi_j(y)\|_2^2$$

而风格损失则采用 Gram 矩阵进行定义。

下面公式计算了 x 的 Gram 矩阵，先把 x 输入损失网络，然后进行不同通道的协方差计算。

$$G_j^{\varphi}(x)=\frac{1}{C_jH_jW_j}\sum_{h=1}^{H_j}\sum_{w=1}^{W_j}\varphi_j(x)_{h,w,c}\varphi_j(x)_{h,w,c'}$$

在得到风格图像和生成图像的 Gram 矩阵以后，可以定义风格损失为 Gram 矩阵的差的 F 范数。

$$\ell_{\text{style}}^{\varphi,j}(\hat{y},y)=\|G_j^{\varphi}(\hat{y})-G_j^{\varphi}(y)\|_F^2$$

与盖特斯等人的方法类似，定义总的损失为内容损失与风格损失的加权和，并且加上总变差。其中加上总变差是为了使得生成的图像更加平滑。

该方法提高了生成风格迁移图片的速度，但训练转换网络也比较耗时，并且转换网络和特定风格一一对应。当需要生成新的风格的迁移图片时，需要重新训练转换网络，这就无法做到实时生成任意风格的迁移结果。研究者们没有停下探索的脚步，论文 *Meta Networks for Neural Style Transfer* 提出了任意风格任意内容的快速风格迁移方法，感兴趣的读者可以进一步了解。

11.1.4　基于 Keras 实现的盖特斯风格迁移模型

本小节我们通过 Keras 实现 11.1.2 中提到的盖特斯等人提出的风格迁移模型。通过 11.1.2 的介绍我们可以抽象出盖特斯风格迁移模型的流程，如图 11-5 所示。

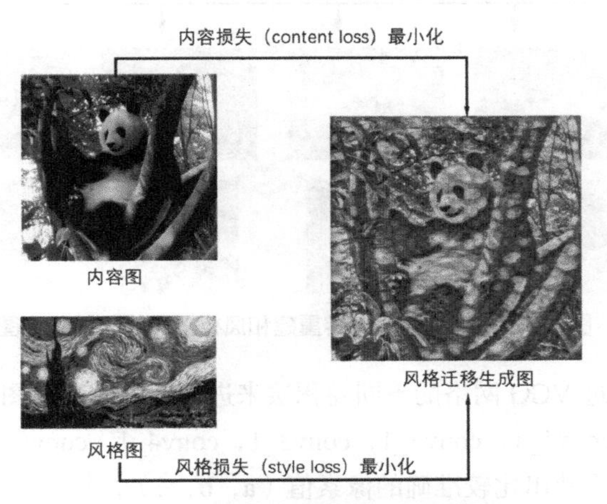

图 11-5　盖特斯风格迁移模型流程

可以看到，和普通的深度学习模型不同，风格迁移结果图即是最后优化的结果。我们通过随机初始化风格结果图（也可以初始化为和内容图一致），计算出风格图和风格迁移结果图的风格损失及内容图和风格迁移结果图的内容损失，将两种损失加权求和作为总的损失，通过优化风格迁移结果图使得总的损失最小，这样就可以认为得到了风格迁移结果图。因为风格迁移结果图在风格上、内容上分别与风格图和内容图足够接近。

现在问题转换为如何求风格损失和内容损失。根据 11.1.2 小节的讲解，我们知道内容损失 $L_{content}$ 是根据内容图、生成图经过不同卷积层后的特征图计算而得出，风格损失 L_{style} 是使用内容图和生成图的 Gram 矩阵计算得出。所以实现盖特斯风格迁移的重点和难点在于。

（1）如何计算 Gram 矩阵。

（2）如何计算风格损失。

（3）如何计算内容损失。

（4）如何通过总损失来优化风格迁移结果图的像素值。

在介绍如何使用 Keras 实现上述四个重难点之前，我们先结合一张图片来说明卷积层对内容重建和风格重建的作用，如图 11-6 所示。

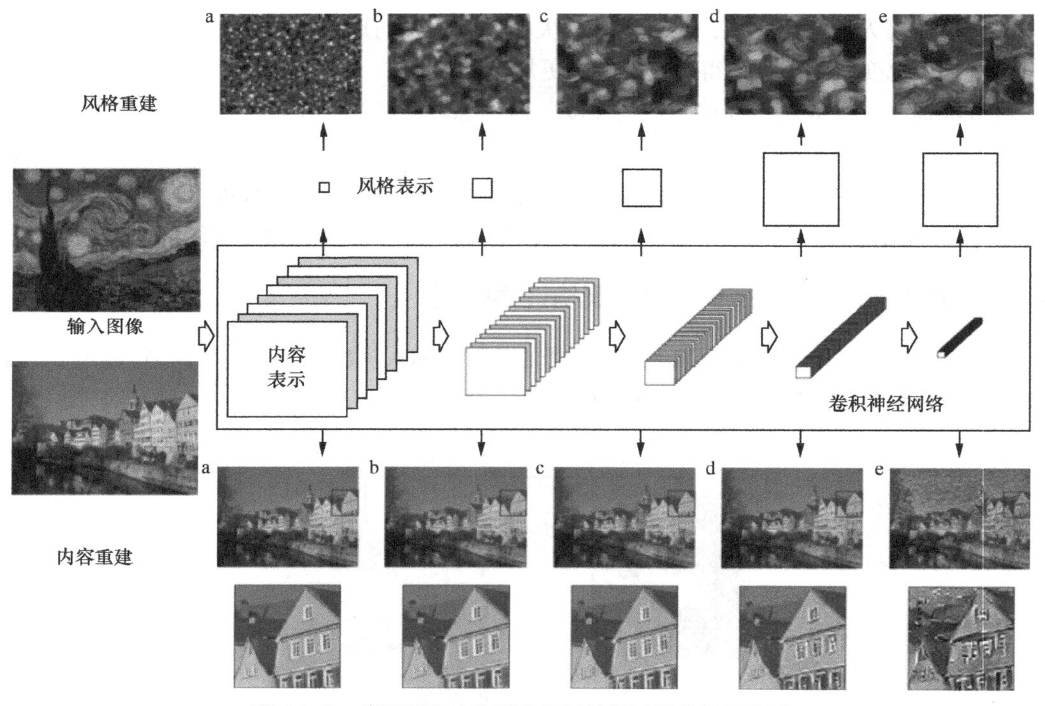

图 11-6 卷积层对内容重建和风格重建的作用示意图

首先，论文试图通过 VGG 网络的不同卷积层来进行内容重建，图 11-6 下边两列的 a～e 分别表示了 VGG 网络的 conv1_1，conv2_1，conv3_1，conv4_1，conv5_1 的内容重建结果，可以看到较浅层卷积层能够重建出比较准确的像素值（a，b，c），较深层卷积层的重建结果比较注重高级别（high-level）的整体性的内容。

另外，作者尝试找出使用的卷积层的数量多少和风格重建效果的关系。如图 11-6 所示，上边一行 a～e 风格重建结果分别对应 conv1_1，conv1_1 和 conv2_1，con1_1、conv2_1 和 conv3_1，con1_1、conv2_1、conv3_1 和 conv4_1，con1_1、conv2_1、conv3_1、conv4_1 和 conv5_1 等不同卷积层组成的子层的风格重建结果。通过观察图 11-6 的上边一列可以看出，包含更多的卷积层组成的子层得到的风格重建结果更为自然。

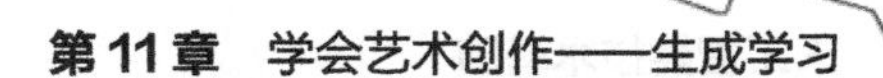

上面的研究给我们实现风格迁移结果图时计算风格损失和内容损失应该选择哪些层提供了启发：为了获得图片整体内容，我们应该选择较深层的卷积层进行内容重建；为了生成更为自然的风格重建结果，可以选择更多的卷积层组成的子层来重建风格。

接下来我们将详细介绍如何使用 Keras 计算内容损失、Gram 矩阵及风格损失，如何优化风格迁移结果图的像素值。代码来源于 Keras 之父弗朗索瓦 · 肖莱的著作《Python 深度学习》。这里只对部分重要代码进行解析，完整代码可参见原书。

首先，我们需要使用 VGG19 网络来提取图片特征。要在 Keras 里面使用 VGG19 网络非常简单，只需要从 keras.applications 导入 VGG19 即可。keras.applications 模块封装了非常多的经典预训练深度学习网络，比如 Xception、VGG16、VGG19、ResNet、ResNetV2、ResNeXt 等。使用 keras.applications 模块能够直接导入模型，加载预训练权重，进行特征提取和微调等任务。

下面代码展示了如何导入 VGG19 及构造一个 VGG19 网络。

```
from keras.applications import vgg19
model=vgg19.VGG19(input_tensor=input_tensor,weights='imagenet',include_top=False)
```

vgg19.VGG19 的参数 input_tensor 指定了输入图片的尺寸大小，weights 指定预训练权重来自哪里，第一次运行时会从网络上自动下载预训练权重，include_top 参数取值是 True 或 False，表示模型是否需要导入分类层。在风格迁移这个任务中，我们并不需要微调 VGG19 网络，只是使用它来进行内容图、风格图的特征提取，所以不需要导入分类层，故设置 include_top 为 False。

我们可以使用 model.summary()来打印出模型每一层的名称，得到如下输出。

```
Layer (type)                 Output Shape              Param #
=================================================================
input_1 (InputLayer)          [(None, None, None, 3)]   0
block1_conv1 (Conv2D)         (None, None, None, 64)    1792
block1_conv2 (Conv2D)         (None, None, None, 64)    36928
block1_pool (MaxPooling2D)    (None, None, None, 64)    0
block2_conv1 (Conv2D)         (None, None, None, 128)   73856
block2_conv2 (Conv2D)         (None, None, None, 128)   147584
block2_pool (MaxPooling2D)    (None, None, None, 128)   0
block3_conv1 (Conv2D)         (None, None, None, 256)   295168
block3_conv2 (Conv2D)         (None, None, None, 256)   590080
block3_conv3 (Conv2D)         (None, None, None, 256)   590080
block3_conv4 (Conv2D)         (None, None, None, 256)   590080
block3_pool (MaxPooling2D)    (None, None, None, 256)   0
block4_conv1 (Conv2D)         (None, None, None, 512)   1180160
block4_conv2 (Conv2D)         (None, None, None, 512)   2359808
block4_conv3 (Conv2D)         (None, None, None, 512)   2359808
block4_conv4 (Conv2D)         (None, None, None, 512)   2359808
block4_pool (MaxPooling2D)    (None, None, None, 512)   0
block5_conv1 (Conv2D)         (None, None, None, 512)   2359808
block5_conv2 (Conv2D)         (None, None, None, 512)   2359808
block5_conv3 (Conv2D)         (None, None, None, 512)   2359808
block5_conv4 (Conv2D)         (None, None, None, 512)   2359808
block5_pool (MaxPooling2D)    (None, None, None, 512)   0
=================================================================
```

可以看到 VGG19 一共有 5 个卷积层，从底层到高层分别是 block1 至 block5。

下面我们来计算 Gram 矩阵，并且利用 Gram 矩阵来计算风格损失。

```
def gram_matrix(x):
    features = K.batch_flatten(K.permute_dimensions(x,(2,0,1)))
    gram = K.dot(features,K.transpose(features))
    return gram
def style_loss(style,combination):
    S = gram_matrix(style)
    C = gram_matrix(combination)
    channels = 3
    size = img_height*img_width
    return K.sum(K.square(S-C)) / (4.*(channels ** 2) * (size ** 2))
```

gram_matrix 函数用于计算图片的 Gram 矩阵。因为 Gram 矩阵计算的是图片的特征图之间的相关性。因此可以将图片沿着通道展平成向量，即图片的每个通道对应的特征图组成一个向量，将所有向量组成矩阵。计算矩阵和该矩阵转置的乘法就可得出图片不同特征图之间的相关性。

为了使用 Keras 实现，首先使用 permute_dimensions 函数将图片维度调整成通道、高、宽的形式，接着使用 batch_flatten 将图片沿着第一个维度展开，即沿着通道展开成（通道，高×宽）的维度大小。接着使用函数 dot 计算 feature 和 feature 的转置的点积即图片在某层的不同通道之间的相关性，即 Gram 矩阵。

根据风格损失的计算公式：

$$L_{\text{style}} = \frac{1}{4N_l^2 M_l^2}\sum_{ij}(\boldsymbol{G}_{ij}^l - \boldsymbol{A}_{ij}^l)^2$$

在分别得到风格图、风格迁移结果图的 Gram 矩阵 $\boldsymbol{G}$ 和 $\boldsymbol{A}$ 之后，只需要将两者差的平方求和，然后除以四倍的通道的平方乘以图像大小的平方之积即可。

内容损失的计算就比较简单。具体计算方式如下：

$$L_{\text{content}}(p,x,l) = \frac{1}{2}\sum_{ij}(F_{ij} - P_{ij})^2$$

直接使用内容图、风格迁移结果图对应的特征图的差的平方进行求和，再乘以 1/2 即可。使用 Keras 代码实现如下。

```
def content_loss(base,combination):
    return K.sum(K.square(combination-base))
```

通过上面的讨论我们知道，内容重建应该选择较深的卷积层，风格重建应该选择较多的卷积层组成的子层，这里选择 block5_conv2 来进行内容重建，以及每个 block 的 conv1（block1_conv1，block2_conv1，block3_conv1，block4_conv1，block5_conv1）来进行风格重建。首先使用一个字典将 VGG19 所有层的名称和对应的输出建立映射，然后根据实际需要提取的层的名称获取对应层的特征输出。

```
outputs_dict = dict([(layer.name,layer.output) for layer in model.layers])
content_layer = 'block5_conv2' # 内容重建使用的卷积层名称
```

```
    # 风格重建使用的卷积层名称列表
    style_layers = ['block1_conv1','block2_conv1','block3_conv1','block4_conv1',
'block5_conv1']
    total_variation_weight = 1e-4 # 总变差的权重
    style_weight = 1. # 风格损失权重
    content_weight = 0.025 #
    loss = K.variable(0.) # 损失函数值
    layer_features = outputs_dict[content_layer] # 取出内容重建对应的卷积层输出
    target_image_features = layer_features[0, :, :, :] # 内容图的特征图
    combination_features = layer_features[2, :, :, :] # 风格迁移结果图的特征图
    # 将内容损失添加到损失中
    loss = loss + content_weight*content_loss(target_image_features,combination_features)
    # 将风格损失添加到损失中，因为风格损失使用到多个卷积层，所以需要遍历每一个卷积层
    for layer_name in style_layers:
        layer_features = outputs_dict[layer_name]
        style_reference_features = layer_features[1, :, :, :] # 风格图的特征图
        combination_features = layer_features[2, :, :, :] # 风格迁移结果图的特征图
        sl = style_loss(style_reference_features, combination_features)#计算风格损失
    # 将风格损失添加到损失中
    loss = loss + (style_weight / len(style_layers)) * sl
    # 损失加上总变差
    loss = loss + total_variation_weight * total_variation_loss(combination_image)
```

这样我们就定义好了总损失，风格迁移的过程就是优化风格迁移结果图使得总损失最小。注意，代码中总损失加入了风格迁移结果图的总变差（total variation，TV），总变差越小，图像看上去越自然和平滑。

为了优化风格迁移结果图，可以使用 L-BFGS 优化算法来进行优化。scipy.optimize 包中的 fmin_l_bfgs_b 实现了 L-BFGS 算法。fmin_l_bfgs_b 函数中的重要参数有 func、x_0、fprime 和 maxfun。其中，func 表示待优化的目标函数；x_0 表示待更新参数初始值；fprime 表示梯度函数；maxfun 表示梯度更新次数。

为了使用 fmin_l_bfgs_b 函数，我们需要求出总损失对风格迁移结果图的导数。这可以通过下面代码来实现。

```
    grads = K.gradients(loss, combination_image)[0]
    fetch_loss_and_grads = K.function(inputs=[combination_image], outputs=[loss, grads])
    class Evaluator(object):
        def __init__(self):
            self.loss_value = None
            self.grads_values = None
        def loss(self, x):
            assert self.loss_value is None
            x = x.reshape((1, img_height, img_width, 3))
            outs = fetch_loss_and_grads([x])
            loss_value = outs[0]
            grad_values = outs[1].flatten().astype('float64')
            self.loss_value = loss_value
            self.grad_values = grad_values
```

```
        return self.loss_value
    def grads(self, x):
        assert self.loss_value is not None
        grad_values = np.copy(self.grad_values)
        self.loss_value = None
        self.grad_values = None
```

K.gradients（y，x）实现了 y 对 x 求导的功能，返回值是一个列表，K.gradients (loss, combination_image)[0]得到的就是总损失 loss 对风格迁移结果图 combination_image 的导数，因为列表只有一个元素，所以下标取 0 即可。

使用 K.function 定义的函数可以被调用，通过传递实际值给计算图，求出计算图中的符号的实际值，如梯度 grads 在给定输入图像下的实际值。这是静态图模型的特点。

接着我们封装了一个 Evaluator 类，其中 loss 函数会传入当前风格迁移结果图 x，计算出总损失 loss 对 x 的梯度，Evaluator 类供 fmin_l_bfgs_b 调用。

最后，下面的代码完成了迭代优化风格迁移结果图的功能。

```
# 一共迭代 iterations 次
for i in range(iterations):
    print('Start of iteration', i)
    start_time = time.time()
    # 使用 L-BFGS 来优化风格迁移结果图，需要传入总损失 loss 和梯度 grads
    x, min_val, info = fmin_l_bfgs_b(evaluator.loss, x, fprime=evaluator.grads,maxfun=20)
    print('Current loss value:', min_val)
    img = x.copy().reshape((img_height, img_width, 3))
    img = deprocess_image(img)
    fname = result_prefix + '_at_iteration_%d.png' % i
    cv2.imwrite(fname, img)
    print('Image saved as', fname)
    end_time = time.time()
    print('Iteration %d completed in %ds' % (i, end_time - start_time))
```

迭代 20 次以后的风格迁移结果如图 11-7 所示。

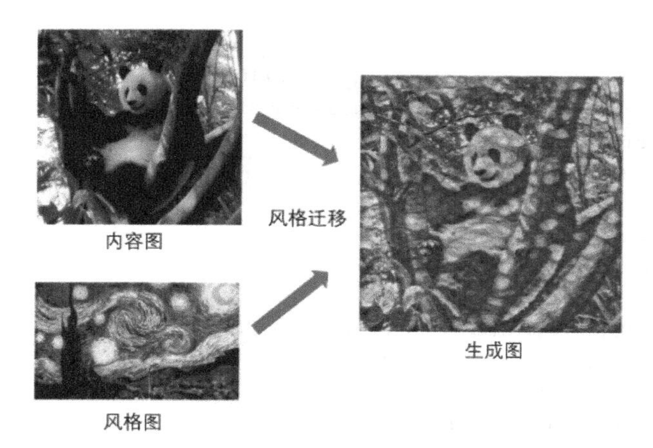

图 11-7　迭代 20 次以后的风格迁移结果

可以看到，通过风格迁移，我们生成了一张具备梵高画作风格的城堡图像。读者可以对比不同迭代次数下的风格迁移生成效果。

11.2　失业的画家——生成对抗网络

11.2.1　对抗生成模型 GAN

如果说前一个小节提到的风格迁移让人为之惊叹，那么本小节将要介绍的主角——生成对抗网络 GAN 则让人感叹深度学习技术的神奇与强大。GAN 是近年来兴起的一种基于深度学习的生成式模型，用途非常广泛，可用于各种生成式任务，并能取得不错的效果。比如你想要体验一下衣袂飘飘的清丽秀气，以往你只能前往古风照相馆拍摄一组古风写真，但在 GAN 提出之后，你可以足不出户，在家体验各种古风换装的场景。GAN 还能修复照片，通过基于 GAN 的超分辨率技术能让老照片变得清晰、焕发光彩。在网购盛行的今天，许多年轻人通过网购获得了便捷的购物体验。许多爱美的女生也通过电商平台实现了“买买买”的梦想。但衣服、裤子、鞋子等商品有它特殊的一面：不试穿的情况下，有时候难以买到合适自己尺寸和风格的商品，经常出现“买家秀”和“卖家秀”的巨大差异。GAN 技术实现的虚拟衣服试穿能够一定程度上解决这一痛点，让爱美的女孩子们在家就能试穿不同风格的衣服。

11.2.2　GAN 原理解析

GAN 顾名思义，其原理的核心在于“对抗”和“生成”。那 GAN 是怎么进行“对抗”和“生成”的呢？原来，GAN 由判别器和生成器两个网络组成，生成器输出生成的结果（可以理解为上面例子中的人脸生成结果、虚拟穿衣效果图片、根据图片生成的诗歌等），判别器对生成器的结果进行判断：当前自己看到的是真实存在的数据还是生成器生成的结果。生成器不断从真实数据中学习数据的部分，提高自己生成结果的真实性，试图来迷惑判别器，让判别器无法区分是生成器生成的结果还是真实数据。判别器也要提高自己的判别能力，为了更好地指出当前看到的是真实的样本还是生成的结果，这个过程就叫“对抗”。通过对抗，判别器和生成器进行博弈，共同变强，直到它们达到一个平衡状态。这时候生成器便能生成出比较逼真的内容，以至于判别器都无法甄别真假了。这时候我们就可以使用生成器来生成和真实数据非常接近（甚至难辨真假）的结果了。这个训练过程如图 11-8 所示。

我们将噪声随机向量输入生成器，得到生成样本（图 11-8 的例子展示的生成样本是手写体数字图片）假图片。生成样本和真实样本一起输入判别器，判别器判断哪些是真实的样本哪些是生成的样本。训练刚开始时，生成器的生成能力较弱，其生成的样本和真实样本的差距较大。图 11-9（a）展示了生成器刚开始时生成的样本。可以看到此时生成器只能生成一些较为模糊的手写体数字图片。随着训练的进行，为了“蒙骗”判别器，生成器会努力学习数据样本的分布，以便于生成以假乱真的样本。图 11-9（b）展示了经过 50 个 epoch 的训练后生成器生成的手写体数字图片，可以看到此时生成器已经能生成较清晰的手写体数字图片了。图 11-9 的生成结果由 TensorFlow 官方教程运行而得。

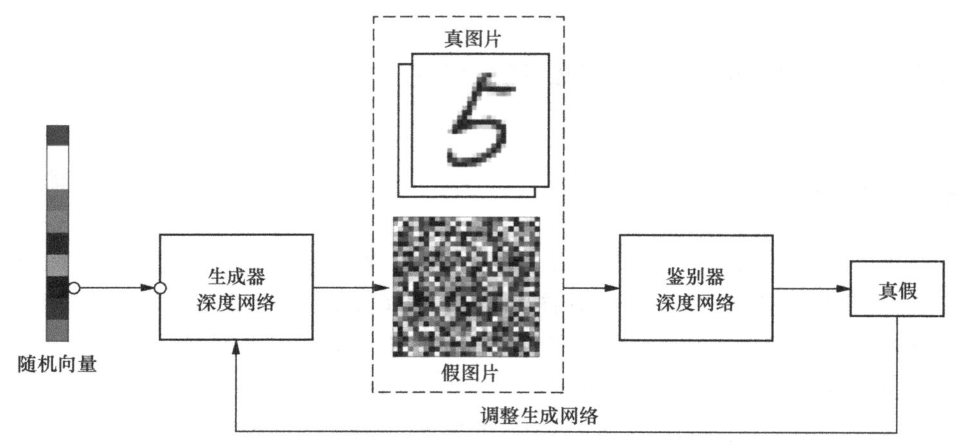

图 11-8　GAN 训练过程

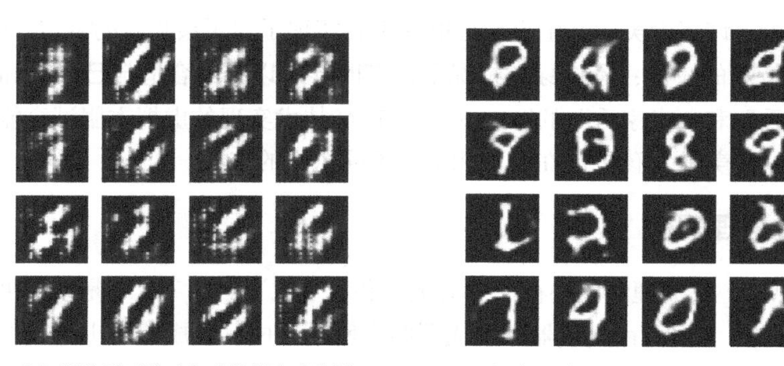

（a）训练刚开始时生成器的生成结果　　（b）经过 50 个 epoch 后生成器的生成结果

图 11-9　GAN 生成手写体数字图片的过程

值得注意的是，上图中的生成器网络和判别器网络结构并不是固定的，而是可以根据任务来设计的。比如生成数字的任务，因为样本是图片，所以判别器通常使用 CNN 来提取图片特征，而生成器则使用反卷积（关于反卷积，感兴趣的读者可以进一步查阅相关资料）来生成图片。如果是和时间序列或者自然语言处理相关的任务，可以考虑使用 RNN 等来设计网络结构。并且可以根据任务的难易程度设计合适的网络的层数、连接方式等。

对于 GAN 的优化目标，可以使用如下数学公式来表示：

$$\min_G \max_D V(D,G) = E_{x\sim p_{data}(x)}[\log D(x)] + E_{z\sim p_z(z)}[\log(1-D(G(z))]$$

我们将公式拆开来看，$E_{x\sim p_{data}(x)}[\log D(x)]$ 部分表示判别器对真实样本判定为“真的”概率的对数，要提升判别器的判别能力，优化网络时应该尽量让该项更大。接下来我们分析 $E_{z\sim p_z(z)}[\log(1-D(G(z)))]$。$D(G(z))$代表了判别器判断生成器生成的“虚假”样本是真实样本的概率，而 $1-D(G(z))$则为判别器判定的生成器生成的“虚假”样本是虚假的概率，为了让判别器具备“火眼金睛”，判别器需要能够鉴定出生成器生成的样本是虚假的，因此优化判别器使得 $E_{z\sim p_z(z)}[\log(1-D(G(z)))]$ 更大。总地来说，优化判别器的目标分为两个部分：一是能够判断真实样本是真实的；二是能够判断生成器生成样本是虚假的。这两个部分结合起来就是 $E_{x\sim p_{data}(x)}[\log D(x)]+E_{z\sim p_z(z)}[\log(1-D(G(z)))]$，所以优化判别器的目标就是让该项越大越好，也就是 $\max_D V(D,G)$。接着我们来分析生成器，为了生成和真实样本接近甚至一样的样本，生成器需要提高自己“蒙蔽”判别器的能力，生成以假乱真的样本。体现到上面的式子中就是第二项 $E_{z\sim p_z(z)}[\log(1-D(G(z)))]$ 越小越好，所以采用符号 $\min_G$。这里我们需要注意的一个问题就是，上面的目标函数需要优化的网络有判别器和生成器，因此优化的过程可以分步进行，先固定其一，比如先固定判别器，最小化损失函数来优化生成器，接着固定生成器，最大化损失函数来优化判别器。通过这样的博弈，判别器和生成器都会变得越来越强，当判别器无法判断生成器生成结果是真是假的时候，训练也就完成了。这就是“对抗”的含义。

GAN 的训练比较困难，有时甚至会出现判别器太强了而生成器什么都没学到的现象（这只是 GAN 的训练困难之一），感兴趣的读者可以查阅 *GAN—Why it is so hard to train Generative Adversarial Networks*! 以及其他相关资料。如何更加稳定地训练 GAN，*Keep Calm and train a GAN. Pitfalls and Tips on training Generative Adversarial Networks* 给出了一些建议。一些 GAN 的改进也使得训练更为稳定，感兴趣的读者可以查阅相关资料。

11.2.3　基于 DCGAN 的手写体数字生成

本小节利用 Keras 框架实现 DCGAN 来完成手写体数字生成任务。DCGAN 由生成器和判别器组成，实现 DCGAN 算法的关键就是定义生成器和判别器。其中，生成器输入 100 维噪声数据，经过一系列反卷积层生成图片。判断器输入真实图片或者生成图片，经过一系列卷积层提取图片特征，最终输出图片是否真实图片的二分类结果。

首先，我们了解一下手写体数字识别数据集 MNIST。MNIST 每个样本是 28 像素×28 像素大小的手写体数字图片，数字包含 0～9。其中训练集一共 60000 个样本，测试集一共 10000 个样本。图 11-10 展示了 MNIST 部分样本。

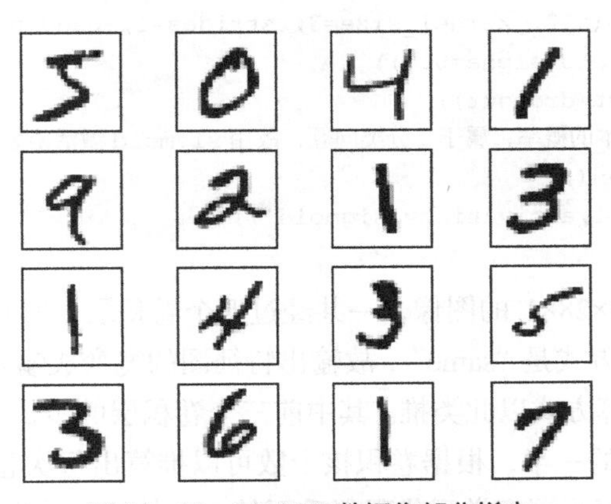

图 11-10　MNIST 数据集部分样本

Keras 封装了 MNIST 数据集，其加载方法如下。

```
from keras.datasets import mnist
(x_train, _), (_, _) = mnist.load_data()
```

读取进来的图片样本的大小是 28 像素×28 像素，像素值范围是 0 ~ 255。我们需要将图片缩放至[−1,1]的范围，这样在使用生成器生成图片的时候最后一层可以用 tanh 激活函数生成相应范围的数值。图片预处理代码也比较简单，展示如下。

```
x_train = (x_train.astype(np.float32) - 127.5) / 127.5
x_train = np.expand_dims(x_train, axis=3)
```

读入图片的数据类型是 NumPy 的 ndarray，形状大小是（28，28），二维卷积层 Conv2D 需要处理带有通道的图片数据，故我们使用 NumPy 的 expand_dims 函数显式扩展出通道这个维度，并放置到最后一个维度，现在图片的形状大小是（28，28，1）。

接着我们用 Keras 定义判别器。

```
    def discriminator_model(self):
        dropout = 0.4
        # 定义序贯模型
        model = Sequential()
        # 第一个卷积层，图片大小 28*28*1->14*14*64
        model.add(Conv2D(64, kernel_size=3, strides=2, padding="same",input_shape=self.
img_shape))
        model.add(LeakyReLU(alpha=0.2))
        model.add(Dropout(dropout))
    # 第二个卷积层，图片大小 14*14*64->7*7*128
        model.add(Conv2D(128, kernel_size=3, strides=2, padding="same"))
        model.add(LeakyReLU(alpha=0.2))
        model.add(Dropout(dropout))
    # 第三个卷积层，图片大小 7*7*128->4*4*256
        model.add(Conv2D(256, kernel_size=3, strides=2, padding="same"))
        model.add(LeakyReLU(alpha=0.2))
        model.add(Dropout(dropout))
    # 第四个卷积层，图片大小 4*4*256->4*4*512
        model.add(Conv2D(512, kernel_size=3, strides=1, padding="same"))
        model.add(LeakyReLU(alpha=0.2))
        model.add(Dropout(dropout))
        # 输出图片是真实样本的概率，属于二分类问题，故用 sigmoid 激活函数
        model.add(Flatten())
        model.add(Dense(1,activation='sigmoid'))
        return model
```

判别器输入大小为 28×28×1 的图像，一共经过四个卷积层，所有卷积层的卷积核大小都是 3×3，由于使用的 padding 方式是“same”，故输出特征图的宽变成输入特征图宽除以步长 strides 后向上取整，图片长的计算方式以此类推。其中前三个卷积层的步长 strides 为 2，所以输出特征图的大小变成输入特征图的一半，根据卷积核个数可以推算出每次卷积操作以后的输出矩阵维度。推算输入输出维度是书写深度学习代码很重要的一个技能，希望读者多加练习，熟练掌握。

输出层的激活函数使用 Sigmoid 函数，因为判别器执行的是二分类任务。

接着定义生成器。

```
def generator_model(self):
    model = Sequential()
    # 使用全连接层将噪声向量映射到 256 * 7 * 7 大小的向量
    model.add(Dense(256 * 7 * 7, input_shape=(self.latent_dim,)))
    model.add(BatchNormalization(momentum=0.9))
    model.add(Activation('relu'))
    # 改变矩阵形状，得到长，宽，通道三个维度
    model.add(Reshape((7, 7, 256)))
    # 第一个反卷积层，图片大小 7*7*256->14*14*128
    model.add(Conv2DTranspose(128, kernel_size=3, strides=2, padding='same'))
    model.add(BatchNormalization(momentum=0.9))
    model.add(Activation('relu'))
    # 第二个反卷积层，图片大小 14*14*128->28*28*64
    model.add(Conv2DTranspose(64, kernel_size=3, strides=2, padding='same'))
    model.add(BatchNormalization(momentum=0.9))
    model.add(Activation('relu'))
    # 第三个反卷积层，图片大小 28*28*64->28*28*32
    model.add(Conv2DTranspose(32, kernel_size=3, padding='same'))
    model.add(BatchNormalization(momentum=0.9))
    model.add(Activation('relu'))
    # 第四个反卷积层，图片大小 28*28*32->28*28*1
    model.add(Conv2DTranspose(self.channels, kernel_size=3, padding='same'))
    model.add(Activation('tanh'))
    return model
```

生成器使用了反卷积来逐步扩大输入的噪声向量的维度，最后生成和真实样本一样大小的图片数据。关于反卷积的原理和输入输出尺寸之间的推算，读者可以查阅相关资料。值得注意的是，生成器的输出层用的是 tanh 激活函数，目的是把输出的数值映射到-1 和 1 之间，这和我们预处理时缩放图片像素值至该范围相符合。

接下来需要实现损失函数和进行模型训练。

DCGAN 的训练采用交替优化判别器和生成器的方式。优化判别器的目标即使得真实图片的概率尽可能大，以及生成图片的概率尽可能小。这可以通过将真实图片的标签设置成 1，生成图片的标签设置成 0，使用交叉熵损失函数来完成。

优化生成器想要使得生成器生成的图片尽量接近真实图片的分布，即生成器生成图片标签是 1 的概率尽可能大。但需要注意的是，优化生成器的时候需固定判别器的权重，只训练生成器的权重。

下面代码展示了如何交替训练判别器和生成器，让它们进行对抗。

```
# 生成真实标签和虚假标签
valid = np.ones((batch_size, 1))
fake = np.zeros((batch_size, 1))
optimizer = Adam(lr=0.0002, beta_1=0.5, decay=1e-8)
# 构建和编译判别器
self.discriminator = self.discriminator_model()
```

```
    self.discriminator.compile(loss='binary_crossentropy',optimizer=optimizer,metrics
=['accuracy'])
    # 构建和编译生成器和组合模型 adversarial
    self.generator = self.generator_model()
    noise = Input(shape=(self.latent_dim,))
    images = self.generator(noise)
    # 为了训练生成器，需要将组合模型 adversarial 中的判别器权重固定
    self.discriminator.trainable = False
    validity = self.discriminator(images)
    self.adversarial = Model(noise, validity)
    self.adversarial.compile(loss='binary_crossentropy',optimizer=optimizer,metrics=[
'accuracy'])
    for epoch in range(epochs):
        # 1.先训练判别器
        # 随机选择 batch_size 样本大小的真实图片
        idx = np.random.randint(0, x_train.shape[0], batch_size)
        real_img = x_train[idx]
        # 产生随机噪声数据，将噪声数据输入生成器生成图片
        noise = np.random.normal(0, 1, (batch_size, self.latent_dim))
        fake_img = self.generator.predict(noise)
        # 判别器的损失函数分为两个部分，一是对应判别真实图片的交叉熵损失，二是对应判别生成图片的交叉熵损失
        d_loss_real = self.discriminator.train_on_batch(real_img, valid)
        d_loss_fake = self.discriminator.train_on_batch(fake_img, fake)
        # 判别器的损失函数等于以上两种损失的平均
        d_loss = 0.5 * np.add(d_loss_real, d_loss_fake)
        # 2.训练生成器
        noise = np.random.normal(0, 1, (batch_size, self.latent_dim))
        g_loss = self.adversarial.train_on_batch(noise, valid)
        print('{} [Discriminator loss: {:.5f}, Discriminator acc: {:.3f}] [Generator loss: {:.5f}]'.
              format(epoch, d_loss[0], d_loss[1], g_loss[0]))
```

为了观察判别器和生成器对抗的结果，我们绘制出了判别器、生成器训练过程的损失函数变化曲线和判别器准确率变化曲线。如图 11-11、图 11-12 和图 11-13 所示。

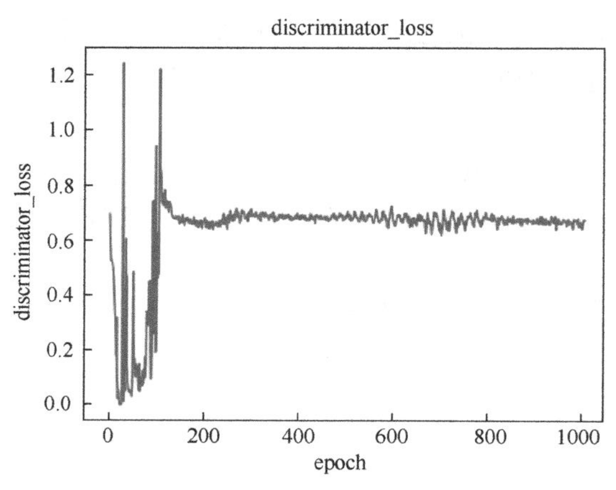

图 11-11　判别器损失函数变化曲线

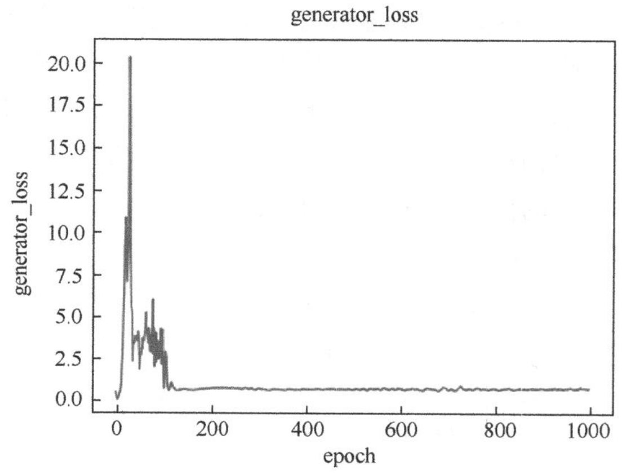

图 11-12　判别器准确率变化曲线

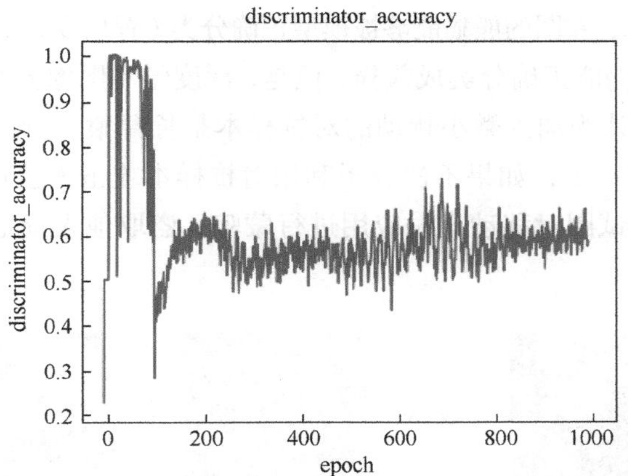

图 11–13　生成器损失函数变化曲线

我们可以看到生成器的损失函数先剧增然后经过一段下降，最后稳定在 0.7 附近，如图 11-11 所示。剧增的原因是训练刚开始生成器还不知道如何生成逼真的图片，无法蒙骗判别器。同时，判别器的损失函数先下降后上升最后稳定在 0.1 左右，如图 11-12 所示。判别器的损失函数最开始的下降来源于生成器无法生成比较接近真实图片的样本，判别器能很轻而易举地判断出图片来自真实图片还是生成图片，而当生成器强大起来以后，它能生成接近真实图片的样本，判别器无法轻易判断样本的真假，这时候判别器的损失将维持在一个稳定值附近。这一点从判别器的准确率也得到印证。最后判别器和生成器达到动态平衡的时候，判别器的准确率保持在 50% 附近，因为判别器无法区分真实图片和生成图片了如图 11-13 所示。

我们可以看看 epoch 为 1000 时生成器生成的手写体数字图片。如图 11-14 所示，非常接近真实图片。

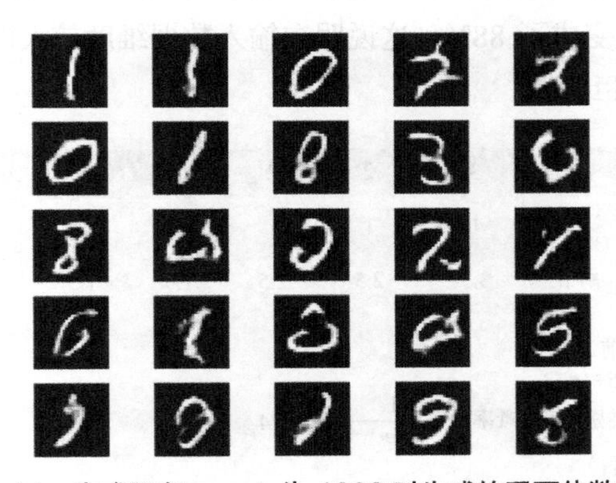

图 11–14　生成器在 epoch 为 1000 时生成的手写体数字图片

11.3　深度学习也“脆弱”——对抗攻击

虽然深度学习在不同领域取得了巨大成功，但学者通过研究发现，深度学习有其“脆弱”

的一面。如图 11-15 所示，左图的熊猫能够被模型正确分类（置信度为 57.7%），在加入极小的扰动的情况后，人类肉眼仍能正确分类成熊猫，但是，深度学习图像分类模型竟然会以很高的置信度（置信度 99.3%）认为加入微小扰动的对抗样本是长臂猿。对抗样本的提出引起了众多学者的研究兴趣，试想一下，如果不法分子利用对抗样本攻击人脸识别（face recognition）系统，进行人脸伪装，试图对移动支付应用进行蒙骗，盗取他人资金，这将是一件非常可怕的事情。

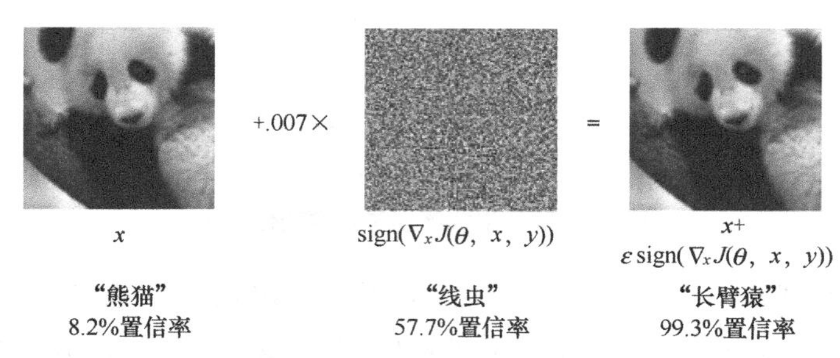

图 11-15　左图的熊猫在加入极小的扰动以后分类器误判为长臂猿

学者们也尝试找出深度学习“脆弱性”的原因。有学者认为，深度学习的“脆弱性”来源于深度学习模型的高度非线性这一特性。然而，古德费罗在 2015 年的研究中证明了线性模型在加入极小扰动的情况下也表现出了类似的脆弱性，这就说明深度学习的“脆弱性”并非来源于高度非线性。如图 11-16 所示，李飞飞老师的课件展示了一个例子：第一行 X 是原始的输入数据，一共拥有 10 个维度的特征，第二行的 W 是线性模型的权重，第三行的对抗 X 是在第一行的基础上加入了微小的扰动（每个维度加或者减去 0.5）得到的新的输入数据（可视为对抗样本），通过计算发现，原始数据分类为 1 的概率仅仅不到 5%，而加入微小扰动数据后，新的输入数据被分类为 1 的概率变成了 88%。这说明在输入数据维度较大的情况下，即使是微小的扰动，也能通过叠加造成“巨变”。

X	2	−1	3	−2	2	2	1	−4	5	1
W	−1	−1	1	−1	1	−1	1	1	−1	1
对抗X	1.5	−1.5	3.5	−2.5	2.5	1.5	1.5	−3.5	4.5	1.5

类别1的分数（攻击前）：

−2+1+3+2+2−2+1−4−5+1=−3

使用Sigmoid计算的类别为1的概率为：$\frac{1}{1+e^{-x}}$ =0.0474

类别1的分数（攻击后）：

−1.5+1.5+3.5+2.5+2.5−1.5+1.5−3.5−4.5+1.5=2

使用Sigmoid计算的类别为1的概率为：$\frac{1}{1+e^{-x}}$ =0.88

图 11-16　深度学习“脆弱性”的原因分析

深度学习的“脆弱性”并非只有图像分类模型所特有，近期学者们对自编码器和生成模型、RNN、语义分割和目标检测等模型的对抗攻击也进行了相应的研究。

目前，对抗攻击的研究集中在欺骗和反欺骗两个方面。

对抗攻击的攻击方式有以下几种。

（1）白盒攻击。在对模型和训练集完全了解的情况下的攻击方式。

（2）黑盒攻击。在对模型和训练集不了解的情况下的攻击方式。

（3）灰盒攻击。灰盒攻击介于黑盒攻击和白盒攻击之间，它仅仅了解模型的一部分（比如知道模型的输出概率或者模型结构）。

（4）无目标攻击：只需要使得模型错误分类即可，不指定模型错误分成哪个特定类别。

（5）特定目标攻击：使得所有对抗样本都分类到特定的目标类别上。

而对抗攻击的对抗方式主要分为三种，如图 11-17 所示。

（1）修改训练过程或者训练样本（比如图片压缩、图片随机缩放等）。

（2）修改训练网络结构。比如增加层、子网络，修改损失函数、激活函数等。

（3）分类遇到没有见过的样本时，用外部模型作为附加网络。

感兴趣的读者可以阅读综述论文 *Threat of adversarial attacks on deep learning in computer vision: A survey* 或其他相关资料来进一步了解。

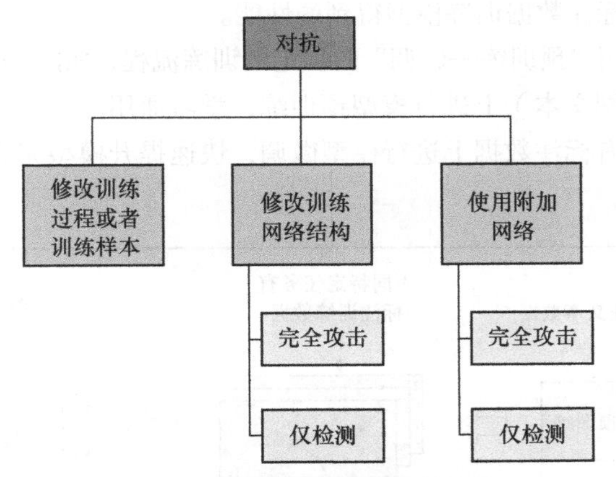

图 11-17　对抗的常见类型分类

11.4　复活的唐诗——大规模预训练模型

11.4.1　大规模“预训练语言模型”

语言和文字是人类智慧的重要特征，让机器具有语言文字的理解能力是人工智能的终极目标之一。目前随着深度学习技术的不断发展和成熟，以深度学习为工具，旨在对自然语言文本进行概率建模，可用于估计任意一个给定文本序列的概率，或者预测文本序列中词在某个位置上出现的概率的自然语言模型成为主流框架。但是，面向自然语言处理的深度学习一直受到模型“深度”有限、泛化能力不足的困扰。2018 年，预训练技术成功激活了深度神经网络对大规模无标注数据的自监督学习能力，在 GPU 多机多卡算力和海量无标注文本数据的双重支持下，预训练模型打开了深度学习模型规模与性能齐飞的局面，成为人工智能和深度学习领域的革命性突破，并引发了国际著名互联网企业和研究机构的激烈竞争，将模型规模和性能不断推向新的高度。美国 OpenAI 公司在 2020 年发布的预训练语言模型 GPT-3 已经达到了 1750 亿参数量、上万 GPU 的惊人训练规模。

“预训练语言模型”就是提前在大规模无标注数据中，进行大规模训练，使系统具有掌握通用语言能力的潜力，可以理解为让人工智能系统掌握语言能力的“预修班”。与传统的语言学习模型相比，预训练语言模型具有以下三方面优势。

（1）模型参数规模大。在预训练阶段充分利用大规模无标注数据，能对模型规模的增大提供有力支持，使系统更好地掌握通用语言能力。与此同时，模型只需要对少量特定任务的有标注数据进行微调即可完成下游任务学习，有标注数据的利用率高。

（2）模型通用能力强。在通用无标注语料上预训练得到的同一个语言模型，只需要对不同特定任务的有标注数据进行微调即可应用于不同任务中，不需要针对每个任务专门研制模型。

（3）模型综合性能好。由于预训练模型掌握极强的通用语言能力，在每个特定任务上都能表现出超越只用该任务标注数据训练模型得到的性能。

预训练语言模型采用“预训练—微调”两步走的训练流程，如图 11-18 所示。第一步在大规模无标注数据（如互联网文本）上进行模型预训练，学习通用的语言模式；第二步在给定自然语言处理任务的小规模有标注数据上进行模型微调，快速提升模型完成这些任务的能力，最终形成可部署应用的模型。

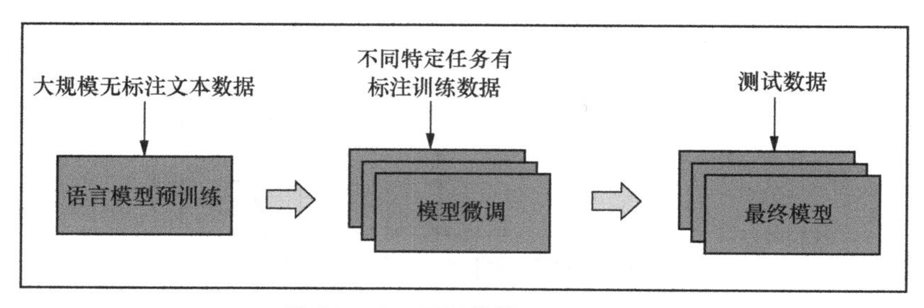

图 11-18　预训练模型微调流程

因此，大规模预训练模型成为自然语言处理甚至整个人工智能领域的重要技术突破，有望将数据驱动的深度学习技术推向新的发展阶段。

11.4.2　BERT 和 GPT 原理浅析

随着大规模语言预训练模型越来越受到重视和广泛使用，出现了 BERT 和 GPT 两个经典的“明星级”模型。本节将对 BERT 和 GPT 的模型原理进行简单说明。

BERT 是谷歌以无监督的方式利用大量无标注文本训练的语言模型。预训练 BERT 时让它同时进行两个任务。

（1）第一种任务称为 Masked 语言模型（漏词填空），如图 11-19 所示。

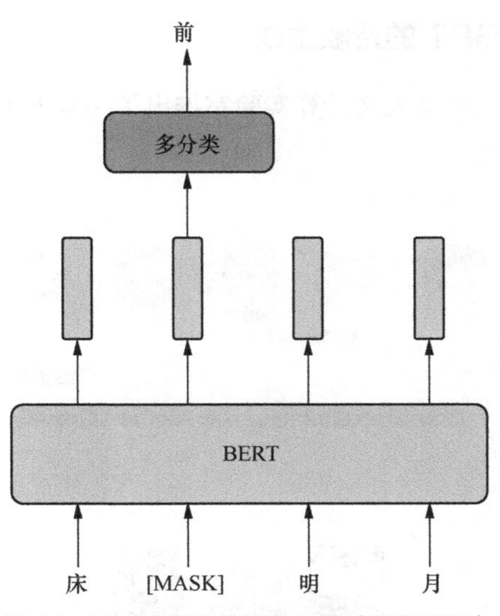

图 11-19　BERT 的训练过程（漏词填空）

做法是随机把一些单词变为 Mask，让模型去猜测盖住的地方是什么词。假设输入里面的第二个词是被盖住的，把其对应的向量输入到一个多分类模型中，来预测被盖住的词。

（2）第二种任务是预测下一个句子（下句预测），如图 11-20 所示。

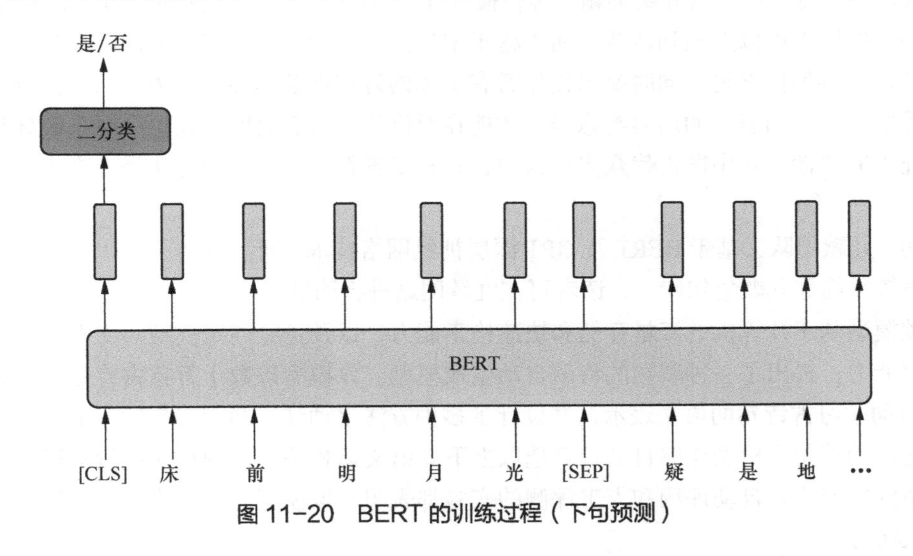

图 11-20　BERT 的训练过程（下句预测）

首先把两句话连起来，中间加一个[SEP]作为两个句子的分隔符。而在两个句子的开头，放一个[CLS]标志符，将其得到的向量输入到二分类的模型，输出两个句子是不是接在一起（0 或 1）。

GPT 模型与 BERT 任务一“漏词填空”训练原理基本一样，只不过是输入一个句子中的上一个词，GPT 希望模型可以得到句子中的下一个词（只盖住最后一个要预测的词）。

11.4.3 基于 BERT 和 GPT 的诗歌生成

清华大学自然语言处理与社会人文计算实验室推出了一款人工智能中文诗歌写作系统，名为“九歌”，如图 11-21 所示。

图 11-21　九歌：人工智能诗歌写作系统

选择五言律诗，输入“春江花朝秋月夜”，点击生成诗歌。结果如下：“今日天涯别，明年此夕逢。寒云低楚树，落叶聚吴霜。客舍孤灯外，乡心细雨凉。遥钟知近远，烟水满潇湘”。

集句诗的历史可以上溯到西晋，而兴盛于宋代。集句创作需要创作者博闻强识，有大量的诗歌储备作为再创作素材。同时要求创作者有很强的诗词理解和鉴赏能力，只有充分理解前人不同作品中每一诗句表达的内容与意境，才能在对诗句进行有机的重新组合时不破坏集成的整首诗的连贯完整性。在中国古代众多诗人中，只有王安石、苏轼、辛弃疾等诗文大家才有能力创作。

近期，九歌团队又基于 BERT 及 GPT 深层神经网络技术，研制推出了 AI“九歌”集句诗自动写作系统（简称九歌集句诗），读者可在九歌网站进行测试。

九歌模型基于计算机的海量存储和快速检索能力，以及神经网络模型对文本语义较强的表示和理解能力，提出了一种新颖的诗歌自动生成模型。该模型以数十万首古诗作为基础，利用 RNN，自动学习古诗句的语义表示，并设计了多种方法自动计算两句诗句的上下文关联性。根据用户输入的首句，模型能够自动计算选取上下文语义最相关连贯的诗句进行集辑，从而形成一首完整的集句诗。自动评测和人工评测的实验都表明，该模型能够生成质量较好的集句诗，仿佛诗人在写作。

本章小结

本章围绕基于深度学习的生成学习模型，分别介绍了风格迁移任务和 GAN 模型及对抗攻击的基本知识。通过本章的学习，读者能够掌握盖特斯风格迁移任务的基本思路：使用 Gram 矩阵提取风格图的风格特征以及使用内容图经过不同卷积层后得到的特征图作为内容特征，把风格损失和内容损失结合起来组成总的损失，并学会使用 Keras 来实现该模型。此外，本章还带领读者学习了 GAN 的基本思路：判别器和生成器在对抗中携手变强。在了解了 GAN 的基本思路以后我们学习使用 Keras 来实现 DCGAN 手写体数字生成。本章还简要介绍了深度学习模型“脆弱性”的原因、对抗攻击的相关知识和大规模语言预训练模型及其应用。

习题

（1）修改 11.1.4 内容重建、风格重建选用的卷积层名称，对比效果。

（2）修改 11.1.4 内容损失权重、风格损失权重、迭代次数等参数，对比效果。

（3）修改 11.2.3 的例子中生成器、判别器的优化器学习率，观察生成器、判别器是否能达到动态平衡。

拓展阅读

（1）阅读论文 *Meta Networks for Neural Style Transfer*，了解任意风格任意内容的快速风格迁移方法的原理及优点。

（2）阅读 *GAN—Why it is so hard to train Generative Adversarial Networks!* 及其他相关资料，了解 GAN 训练不稳定的几种原因和改进方法。

（3）阅读相关资料了解 GAN 的几种重要改进（DCGAN,WGAN,WGAN-GP,LSGAN-BEGAN）的原理。

（4）了解更多的对抗和攻击方式。

第 12 章 学习使我快乐——自动学习

推进教育数字化，建设全民终身学习的学习型社会、学习型大国。

——摘自党的二十大报告

机器学习和深度学习算法调优是一个非常重要的研究问题，为了解决大量参数调优和入门人工智能算法的调试，2012 年谷歌公司提出了自动机器学习（automated machine learning，AutoML）概念，随后多家公司相继推出 AutoML 解决方案，本章主要对自动学习的一些基本概念和方法进行介绍，并对主流的开源自动算法等进行概述。

本章学习目标：

- ❑ 理解自动学习的基本组成和概念
- ❑ 理解自动学习的几个关键技术
- ❑ 了解自动学习的工具使用
- ❑ 了解 AutoML、AutoDL、AutoRL 和 AutoGL 技术

12.1 如何实现自动学习——AutoML 原理

2006 年，李飞飞教授刚入职伊利诺伊大学香槟分校计算机系，当时她发现整个学术圈和人工智能行业都在苦心研究如何通过更好的算法来制定决策问题，但却并不关心数据。为了能够对真实世界的内容进行学习，她与自己共事的小团队着手制定了一个项目，对涵盖 22000 类别的 1500 万张图片进行图片标注，并将该数据集命名为 ImageNet，并将该成果发表在 CVPR2009 会议上，其中 ImageNet 数量之大，质量之高都是空前的，正是该项工作，推动了计算机视觉领域的快速发展。

然而，其中最重要的一项工作就是对 1500 万张图片的标注工作，通过计算发现，如果按一个人在不出错的情况下一分钟标注 2 张图片来计算，该数据集的制作大概需要 100 个人 24 小时不间断地工作 52 天才能制作完毕。这只是数据的处理工作。对于一个真正能使用的生产模型来说，其中模型参数调优也是一个非常重要的工作，深度学习目前作为一个缺乏可解释性的黑盒模型，参数的调优对于刚入门的人来说更是如同玄学一样，其需要经验丰富的工程师才能快速将模型进行调优，这无疑给传统使用人工智能算法的人员提高了门槛。

AutoML 是一种在保持低计算量和无人工辅助的情况下能够使得模型获得最佳性能的机器学习方法。它可以使非机器学习专家使用机器学习，提高机器学习效率并加速机器学习研究过程，近年来取得了相当大的成就，并且越来越多的学科依赖它。

但是，这一成功关键取决于人类机器学习专家来构造并执行以下任务：预处理并清理数据、选择并构建适当的模型、选择合适的模型系列、优化模型超参数、后处理机器学习模型、严格分析获得的结果等。过程如图 12-1 所示。

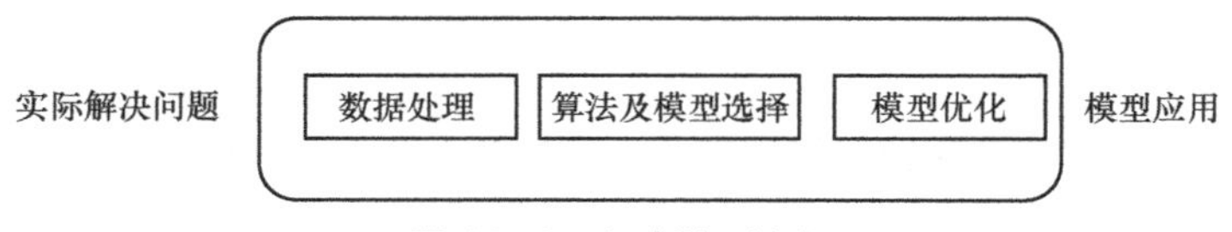

图 12-1　自动学习过程

本部分主要从算法的模型选择、参数优化、网络结构优化三方面进行阐述。

12.1.1 算法的模型选择

通常情况下，解决问题的方法并不是唯一的，以波士顿房价预测为例子，可以使用线性回归，也可使用逻辑回归等其他方法，在不考虑算法参数优化的情况下，那么到底选哪一种算法/模型来完成实验呢？或者说哪种算法的优化空间更大，更有利于精度的提升？然而，完全靠人工手动去选择模型，然后去参数优化几乎是不可能的。自动学习为我们提供了一种新的解决方法，即在多模型的情况下通过优化去选择最佳的模型，整体如图 12-2 所示。

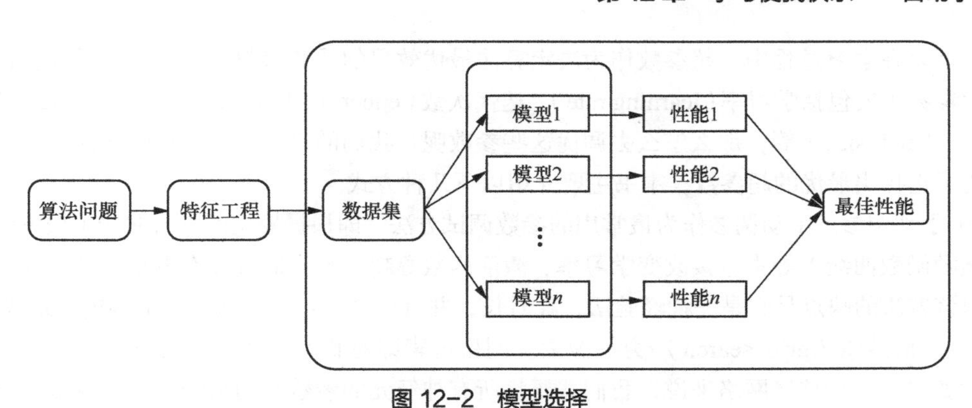

图 12-2　模型选择

一般地，对于非线性 SVM、随机森林以及需要大量训练数据的神经网络方法来说，这些模型需要根据大量数据去拟合函数，导致收敛速度慢，但大数据量的拟合能够更加客观地总结数据规律，准确度也比较高。而线性 SVM 和朴素贝叶斯（naive bayes，NB）方法，其数量相对少，速度也更快。那么在一个实际问题中，我们到底选择哪一个方法/模型呢?

为了让解决问题的方法能够快速、高效，自动模型选择通过模型选择空间和模型选择策略两方面进行优化。

（1）模型选择空间。模型选择空间定义了可选模型的范围，决定了解决问题的算法状态空间。目前在工业界和学术界已经涌现了诸如 auto_ml，Auto-sklearn（提供了 15 种类算法）、Auto-WEKA（提供了 27 种分类器）等一些经典的开源框架，这些方法的优点是包含了目前大多数机器/深度学习算法模型，能够解决绝大部分问题。

（2）模型选择策略。模型选择空间定义了可选模型的范围，但最重要的是模型选择策略，即选择一个模型还是同时选择多个模型进行训练。其搜索策略包括：①经典贝叶斯优化模型选择策略，可解决一些低维度的数据问题；②基于进化算法的模型选择策略，对不同的模型不断产生优秀个体并进化变异，最终找到全局最优的模型选择策略；③基于强化学习的模型策略搜索，强化学习作为决策问题中的重要方法，同样在模型选择策略决策中有重要的应用。在此基础上，AutoML 目前已经开源一些经典的算法选择，包括 AutoFolio Flexfolio、SATzilla、Algorithm Selection Library 等。

12.1.2　参数优化

（1）优化器选择。最优化问题是计算数学中最重要的研究方向之一，广泛应用在机器学习、深度学习和强化学习等众多领域。通常情况下，在数据集和模型架构完全相同的情况下，采用不同的优化算法，也很可能导致截然不同的训练效果。梯度下降是目前神经网络中使用最广泛的优化算法之一，研究者们在此基础上发明了一系列变种算法，从最初的随机梯度下降 SGD 逐步演进到 NAdam。目前存在的深度学习优化器主要包括批量梯度下降、小批量梯度下降（mini-batch gradient descent，MBGD）、Momentum、Nesterov 加速梯度（nesterov accelerated gradient，NAG）、RMSprop、Adam 等方法。

（2）超参数优化。在上述内容基础上，我们确定好了算法模型、模型选择策略以及优化器类型，但是在学习过程中，超参数作为决定算法最优效果的重要参数，显得非常重要，目前常见的超参数主要包括学习率（learning rate）、迭代次数（epoch）、激活函数（activation function）、批大小（batch-size）等，那么怎么去调优这些参数呢？我们的答案是使用目前的搜索算法去解决，为了选择出最优的超参数，本书主要介绍以下几种方式。

① 手动调参。手动调参作为最常用的参数调试方法，即根据模型的学习曲线（损失函数曲线、奖励函数曲线）等去直接改变学习率、激活函数等超参数，通过多次重复尝试获取模型参数，但该方法的缺点是它是一种经验法，耗时长，并且无法知道超参数空间范围内的最优值。

② 网格搜索（grid search）/穷举搜索。网格搜索即对状态空间内的所有参数空间进行遍历，例如对于一个神经网络来说，我们需要将所有神经元的参数和网络的深度、权重进行大量的遍历学习才能得到模型需要的超参数，该方法的优点是能够找到最佳的参数。网格搜索在神经网络中的应用如图 12-3 所示。

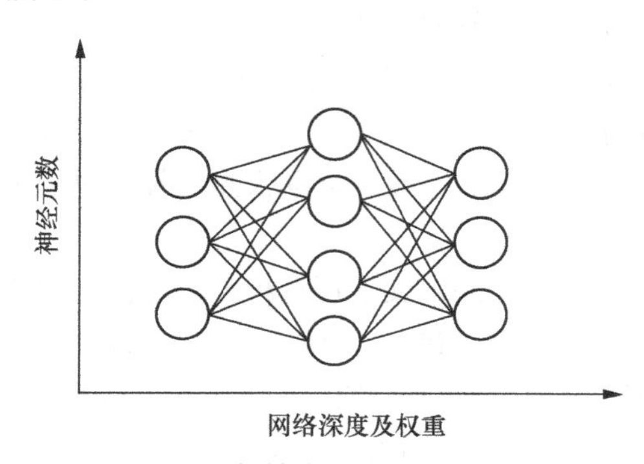

图 12-3　网格搜索在神经网络中的应用

然而，网格搜索这种穷举方法非常耗时，而且现如今随着网络越来越复杂，超参数也越来越多，要想将每种可能的超参数组合都测试一遍明显不现实，所以一般就是事先限定若干种可能，但是这样搜索仍然不高效，对于状态空间小的问题来说该方法特别实用，但是对于状态空间较大的问题，该方法很难直接解决。

③ 随机搜索（random search）。在网格搜索的基础上，随机搜索无疑减小了超参数的搜索空间，对于解决中小型问题来说提供了一种可能，如图 12-4 所示，只需要选择搜索的参数即可对问题求解，获取到一个不错的模型。

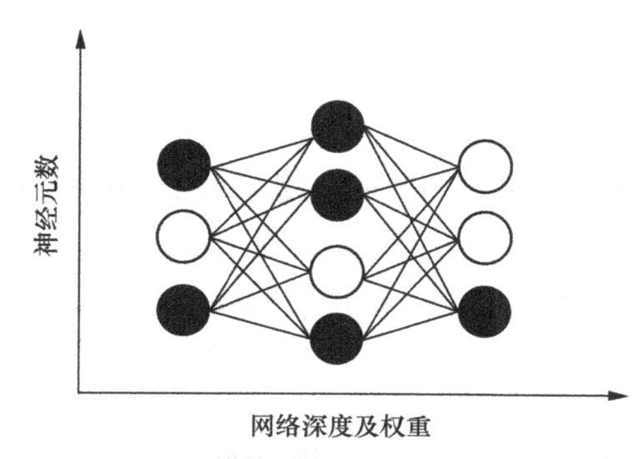

图 12-4　随机搜索在神经网络结构搜索中的应用示意图

④ 启发式搜索算法。在上述直接搜索算法的基础上，虽然能够解决一些状态空间不是特别大的问题，但是仍然力不从心，但遗传算法、粒子群优化等启发式搜索算法是可以进一步提高超参数的搜索速度和效率的方法，并且可以从全局的角度优化参数。

⑤ 贝叶斯优化。传统的贝叶斯是一种统计学概念，由英国数学家贝叶斯发明，用来描述两个条件概率之间的关系。“贝叶斯优化”是用于机器学习调参的一种方法，主要思想是通过给定优化的目标函数，在未知内部结构和数学表达式的情况下，迭代地添加样本点来更新目标函数的后验分布，直到后验分布基本贴合于真实分布的时候的参数集。

贝叶斯优化通常有两个核心过程，先验函数（prior function，PF）与采集函数（acquisition function，AC）。采集函数也可以叫效能函数（utility funtcion），一般是关于 x 的函数，映射到实数空间 $\boldsymbol{R}$，表示该点的目标函数值能够比当前最优值大多少的概率，目前主流的采集函数包括 POI（probability of improvement）、Expected Improvement 等。PF 主要利用高斯过程回归；AC 主要包括 UCB 等方法。流程如图 12-5 所示。

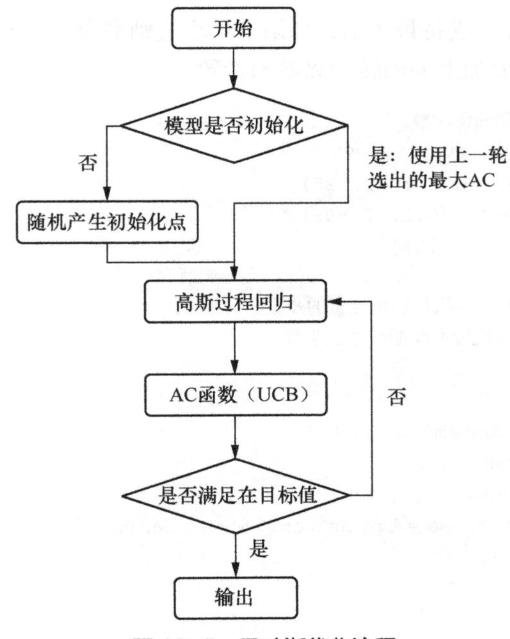

图 12-5 贝叶斯优化流程

下面我们使用随机森林作为模型进行参数优化：

```
# 第一步，初始化贝叶斯库
pip install bayesian-optimization
# 第二步
from sklearn.datasets import make_classification
from sklearn.ensemble import RandomForestClassifier
from bayes_opt import BayesianOptimization
model = RandomForestRegressor()
model = model.fit(train_x, train_y)
```

```
score = model.score(test_x, test_y)
print('测试集评分: ', score)
0.6822328326434381
```

目前的深度学习可以看作是一个黑盒模型（black box），即我们只知道模型的输入（input）和输出（output），并不知道内部的具体原因，贝叶斯优化假设超参数与最后我们需要优化的损失函数存在一个函数关系，因此需要将解决目标进行重新构造目标函数。

```
# 第三步
def black_box_function(n_estimators, min_samples_split, max_features, max_depth):
    res = RandomForestRegressor(n_estimators=int(n_estimators),
                                min_samples_split=int(min_samples_split),
                                max_features=min(max_features, 0.999), # float
                                max_depth=int(max_depth),
                                random_state=2
                                ).fit(train_x, train_y).score(test_x, test_y)
    return res
```

注：（1）bayes_opt 库只支持最大值，如果求最小值则需要加负号取反；（2）bayes 优化只能优化连续超参数，因此要加上 int()转为离散超参数。

```
# 第四步：确定状态空间和训练次数。
pbounds= {'n_estimators': (10, 250),
        'min_samples_split': (2, 25),
        'max_features': (0.1, 0.999),
        'max_depth': (5, 15)}
optimizer.maximize(
        init_points=5,  #执行随机搜索的步数
        n_iter=25,   #执行贝叶斯优化的步数
    )
# 第五步：实例化对象
optimizer = BayesianOptimization(
        f=black_box_function,
        pbounds=pbounds,
        verbose=2, # verbose = 1 prints only when a maximum is observed, verbose = 0 is silent
        random_state=1,
)
print(optimizer.max)
```

经过上述内容我们找到了最优参数为：

```
n_estimators=99, max_features=0.33, max_depth=15, min_samples_split=16
```

我们继续将上述参数代入回归模型中，得到最后预测值为：

```
测试集分数: 0.6987540622657751
```

贝叶斯优化与常规的网格搜索、随机搜索等相比，优点如下。

（1）贝叶斯调参采用高斯过程，考虑之前的参数信息，不断地更新先验；网格搜索未考虑之前的参数信息。

（2）贝叶斯调参迭代次数少，速度快；网格搜索速度慢，参数多时易导致维度爆炸。

（3）贝叶斯调参在凸优化和非凸优化下均稳健。

12.1.3　网络结构优化

网络结构优化涉及网络结构的设计和结构的优化，结构设计主要通过某种结构及算法，实现神经网络结构的自动生成，它主要包含搜索空间、搜索策略、性能评估策略等内容，其意义在于解决深度学习模型的调参问题，是结合了优化和机器学习的交叉研究。

在深度学习之前，传统的机器学习模型也会遇到模型的调参问题，因为浅层模型结构相对简单，因此多数研究都将模型的结构统一为超参数来进行搜索，比如三层神经网络中隐藏层神经元的个数就可以作为搜索的超参数。优化这些超参数的方法主要是黑箱优化方法，比如贝叶斯优化和强化学习等。但是在模型规模扩大后超参数增多，这给优化问题带来了新的挑战，导致传统搜索算法无法收敛，深度学习模型训练时间太长、计算效率降低等。为了解决这一问题，2017 年网络结构搜索（neural architecture search，NAS）算法被提出，NAS 的搜索空间被认为是一个神经网络搜索空间的带有约束的子空间，在优化过程中已被证实十分有效。

12.2　动手实践——AutoML 实例

12.2.1　Auto-sklearn

（1）Auto-sklearn 简介。Auto-sklearn 是一种开箱即用的监督型自动机器学习，是基于机器学习库 slearn 构建的，可为新的数据集自动搜索学习算法，并优化其超参数。它支持切分训练/测试集的方式，也支持使用交叉验证。从而减少了训练模型的代码量和程序的复杂程度。

（2）环境安装。Auto-sklearn 的安装需要具备以下依赖环境。

```
Python (>=3.6)
C++ compiler (with C++11 supports)
SWIG (version 3.0.* is required; >=4.0.0 is not supported)
```

本书安装以 Ubuntu 环境为例子：

```
# 安装依赖环境
curl https://raw.                    .com/automl/auto-sklearn/master/requirements.txt
| xargs -n 1 -L 1 pip3 install
# Conda 下安装 swig
conda install gxx_linux-64 gcc_linux-64 swig
# Ubuntu 安装 swig
sudo apt-get install build-essential swig
# 安装 auto-sklearn
pip3 install auto-sklearn
```

（3）使用示例。以手写数字识别为例，可以按照以下代码搜索模型结构和预测结果。

```
import autosklearn.classification
import sklearn.model_selection
```

```
import sklearn.datasets
import sklearn.metrics
if __name__ == "__main__":
    X, y = sklearn.datasets.load_digits(return_X_y=True)
    X_train, X_test, y_train, y_test = \
            sklearn.model_selection.train_test_split(X, y, random_state=1)
    automl = autosklearn.classification.AutoSklearnClassifier()
    automl.fit(X_train, y_train)
    y_hat = automl.predict(X_test)
    print("Accuracy score", sklearn.metrics.accuracy_score(y_test, y_hat))
```

12.2.2 分布式 H2O

H2O 是一个开源的、分布式、快速和可扩展的机器学习和预测分析平台，核心代码是用 Java 编写的。在 H2O 中，使用分布式的 Key/Value 存储来访问和引用所有节点和机器上的数据、模型、对象等是在 H2O 的分布式 Map / Reduce 框架之上实现的，并且利用 Java Fork / Join 框架来实现多线程，H2O 的 REST API 允许外部程序或脚本通过 HTTP 上的 JSON 访问 H2O 的所有功能。下面在 Python 环境中安装 H2O，依赖以下环境：grip、colorama、future、tabulate、requests 和 wheel。

H2O 的安装（Python）分为两步。

第一步：首先安装依赖文件。

```
pip install requests
pip install tabulate
pip install "colorama>=0.3.8"
pip install future
pip install -f http://h2o-release.s3.          .com/h2o/latest_stable_Py.html h2o
```

第二步：可以按照如下方式导入 H2O 相关文件。

```
import h2o
from h2o.automl import H2OAutoML
h2o.init()
# Import a sample binary outcome train/test set into H2O
train = h2o.import_file("https://s3.          .com/erin-data/higgs/higgs_train_10k.csv")
test = h2o.import_file("https://s3.          .com/erin-data/higgs/higgs_test_5k.csv")
# Identify predictors and responsex = train.columnsy = "response"x.remove(y)
# For binary classification, response should be a factortrain[y] = train[y].asfactor()
test[y] = test[y].asfactor()
# Run AutoML for 20 base models (limited to 1 hour max runtime by default)
aml = H2OAutoML(max_models=20, seed=1)
aml.train(x=x, y=y, training_frame=train)
# View the AutoML Leaderboardlb = aml.leaderboardlb.head(rows=lb.nrows)
# Print all rows instead of default (10 rows)
# The leader model is stored here
aml.leader
preds = aml.predict(test)
# 或者: preds = aml.leader.predict(test)
```

12.3　自动深度学习——AutoDL

12.3.1　深度学习概述

在人工智能领域占有重要一席之地的深度学习技术，在近些年来得到了高速的发展和广泛的应用。无论是在学术界还是在工业界，人脸识别、语音识别、机器翻译（machine translation，MT），还是各类游戏机器人（如 AlphaGo）、各种智能音箱，无不体现着深度学习技术的强大能力。深度学习技术的背后是深度神经网络（deep neural network，DNN），尝试设计效果更好、计算速度更快的网络结构是科学家和工程师们一直追求的目标。

12.3.2　深度学习参数调节

传统的神经网络的结构设计是由人类手工完成的。研究者们通过自身的经验和尝试添加更多不同类型的层（变深）以及在层与层之间添加更多的连接（变复杂），获得不同的神经网络结构，并且用它们不断进行模型训练和选优，获得的网络结构在一些典型的公开数据集上收获了很好的模型效果。

随着对典型神经网络结构研究的深入，人们开始希望能够用自动化的方式探索和设计出新型的网络结构，取代传统的"手工设计—尝试—修改—尝试"的较为复杂和费时费力的过程，于是"自动化网络结构设计"应运而生。理想状态下的 AutoDL 技术，只需要使用者提供一份数据集，整个系统就可以根据数据集自身，不断尝试不同类型的网络结构和连接方式，训练若干个神经网络模型，逐步进行自动化反复迭代和尝试，最后产出一个终版模型。

2020 年，深度赋智团队开源了 AutoDL 框架，它是聚焦于自动进行任意模态（图像、视频、语音、文本、表格数据）的多标签分类的通用算法，可以用一套标准算法流解决现实世界的复杂分类问题，如解决调数据、特征、模型、超参等，最短 10 秒就可以做出性能优异的分类器。其在不同领域的 24 个离线数据集、15 个线上数据集都获得了极为优异的成绩。具备全自动、通用性和实时三个特性，具体安装使用过程如下：

```
# 1.基础环境依赖
python>=3.5
CUDA 10
cuDNN 7.5
# 2. clone 仓库
cd <path_to_your_directory>
git clone https://        .com/DeepWisdom/AutoDL.git
# 3. 预训练模型准备 下载模型 speech_model.h5 放至 AutoDL_sample_code_submission/at_speech/pretrained_models/目录。
# 4. 数据集准备：使用 AutoDL_sample_data 中样例数据集，或批量下载竞赛公开数据集。
# 5. 进行本地测试
python run_local_test.py
```

12.4 自动强化学习——AutoRL

在第 10 章中我们对强化学习进行了详细的解释，但其中存在一个重要的问题就是超参数优化（hyperparameter optimization, HPO）问题，这个涉及了大量过程交互，因此在一定程度上使得深度强化学习发展滞后。目前 SEARL（sample-efficient automated RL）引入了简单元优化的框架，以应对 3 个挑战：样本高效超参数优化、动态配置和神经体系结构的动态修改。在 AutoRL 的框架内，联合超参数优化和体系结构搜索问题解决两阶段优化问题。首先塑造奖励功能并随后针对网络架构进行优化，其将 RL 培训视为黑匣子，不关注在线优化或样本效率。AutoRL 流程如图 12-6 所示。

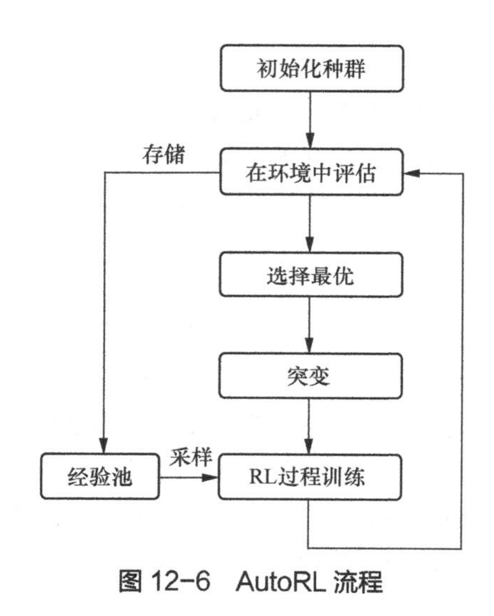

图 12-6 AutoRL 流程

12.5 自动图神经网络——AutoGL

12.5.1 图神经网络简介

18 世纪初，普鲁士的柯尼斯堡有一条河，河上有七座桥连接两岸，当时有人提出在不重复、不遗漏的情况下一次走完七座桥，最后回到出发点，后来这个问题被定义为“七桥问题”，当时年仅 29 岁的瑞士数学家欧拉解决了柯尼斯堡问题。它是一种特殊的数据结构：图。

图通常情况下由一个有序对 $G=(V, E)$组成，其中 V 是点集，$E =\subseteq \{\{x, y\}:(x, y)\in V^2, x\neq y\}$ 是边集，结构如图 12-7 所示。

通常情况下，图有邻接矩阵和邻接表两种方式表示，其中邻接矩阵表示和神经网络的权重矩阵高度相似。我们知道对于普通的神经网络来说，它的构造很简单，通常情况下由输入、输出和通过权重不同的线连接神经元共同组成，图 12-8 是一个普通的三层神经网络。

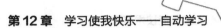

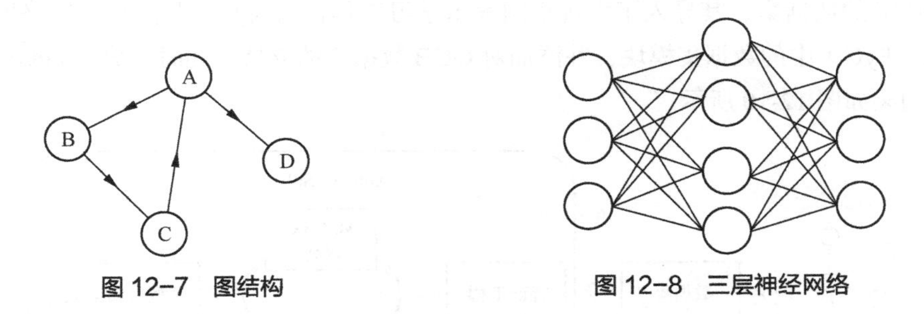

图 12-7　图结构　　　　图 12-8　三层神经网络

GNN 由图和神经网络两部分共同组成，最简单的形式如图 12-9 所示。

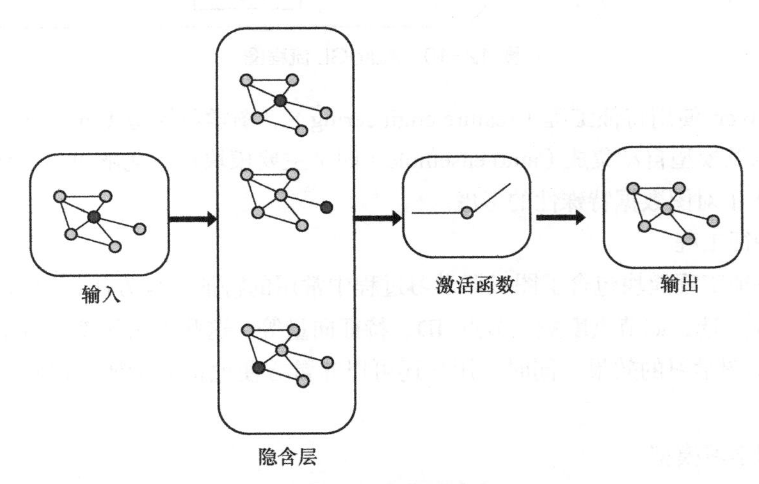

图 12-9　图神经网络

对于一个三层 GNN 来说，它的计算方式和神经网络差别并不大，表示为：

$$H = \sigma(\boldsymbol{AXW})$$

式中，$\boldsymbol{A}$ 为邻接矩阵；$\boldsymbol{X}$ 为特征矩阵；$\boldsymbol{W}$ 为权重矩阵。

12.5.2　自动图神经网络

（1）自动图神经网络。图结构具有与生俱来的导向能力，因此非常适合机器学习模型。一方面它无比复杂，难以进行大规模扩展应用。而且不同的图数据在结构、内容和任务上千差万别，所需要的图机器学习模型也可能相差甚远；另一方面，GNN 和神经网络存在同样的参数难调优的问题。那么可否不用调参数就可以进行模型训练呢？答案是肯定的。

为了解决该问题，清华大学朱文武教授带领的网络与媒体实验室于 2020 年发布了全球首个开源自动图学习工具包：AutoGL（auto graph learning）。该工具支持在图数据上全自动进行机器学习，并且支持图机器学习中最常见的两个任务：节点分类（node classification）与图

分类（graph classification）。

（2）自动图神经网络组成及工作过程。AutoGL 工具包首先使用 AutoGL Dataset 维护图机器学习任务所需的数据集，其导入了大规模图表示学习工具包 CogDL 和图神经网络库 PyTorch Geometric（PyG）中的数据集模块，并添加对 OGB 数据集的支持，同时集成 AutoGL Solver 框架，整体构架如图 12-10 所示。

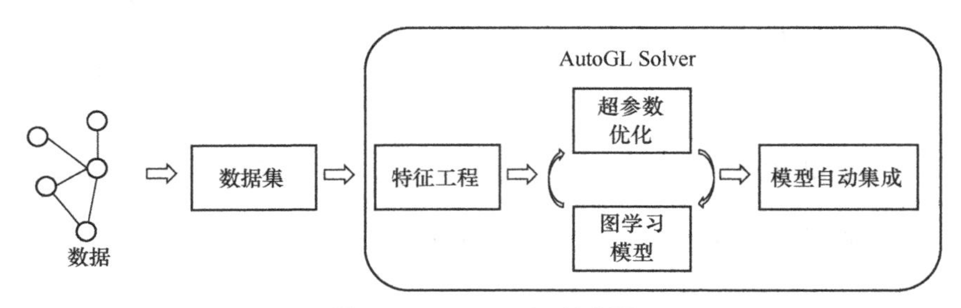

图 12-10　AutoGL 流程图

AutoGL Solver 使用特征工程（feature engineering）、图学习模型（graph learning model）、超参数优化，以及模型自动集成（auto ensemble）四个主要模块自动化解决给定任务。每个部分在设计时都引入了对图数据特殊性的考虑。

模块 1：特征工程

AutoGL 特征工程模块包含了图机器学习过程中常用的特征工程方法，包括节点/边/子图特征提取、变换和筛选，如节点度数、节点 ID、特征向量等。这些方法显著丰富了目标图数据上的信息，提高了图学习的效果。同时，用户还可以非常方便地扩展特征工程模块，以实现个性化的需求。

模块 2：图学习模型

AutoGL 目前支持 GCN、GAT、GIN 等常见图学习模型，可以完成包括点分类、图分类在内的多种常见任务，使用方式简单、上手方便。同时，AutoGL 主页还提供了详细的说明文档，支持用户自定义模型，可扩展性良好。

模块 3：超参数优化

AutoGL 目前集成了多种通用超参数优化方法，如网格搜索、随机搜索、贝叶斯优化、模拟退火、TPE 等算法，同时还包含专门针对图学习优化的自动机器学习算法 AutoNE。该模块省去了图学习中繁杂的手动调参过程，极大地提高了工程效率。同时，该模块易于使用，用户只需给出各个超参数的类型和搜索空间、指定超参数优化方法，即可快速上手运行若干自动图学习模型。此外，AutoGL 会在给定的资源预算（时间、搜索次数等）内给出最优的超参数组合。该模块同样支持扩展，用户可以自定义新的超参数优化算法。

模块 4：模型自动集成

模型自动集成目前支持两类常用的集成学习方法：投票（voting）和堆叠（stacking）。通过这两类方法进行模型集成可以获取到精度更高的模型。

（3）自动图神经网络实践。自动图神经网络在安装过程中主要依赖如下环境。

```
# 环境依赖
Python >= 3.6.0
PyTorch >= 1.5.1
# Follow PyTorch to install
PyTorch-Geometric >= 1.5.1
# Follow PyTorch-Geometric to install
```

AutoGL 的安装有两种方式，分别是：

```
#通过 pip 方式安装
pip install auto-graph-learning
#通过源代码方式安装
git clone https://      .com/THUMNLab/AutoGL
cd AutoGL
python setup.py install
```

导入数据集和 torch 环境。

```
from autogl.datasets import build_dataset_from_name
cora_dataset = build_dataset_from_name('cora')
from autogl.solver import AutoNodeClassifier
from autogl.module.train import Acc
import torch
# 导入设备
device = torch.device('cuda' if torch.cuda.is_available() else 'cpu')
```

构建一个节点分类求解器，它使用'deepgl'作为其特征工程，并使用超参数优化器来优化给定的三个模型['gcn'，'gat']。然后将使用投票合奏器对派生的模型进行合奏。

```
solver = AutoNodeClassifier(
    feature_module='deepgl',
    graph_models=['gcn', 'gat'],
    hpo_module='anneal',
    ensemble_module='voting',
    device=device
)
```

下面定义拟合函数和时间长度。

```
    solver.fit(cora_dataset, time_limit=3600)
    solver.get_leaderboard().show()
    predicted = solver.predict_proba()
    print('Test accuracy: ', Acc.evaluate(predicted, cora_dataset.data.y[cora_dataset.
data.test_mask].cpu().numpy()))
```

本章小结

本章主要对自动学习关键的概念、方法和解决的问题进行了阐述，解释了自动学习的过程和关键参数调优，随后对 AutoML 进行介绍，最后对 AutoDL、AutoRL 和 AutoGL 进行了概述，

并结合当前比较热门的框架进行了解释。

习题

波士顿房价数据集包括 506 个样本，每个样本包括 12 个特征变量和该地区的平均房价（单价），房价显然和多个特征变量相关，这就是多变量线性回归（多元线性回归）问题。请尝试使用 Auto_sklearn 方法解决波士顿房价预测建模问题。